JN045217

Recreational Use and Management of the Sea : Practices in Japan and China

海域的休閑利用与管理：中日案例分析

海のレジャー的利用と管理

日本と中国の実践

Recreational Use and Management of the Sea: Practices in Japan and China

海域的休閑利用与管理：中日案例分析

海のレジャー的利用と管理

日本と中国の実践

婁小波・中原尚知・原田幸子・高翔 編著

東海教育研究所

Recreational Use and Management of the Sea: Practices in Japan and China

海域的休閑利用与管理：中日案例分析

Edited by Xiaobo Lou, Naotomo Nakahara, Sachiko Harada and Xiang Gao
Tokai Education Research Institute, 2024
Printed in Japan
ISBN978-4-924523-43-2

まえがき

婁　小波・中原　尚知・原田　幸子・高　翔

人と海とのかかわりはいにしえの時代から始まり，その関係性は濃くて深い．人類にとって，海は食料採取の場であり，海辺は居住や憩いの場であり，さらに河口域や入り江は交易の拠点かつ都市文明形成の場にもなってきた．このように人による海の利用の歴史は長く，漁業的利用やくらしの場としての利用，さらには航路や交易拠点としての利用は，いわば古典的な利用形態として存続してきている．海は人類にとって欠くことのできない重要な存在なのである．

ところが，人と海との関係性は時代とともに変化する．悠久の時の流れの中で海自体も大きく変貌を遂げるが，人と海との関係性はもっぱら人間側の都合により変わりつづけている．様々な資源や機能を有する海をめぐる人間側のニーズが社会経済の発展とともに多様化し，その利用技術も高度化するからである．魚介類などの食料資源や航路としての機能，居住・くらしの場としての機能などの伝統的な欲求は今日でも依然として強く旺盛であるが，加えて現代社会では海底熱水鉱床やマンガン団塊，コバルトリッチクラスト，レアアース，あるいは石油・天然ガスやメタンハイドレートなどの海底資源，潮力や風力，温度差発電などのエネルギー資源，また機能性成分を提供する深層水資源，様々な生物資源及び海藻から抽出可能な医薬資源，さらには様々な深海生物資源，タラソテラピー機能，海洋性レクリエーション機能などに熱い視線が注がれている．海はいつも人類にとってのフロンティアとして存在し，それをめぐる開発・利用の動きは加速している．その結果，古典的な漁業・水産業，造船業，海運業，製塩業に，海洋土木業，原油・天然ガス業，海洋鉱業，海洋観光業，海洋レジャー業などの新たな海洋産業分野が加わり，海洋開発の深化，海洋産業の多様化が進んでいる．

そうした中で，本書ではとくに海をめぐるレジャー的利用の動きに焦点を当てる．現代社会において，レジャーは労働や学習や家事などの日常的なタスクから解放された自由時間を用いて余暇を楽しむ人々の，非日常的な自己充足の行為であり，くらしの質を高めるためにもっとも重要視される生活行為の１つとなっている．例えば，自然の中での散歩やピクニック，海や山でのアウトドア活動といったレジャー活動は日常のストレスや疲れを癒やし，リフレッシュする機会を提供し，心身のリラックス効果をもたらしてくれる．また，楽しみやエンターテイメントを提供してくれるレジャーは，趣味や興味に関する欲求を満たし，人々の心を豊かにするとともに，生きる喜びを感じさせてくれる．さらに，アクティブなレジャーやスポーツレクリエーションは，健康的な生活を維持するために重要である．ウォーキング，ジョギング，サイクリング，スイミングなどの活動は，体力を鍛え，健康状態を向上させる効果が期待される．あるいは，経験・体験学習や学びを提供してくれるレジャーによって，豊かな世界を知り，自己成長が促進される．現代社会におけるこうした多様なレジャーは，人々にとって心身の健康を維持し，人生をより充実させ，より豊かにしてくれる重要な活動である．

内閣府『国民生活に関する世論調査』によると，1980年代以降日本では「レジャー・余暇生活」を如何に過ごすかが，国民生活において最も関心の高い分野として君臨しつづけてきている．その中で海洋レジャーは，そうした国民の余暇消費ニーズを満たす一大分野として大きく成長を遂げている．つまり，経済的な豊かさを手に入れた人々は，海をレジャーの場としても利用するようになったのである．このことは，欧米，さらに中国でも経験されており，とくに1990年代以降に経済的離陸を遂げた中国においては，人々の「豊かさ」への欲求を満たすための海洋レジャーが2000年代に入ってから急成長し，大きな海洋産業分野として産業的離陸を果たしている．

周知のように海洋レジャーには様々な種類がある．その典型的なものをいくつか列挙すると，例えば，サーフボードを使い波に乗って楽しむサーフィン，マスクとシュノーケルを使って海面から美しいサンゴ礁や魚を観察するシュノーケリング，水中に潜って，海中・海底・洞窟の美しい景色・景観や生物を観察するダイビング（スキューバダイビング），船・舟等で海上を走りながら体験や景色を楽しむセーリングやカヤック，サーフボードにセイルやパラシュートを取り付けて風力やボートを利用しながら，海上を滑走するウィンドサーフィンやパラセーリング，あるいは伝統的な海水浴，魚釣りを楽しむ遊漁，貝類などを掘り当てる潮干狩り，さらにはイルカウォッチングやホエールウォッチングなどが挙げられる．海には無限の楽しさがあるといってよいぐらい，多様な楽しみ方があり，われわれの時間や体力や経験，さらには予算に応じた多様なレジャーの形態が存在している．

ところが，海洋レジャーの勃興は多くの問題も惹起している．1つは，漁業との利用調整問題である．海洋レジャーと海洋の先発利用者である漁業との間には，水産資源の利用，海面空間の利用，さらには港の岸壁などの使用に際して，しばしば競合が起きる．コモンズである水産資源をめぐる奪い合い，海域や陸域の利用における排他性の存在，利用に際してのフリーアクセスや「先取先占」原則の貫徹などが背景として挙げられる．とくに日本では漁業権の設定に象徴されるように，漁業部門が高いプライオリティーを与えられており，沿岸域の利用は漁業法によって整序されてきている．海へのレジャー的利用の進出は，この漁業的秩序に変更を要求することになる．しかし，新しい秩序づくりをはじめることほど難しいものはなく，漁業とレジャー，さらにはレジャー同士の利用調整問題は大きな課題として浮上する．

いまひとつは，資源管理・環境管理の問題である．海のレジャー的利用の進展は，例えば遊漁船業においては水産資源へのプレッシャー，ダイビング案内業においてはサンゴ礁の破壊，さらには海洋観光は騒音やゴミや生活排水といった観光公害などの問題を引き起こす恐れが懸念される．持続可能な海洋レジャー産業を確立するためには，そうした問題を解決する社会的仕組みやルールづくりが必要不可欠となる．

そして，最後に海洋レジャーを地域の産業として振興するための政策が問われている．海洋性レクリエーションは古くから人々に親しまれてきた分野であるものの，日本ではそれをレジャー産業の1つとして，あるいは地域産業の一分野として位置付けて政策的に振興することは，これまであまりみることはなかった．従来，海洋レジャーはいわば「自生自滅」の世界に追いやられており，これまで幾度となくブームとなっては下火になることの繰り返しだったのである．その結果，観光公害を被りながら地域資源の利用をめぐって置いてきぼりにされる地域住民も出てくるなど，いわゆる新たな「社会的弱者」を生み出しているケースや，健全な産業としての成長を見ないまま，廃れていく海洋レジャー分野や地域も散見される．

このように，海洋レジャーの勃興はわれわれに様々な課題を突き付けている．もちろん，これらの課題の表れ方は，地域の社会経済や文化的背景によって異なりえるが，共通しているのは持続可能な海洋利用を促進するためには，漁業者と海洋レジャーとの間，あるいは海洋レジャー同士での対話や協力，適切なコミュニケーションにもとづく相互理解が求められるということである．従って，海洋レジャーを振興しながら，それが持続可能な産業としての成長を確保するためには，適切な振興策の導入と適切な管理を行うことが必要不可欠である．本書では，こうした課題にこたえるために，日中両国における海のレジャー的利用の全体像を把握しつつ，その振興策の展開および利用に伴って生起する諸問題を解決するためのフォーマル・インフォーマルな調整や管理の実践的経験を分析することを目的としている．

本書を出版するきっかけを与えてくれたのは，笹川平和財団である．同財団海洋政策研究所は，2016年から2019年にかけて日本と中国との海洋協力のあり方を探るために，海洋安保，海洋経済，海洋環境の保全，海上救助など様々な海洋関連分野における日中協力の可能性について，４年間にわたって中国南海研究院と共に検討してきた．その共同研究の成果を『東アジア海洋問題研究―日本と中国の新たな協調に向けて』（東海大学出版部，2020年）と題して公刊し，海洋分野における日中協力の余地が多くあることを示した．この日中海洋協力のあり方に関する調査研究を踏まえた上で，2021年から海洋政策研究所は，さらに具体的な協力テーマを掲げるべく，両国において漁業関係者が中心となって取り組んでいるレジャー漁業に着目し，日中漁業従事者間の交流と相互理解の促進に着手した．ところが，新型コロナウイルス感染症の大流行を受けて，当初計画したような対面での交流やフィールド調査は断念せざるをえなくなった．このような状況のなかで，同研究所は当該分野に関わる両国の有識者を招き，ウェブ上ではあったが複数回にわたる研究会を実施した．本書の内容は当該研究会において，日中双方の17人の専門家が報告した内容を抜粋して取りまとめたものである．

本書は２部全18章より構成している．第Ⅰ部「日本における海のレジャー的利用と管理」では，日本における海のレジャー的利用に焦点を当て，計９章（第１章から第９章まで）を設けて，日本の海洋レジャーの動向や支援政策，または主要レジャー分野におけるビジネスモデルの特徴やその直面する諸問題，さらにはそれらの問題を解決するための管理・調整の仕組みを分析している．第Ⅱ部「中国における海のレジャー的利用と管理」では，中国の海のレジャー的利用を取り扱う．第10章から第17章までの計８章を設けて，中国における国・地方レベルの振興政策や政策変化の背景，あるいは海洋レジャーの形態や，地域別の特徴などを分析している．先にも触れたように，研究会の出発当初は日中両国における実証的な比較研究を目指したが，コロナ禍を受けて当初計画は未遂に終わり，本書はいわば現段階においてそれぞれの国で捕捉可能な海のレジャー的利用の実践的な取り組みを紹介するに留まっている．とはいえ，本書では終章を設けて，本書の内容をふり返ると共に，日中の経験から海のレジャー利用と管理をめぐる示唆を可能な限り得ようとしている．時間のない方はこの終章から先に読み進めることをお勧めする．

果たして本書が当初目的を達成したかどうか，はなはだ自信はないが，われわれとしては，努めて内容の統一を図った．ただ，それでも執筆者間の十分な情報交換ができないままに時間が経ってしまい，結果として内容の重複や概念の曖昧さが残されたままである．この点はきわめて残念ではあるが，本書に残された瑕疵や粗削りなところは編者らの責任に帰すものである．ご執筆を快く引き受けて下さった執筆者の皆様方には改めて御礼申し上げたい．

また，本書の出版にあたり，笹川平和財団及び同財団の海洋政策研究所からは多大なご支援をいただいた．この場をお借りして心より御礼申し上げる．さらに，東海教育研究所及び港北メディアサービスの皆さん並びに笹川平和財団海洋政策研究所の小森雄太氏には忍耐強く本書の出版を支えてくれたことに感謝申し上げたい．

最後に，この本を読んでいただくことで，日中の海洋レジャーに関して新たな知見や学びを得られることを心より願うとともに，本書をきっかけとして，今後の当該分野の研究のさらなる進展を期待したい．

目　次

第Ⅰ部

日本における海のレジャー的利用と管理

第1章　日本人の余暇生活と海のレジャー的利用の展開

中原　尚知・婁　小波

1．はじめに

海洋の利用は，漁業や海運といったいわば人々にとって必要不可欠な形態を端緒とすると考えられるが，人々のニーズが高度化・多様化するにつれて，様々な利用がなされるようになってきている．それは経済発展と併走して増加してきた産業的なニーズに基づく海洋資源・スペースの利用であったり，海洋資源を保護しようとする動きであったりするが，海洋資源を人々の余暇活動に用いるべくおこなわれているのが海洋レジャーといえる．その伝統的な形態にはたとえば海水浴や釣りがあり，海洋レジャーという海洋利用形態自体はもはや伝統的な利用形態といってもよい．ただし，新しいレジャー活動の開発や技術革新によって，海洋レジャーという行為もまた多様化し続け，人々による様々なニーズを受け止め続けている．

一方，日本の漁業をめぐる諸問題が顕在化して久しく，その処方箋，あるいは現代的な方向性として，６次産業化や海業といった概念が提示されており[1]，それは漁業による海洋レジャーニーズへの対応という意味合いを多分に含んでいる．すなわち現在，漁業がいかなる海洋レジャーニーズに対応し得るか，漁業と共存し相乗効果を発生させるような海洋レジャー形態とは何かといった検討が必要となっている．こうした背景から求められる検討課題のひとつが，海洋レジャーおよびそのニーズに関する実態把握に基づき，漁業によるレジャーへの取り組みの可能性の検証をおこなうことである．そこで，本章では日本における海洋レジャーの動態とニーズの展開特質とともに，漁業によるレジャー事業への取り組み実態や地域経済への寄与，成立条件といったことについて整理してみたい．

本章における具体的な検討課題は以下の３点である．第１に，日本の余暇環境を捉えるとともに，海洋レジャーという概念と諸形態の整理をおこなっておきたい．第２に，日本における海洋レジャー活動および産業の動態，そして海洋レジャーに対するニーズの変遷をあわせて検討しながら，産業としての展望や課題を抽出する．第３に，改めて漁業セクターによる海洋レジャーへの取り組みについて，これらの存立形態と動向を把握する．これらの分析を通じて，日本における海洋レジャー産業とニーズの動向を理解し，漁業による海洋レジャーへの取り組みが有する可能性に関する展望をおこなってみたい．

２．日本の余暇環境

2.1　余暇活動をめぐる環境の変化と現状

一般的に経済発展の過程で所得が上昇するにつれ，当該国における労働時間の短縮と余暇時間の増加が生じるとされる[2]．さらに経済発展は消費者ニーズの高度化・多様化・細分化をもたらし，それらニーズに対応する中で，あるいは新たなレジャー機会の創造を伴いながら，レジャー産業および活動が発展する．日本では高度経済成長からの一連の流れの中で余暇活動のあり方も変化してきており，その中に海洋レジャーも位置づけられる．そこで，余暇活動が展開する背景となるいくつかの基礎的な条件，すなわち人口と経済状況，時間の変化について整理しておきたい．

まず，国内需要を前提とした際の基礎条件となる人口の変動をみると，周知の通り，総人口は2008年の１億2808万人をピークとして減少に転じている．さらにその中では生産年齢人口割合の低下と高齢化率の高まりが生じている．余暇活動を牽引する生産年齢層の減少は，余暇需要の縮小を惹起するものと考えられるが，高年齢者による消費活動の活発化などが余暇需要を増加させている側面もあると考えられる．また，各階層における余暇活動への取り組み方やニーズの変化等に応じて余暇市場のあり方は変化することとなる．

そこで次に余暇活動を支える経済状況として，日本の経済成長率の動きを大づかみに確認すると，1972年前後までの高度成長期において約６～12％程度の成長を実現していた時期があり，オイルショックを経てバブル経済の終焉に至る約３～６％の時期，そしてリーマンショックを契機とする経済危機や近年の新型コロナウイルス感染症などの負の影響を受けながら，成長率が４％に満たない近年まで，成長率は低下してきている．そして，もう１つの基礎的な条件

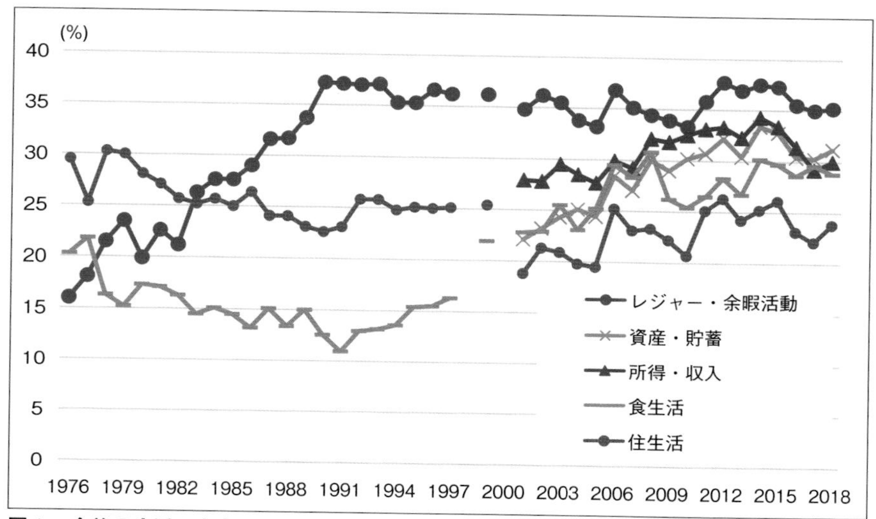

図１　今後の生活の力点

資料：内閣府『国民生活に関する世論調査』（各年次）より作成.
※複数回答．1998年と2000年については内閣府 HP に掲載なし.

となるのが時間である．総実労働時間は高度経済成長期の1960年に2432時間でピークとなり，オイルショックを経て1970年代末には2000時間程度，1990年代に入ると2000時間を切るようになり，近年は1600時間程度まで減少している．

こういった基礎的な条件の変遷の中で，今後の豊かな生活を求める上で何が求められてきたか，余暇活動がどのように位置づけられてきたかを図１で確認する．今後の生活において，レジャー・余暇活動を重要視すると答えた人の割合は1976年には16％であり，住生活や食生活を下回る状況であった．その後，レジャー・余暇生活は上昇傾向となり，食生活，住生活を上回って最も多く選択される項目となり，その後は35％前後でトップのまま推移しており，レジャー・余暇活動の充実による豊かさの享受への意識が高いことは疑いのない事実といえよう[3]．

2.2　余暇支出・活動の動向

実際の余暇活動について確認してみよう．図２に示したのは，１世帯あたり年間の品目別支出金額とその構成割合の推移である．全体として，食料や衣服

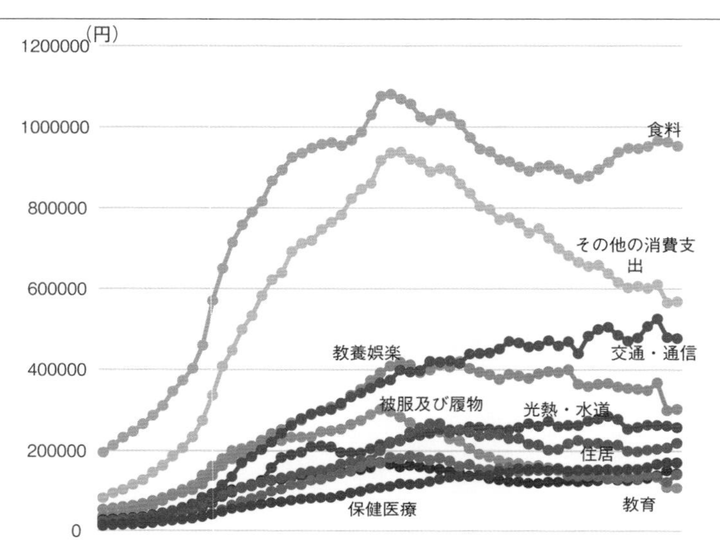

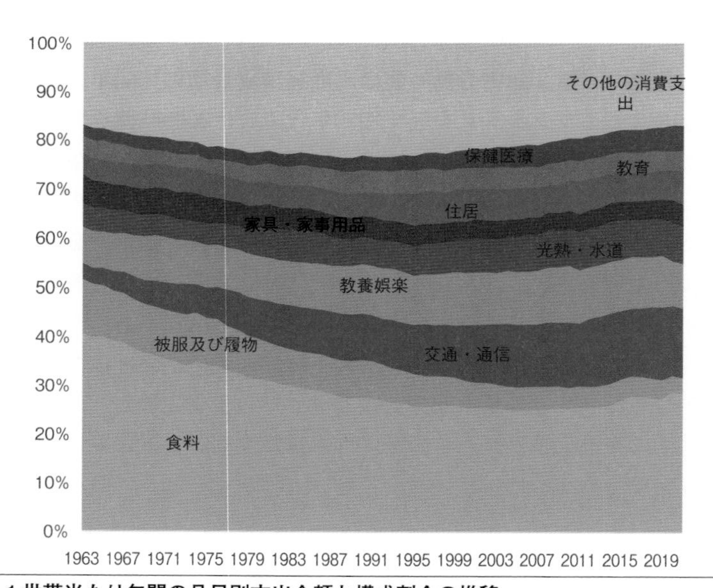

図２　１世帯当たり年間の品目別支出金額と構成割合の推移

資料：総務省『家計調査』(1999年までは２人以上の非農林漁家世帯，2000年以後は２人以上の世帯）より作成.

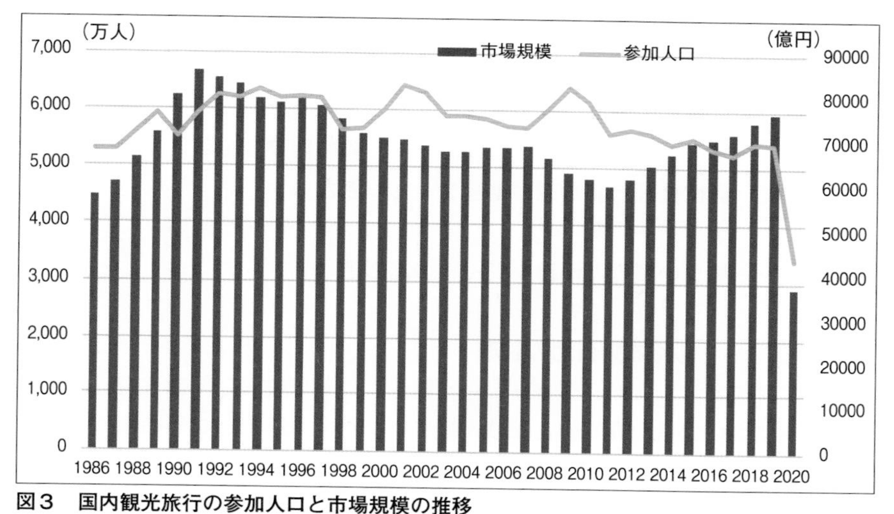

図３　国内観光旅行の参加人口と市場規模の推移

資料：日本生産性本部『レジャー白書』（各年次）より作成.

といった生活必需品への支出割合が低下している一方で，教養娯楽や交通通信費といった，生活の豊かさや多様さを示すような支出の割合が増加していた．このような支出動向の変化は，先に確認したように，経済成長率の低迷と余暇時間の増加が進む中，レジャー・余暇活動を充実させたい傾向と符合しているといえよう．

余暇活動の代表的形態の１つに数えられる国内観光旅行の参加人口と市場規模の推移を図３に示した[4]．2001年のピーク時には6430万人となり，それに2009年の6390万人がほぼ肩を並べた後はやや減少傾向にあるが，新型コロナウイルス感染症の影響を強く受けた2020年を除いて，1986年以降5000万人を下回ることはない．一方，市場規模は1991年の８兆5670億円をピークに減少傾向となったが，2011年に６兆220億円で底を打ち，2019年の７兆6680億円までほぼ一貫して増加していた．国内観光旅行には移動距離や手段，宿泊施設等のグレード，滞在地での活動などによって様々な形態があるが，1980年代後半以降，参加人口が示すような安定した需要があり，新型コロナウイルス感染症の影響を受けるまでの市場規模は増加傾向にあったことを考えると，１回ごとの活動に投入する金額は増加してきており，増加する余暇時間を充実させるための消費意欲は高まってきていたと考えられる．

ここまで確認してきたような余暇活動の中で，海洋レジャーは，海洋という自然を活用した形態であり，経済状況や人口，余暇時間においても同様の傾向にあるといってよい．以下では，海洋レジャーの動向整理をおこなうが，それに先立って，概念整理と諸形態の整理をしておきたい．

3．レジャー概念の整理と海洋レジャーの諸形態

3.1　レジャーをめぐる諸概念の整理

本章で対象とする海洋レジャーという概念について整理しておきたい．まず，レジャーについては，周知のとおり，観光やレクリエーション等の類似した概念が存在している．溝尾（2009）[5]によれば，観光政策審議会による1969年の定義において，レジャーは「個人の自由時間あるいはその時間における余暇利用の行為」とされた．これは最も広範な概念と捉えられ，ここでもその位置づけとしたい．

さらに，同審議会で，観光はレクリエーションの一部であり，レクリエーションの中でも非日常圏での活動を観光，日常圏での活動をその他のレクリエーションとしている．1995年の観光政策審議会でも観光は「余暇時間の中で，日常生活圏を離れて行う様々な活動であって，触れ合い，学び，遊ぶということを目的とするもの」とされ，ツーリズムについては，24時間以上１年以内で居住地に戻ってくる旅行という定義が幅広く受け入れられているとされる[6]．ただし，溝尾（2009）[7]は，レクリエーションと観光を非日常圏と日常圏という活動の場の相違で分類することに対する疑問を呈しつつ，レジャーを移動の有無から分類し，さらにツーリズムをいくつかに分けることで，図４のように整理をしている．

海洋レジャーについては，海で行われる余暇活動というものが一般的な理解と考えられる．海洋観光については，国土交通省が，「海洋に関わる観光資源及び自然状況並びに海上交通を利用，活用する観光」と定義しており[8]，また，海洋観光の魅力の１つとして，「非日常の空間としての海」を挙げ，「海洋観光によって非日常体験を提供することができる」としている[9]．ここでは，「海洋に関わる観光資源」をいかに理解するか，どのような範囲まで捉えるか，が

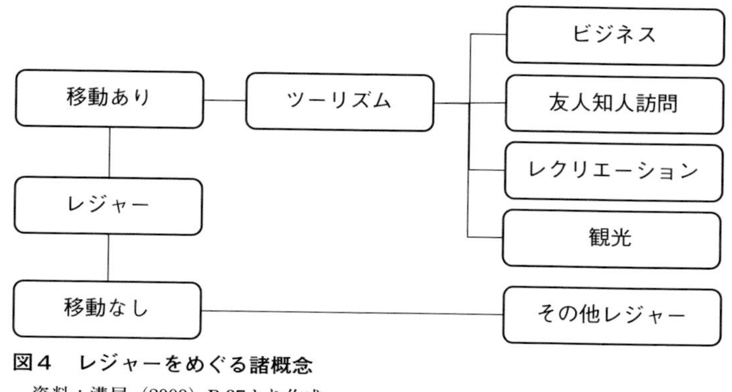

図４　レジャーをめぐる諸概念
資料：溝尾（2009）P. 37より作成.

重要となろう.

上記の議論をふまえつつ，本章における海洋レジャーを以下のように整理しておきたい．まず，海洋レジャーが最も広範に海洋に関わる余暇活動を示すことが前提となる．さらに，観光政策審議会の定義と国土交通省の定義を用いて，海洋レジャーを，「海洋に関わる資源及び自然状況並びに海上交通を利用，活用する活動」としたい．それによって，海洋・沿岸域を訪れての活動にとどまらず，非沿岸地域や都市部も含む陸域において海洋資源を利用，活用するという活動が包含されることとなる．また，ここでの資源には，生物・空間等はもとより，景観や文化等も含まれることになる．その中で，移動がない活動をその他レジャー，移動がある活動をツーリズムとし，さらにその中に観光とレクリエーションが含まれるとした．なお，24時間以上をツーリズムとするという定義については，それ未満の時間でおこなわれる海洋レジャー活動が多く存在しているという実態をふまえ，海洋への移動の有無を判断材料とし，所要時間については含めないこととした．また，ここではビジネス活動，友人知人訪問も除き，ツーリズムではなく，観光・レクリエーションという類型とした．観光とレクリエーションの分類は，結論から述べるならば行わないこととした．すなわち，本章では，海洋という場を先述した国土交通省による理解に基づいて，基本的に非日常圏と捉える．無論，海辺に暮らす人々にとっての海洋は日常となりうるが，そこでの活動を生業としていない場合においては，それを非日常圏での活動と捉える．この理解によって，移動のない活動を日常圏の活動，移動のある活動を海洋，すなわち非日常圏での活動と分類したい．その境界が曖昧になる活動も存在しうるが，以降，適宜判断していきたい．

3.2 海洋レジャーの諸形態

海洋レジャー活動の諸形態を整理するにあたっては，いくつかの分類軸が考えられる．柳ら（1989）[10]は，海洋スポーツ・レクリエーションについて，活動する場所と当該種目の行為・動作に基づく整理をおこなった．海洋レジャー活動のあり方に伴って，その類型や活動に必要な経験や費用，あるいはその機会の享受に必要な要素が異なってくることを鑑みると，場所に伴う活動の変化を理解する意義は大きいと考えられる．さらに，友広（1994）[11]は，海洋性レクリエーションを鑑賞・スポーツ・保養という活動目的でも分類している．同様に，内閣総理大臣官房審議室（1982）[12]は，観光地の機能として，「鑑賞・体験」する場，「活動」する場，「保養」する場の３つを挙げ，これによって観光態様を分類している．また，第一次産業に関わる観光について，日本観光協会（1998）[13]は，農業観光を「農産物提供型」「農村空間提供型」「体験交流型」の３つに整理し，それぞれの中に様々な農業観光活動を位置づけた．

本章では，観光地の機能を海洋レジャー活動の性質と理解し，体験とスポーツは活動に包含させ，また，活動に含まれるが，海洋における活動の特性を鑑み，喫食，捕獲を分離して含めることとした．これまでの検討を踏まえ，海洋レジャー活動を表１のように整理した．海洋レジャーは，まず先述のとおり，移動のない活動をその他レジャー，移動のある活動を観光・レクリエーションとした．また，活動域として，陸域は都市，後浜，前浜とし，沿岸域と海域を設定した．それぞれのレジャー類型と活動域から海洋レジャー活動が位置づけられ，それぞれについての活動の性質が記載されている．なお，表１は本書における統一的な整理ではない．

海洋レジャーの中で移動のない形態であるその他レジャーは，都市，すなわちレジャー参加者の居住地でおこなわれる．海面にはアクセスしないため，基本的に直接捕獲をおこなうという性質は存在しない．ただ，海洋関連のコンテンツ，すなわち画像や音によって構成される絵画や写真，動画などによる鑑賞，さらにそれに伴う保養などの性質がある．活動や喫食という性質を有するものの代表は調理体験・魚食体験となる．日常的な調理という行為がレジャーとな

表1　海洋レジャーの諸形態

<table>
<tr><th rowspan="3"></th><th rowspan="3">移動の有無</th><th rowspan="3">海洋レジャー類型</th><th colspan="5">海洋レジャーがおこなわれる場</th><th colspan="5">海洋レジャーの性質</th></tr>
<tr><th colspan="3">陸域</th><th rowspan="2">沿岸域</th><th rowspan="2">海域</th><th rowspan="2">鑑賞</th><th rowspan="2">保養</th><th rowspan="2">活動</th><th rowspan="2">喫食</th><th rowspan="2">捕獲</th></tr>
<tr><th>都市</th><th>後浜</th><th>前浜</th></tr>
<tr><td rowspan="17">海洋レジャー</td><td rowspan="4">移動なし</td><td rowspan="4">その他レジャー</td><td>海洋関連コンテンツ鑑賞</td><td colspan="4">—</td><td>○</td><td>△</td><td></td><td></td><td></td></tr>
<tr><td>調理体験・魚食体験</td><td colspan="4">—</td><td></td><td></td><td>○</td><td>○</td><td></td></tr>
<tr><td>ふるさと小包・納税</td><td colspan="4">—</td><td></td><td></td><td>○</td><td>○</td><td></td></tr>
<tr><td>オーナー制度</td><td colspan="4">—</td><td></td><td></td><td>○</td><td>△</td><td></td></tr>
<tr><td rowspan="13">移動あり</td><td rowspan="13">観光・レクリエーション</td><td rowspan="13">—</td><td>砂浜遊び</td><td>磯遊び</td><td colspan="2">—</td><td>○</td><td></td><td>○</td><td></td><td></td></tr>
<tr><td colspan="2">—</td><td>水泳</td><td>—</td><td></td><td></td><td>○</td><td></td><td></td></tr>
<tr><td></td><td colspan="2">サーフィン</td><td>—</td><td></td><td></td><td>○</td><td></td><td></td></tr>
<tr><td colspan="2">—</td><td>ダイビング</td><td>—</td><td></td><td></td><td>○</td><td></td><td></td></tr>
<tr><td colspan="2">—</td><td colspan="2">ボート・ヨット</td><td></td><td></td><td>○</td><td></td><td></td></tr>
<tr><td>—</td><td>潮干狩り</td><td colspan="2">—</td><td></td><td></td><td>○</td><td>△</td><td>○</td></tr>
<tr><td>—</td><td colspan="2">浜釣り</td><td>—</td><td></td><td></td><td>○</td><td>△</td><td>○</td></tr>
<tr><td colspan="3">—</td><td>沖釣り</td><td></td><td></td><td>○</td><td>△</td><td>○</td></tr>
<tr><td colspan="2">—</td><td colspan="2">ホエールウォッチング</td><td>○</td><td>○</td><td></td><td></td><td></td></tr>
<tr><td colspan="2">—</td><td colspan="2">漁業体験</td><td>○</td><td></td><td>○</td><td>△</td><td>○</td></tr>
<tr><td>購買(直売店)</td><td colspan="3">—</td><td>○</td><td>○</td><td>○</td><td>△</td><td></td></tr>
<tr><td colspan="4">魚食体験</td><td></td><td>○</td><td>○</td><td>○</td><td></td></tr>
<tr><td>漁村観光</td><td colspan="3">—</td><td>○</td><td>○</td><td>○</td><td>△</td><td></td></tr>
</table>

※△は当該活動から間接的に生じる可能性が高いこと，活動中におこなわれる可能性が高いことを示す．

るかは判断が分かれるが，対象とする水産物や調理方法，その背景にある文化などを意識しながら，余暇活動としての調理・魚食をおこなう際には，その他のレジャーとしての海洋レジャーとなり，そこには水産物を用いた料理教室，魚のさばき方教室への参加なども含まれる．また，ふるさと小包やふるさと納税などで，様々な地域の水産物を取り寄せるという行為は喫食を伴う海洋レジャーとなり，一部調理・魚食体験と重複しつつ，より海洋や特定の沿岸地域を意識した活動になると考えられる．オーナー制度では，都市住民と漁業地域とのさらに直接的な結びつきがあり，それが生産活動への間接的な関与によってもたらされ，そういった行為自体が海洋レジャーの活動となり，多くの場合，その産物を対象とした喫食が伴うこととなる．このように，海洋レジャーの中では海洋への移動を伴わない活動においても，本書で意図している漁業によるレジャー機会の提供における可能性があることを付言しておきたい．

そして，海洋へのアクセスを伴う海洋レジャー類型を観光・レクリエーションと位置づけているが，そこでは陸域の後浜から沖合の海域までの沿岸・海洋空間での様々な活動がおこなわれている．後浜や前浜では砂浜遊びや磯遊びがあり，生物や風景の観賞やサンドクラフト等の活動がある．海に入って泳ぐという活動は水泳となり，前浜から沿岸域ではサーフィン，ダイビングがあり，沿岸域から海域にかけてボート・ヨットという活動がある．前浜での活動に捕獲が伴うと潮干狩りとなり，そこから派生して生じる喫食をあわせて海洋レジャーとなる．同様の活動となるのが，前浜から沿岸域にかけての浜釣りと，海域における沖釣りである．沖釣りにおいては，レジャー活動をおこなう場としての海域へのアクセスのために船舶が必要となることも確認しておきたい．船舶を必要とする海洋レジャーとしては，操船行為そのものもレジャー活動となりうる．先述したボート・ヨットの他，沿岸域から海域におけるホエールウォッチングや漁業体験もある．ここで注目したいのは，必要となる船舶は単なる移動手段であることは少なく，設備や知識，経験，各種免許等が必要になることであり，とりわけ漁業体験で顕著であるといえよう．さらに，とくに漁業地域の後浜においては，漁協等の直売所における購買，漁村観光があり，鑑賞，保養，散策や購買といった行動，それに伴う喫食がある．その喫食は漁業地域を含む沿岸域，あるいは海上も含む魚食体験となる．

このように，ひとくちに海洋レジャーといっても，多様な形態があり，その理解のため様々な概念整理や分類がおこなわれてきている．ここでは，それら既存の整理に基づいて，都市圏の居住地を含む陸域，沿岸域，海域といった海洋レジャーをおこなう場とその性質から海洋レジャーの理解を試みた．各種の海洋レジャー行為を実現するための道具や場所へのアクセス手段，知識や経験といった要素が必要であり，海洋レジャー機会の提供を検討する上では，それら要素によるアソートメントをいかに形成し提供するかというアプローチが必要となろう[14]．

4．海洋レジャー活動の動向とニーズ

4.1　海洋レジャーの動向

それでは，実際の海洋レジャーの動向はどのようになっているのか．代表的な海洋レジャーをとりあげ，その参加人口や市場規模といったいくつかの要素の推移から把握していくとともに，釣りという海洋レジャー形態に注目して，

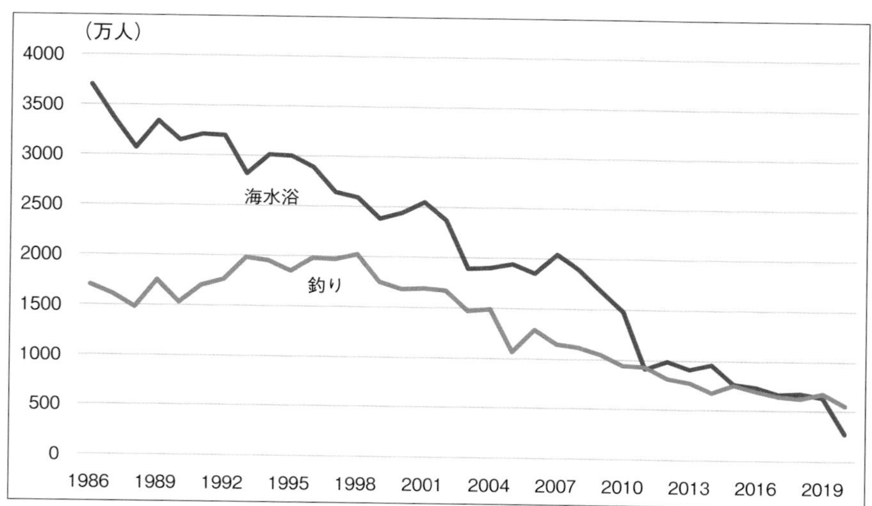

図５　釣り・海水浴人口の推移

資料：日本生産性本部『レジャー白書』（各年次）より作成.

やや詳細な実態把握をおこないたい.

図５に海水浴および釣りへの参加人口の推移を示した. 海洋レジャーにおける伝統的かつ代表的な２つの形態といえよう. 海水浴について, 1986年の参加人口は3700万人であったが, 近年まで減少傾向が続き, 2019年には630万人と約６分の１まで減少した. 海水浴は表１（前掲）に示した後浜から沿岸域にかけて活動の場とする砂浜遊び, 磯遊び, 水泳を総称したものと捉えられ, 全国的に整備された海水浴場によってアクセスが容易になっていることから, 参加しやすい海洋レジャーの１つであるといってよい. しかし, 海洋レジャーを含む余暇活動の多様化や沿岸域の環境悪化等が影響し, 海水浴人口の減少が生じているものと考えられる.

釣り人口は1986年の約1700万人から増加し, 1998年には2020万人とピークを迎えたが, その後は減少傾向となり, 2019年は670万人となった. 釣りは表１（前掲）で確認したように, 活動の場による分類ができるが, アユ釣りやバスフィッシング等, 内水面における釣りもあり, この参加人口にはそれらも含んでいる. また, 対象魚種や釣法など, 非常にバラエティに富んでおり, 釣り人口あるいは後述する市場規模等のみでその正確な実態把握をおこなうことは困

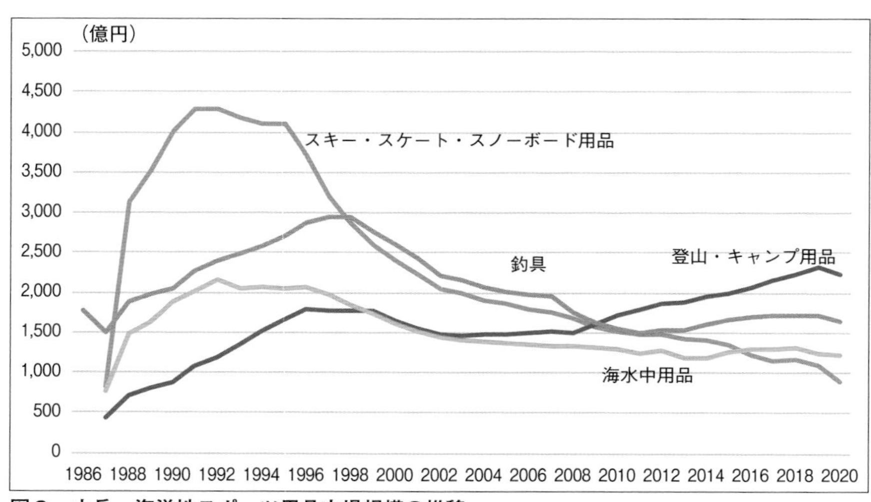

図６　山岳・海洋性スポーツ用品市場規模の推移

資料：日本生産性本部『レジャー白書』（各年次）より作成.

難である．ここでは，総体としての参加人口が減少傾向にあり，その背景には，伝統的海洋レジャーであり，その種別如何ではアクセスも容易なレジャー種類であるものの，やはり余暇活動の多様化等が影響して減少傾向になっていることを確認しておくにとどめ，後ほど改めて検討したい.

次にレジャー市場についてみてみよう．図６に示したのは山岳・海洋性スポーツ用品の市場規模である．当該レジャーの活動を網羅した数値ではないが，その傾向をうかがうことはできよう．釣り具市場のピークは釣り人口と同様に1990年代終盤であり，そこから減少したが，参加人口が低下傾向を続けたのに対し，釣り具市場は2012年からやや増加していることが注目される．海水中用品は1992年にピークとなって低下したが，近年は1300億円前後で横ばい傾向にある．対比のために代表的な山岳スポーツや活動についてみてみよう．スキー等はバブル経済期にピークを迎えてそこから減少を続けており，経済状況に左右されるレジャーであることがうかがえる．登山やキャンプは近年ブームといわれるが，長期にわたっての増加傾向の最中にあることが確認できる．海洋レジャーの動向を捉えるためには，経済状況等からの影響の程度に加え，活動に要する費用や時間，知識等の条件の影響についても検討する必要があるといえ

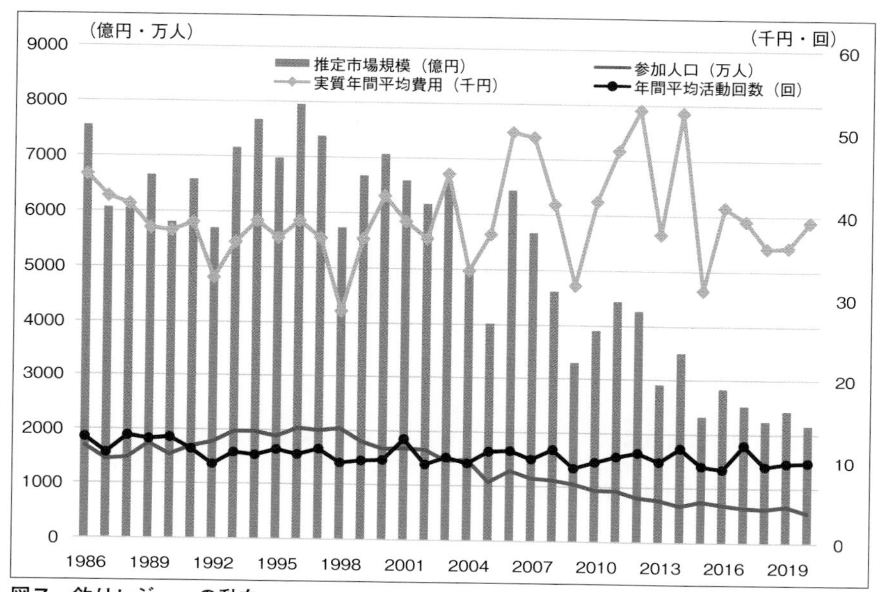

図7　釣りレジャーの動向

資料：日本生産性本部『レジャー白書』（各年次）より作成.

よう.

4.2　釣りレジャーの動向

そこで，代表的な海洋レジャー形態の１つであり，漁業との関連もある釣りについてやや詳細に見てみよう．図７に釣り人口を再掲すると共に，一人当たりの年間平均活動回数，一人当たり実質年間平均費用，そしてそれに参加人口を乗じて得られる最終需要額を釣りレジャーの市場規模と捉え，その推移を示した．推定市場規模は，釣り具市場と釣り人口同様に90年代後半にピークとなり，1996年に7995億円であったが，それ以降は減少傾向となって近年は2000億円程度となっている．また，図８に推定釣り市場と釣り具市場の動向を示した．釣り市場は釣りレジャーに要する平均費用から算出しているため，釣り具以外にも移動費・宿泊費や釣り施設の使用料や入漁料，釣船費用などが含まれる．釣り具市場との差は釣り市場の縮小が大きく影響して縮小し続けており，釣り市場における釣り具市場の割合が大きくなっている．一方，図７（前掲）に戻

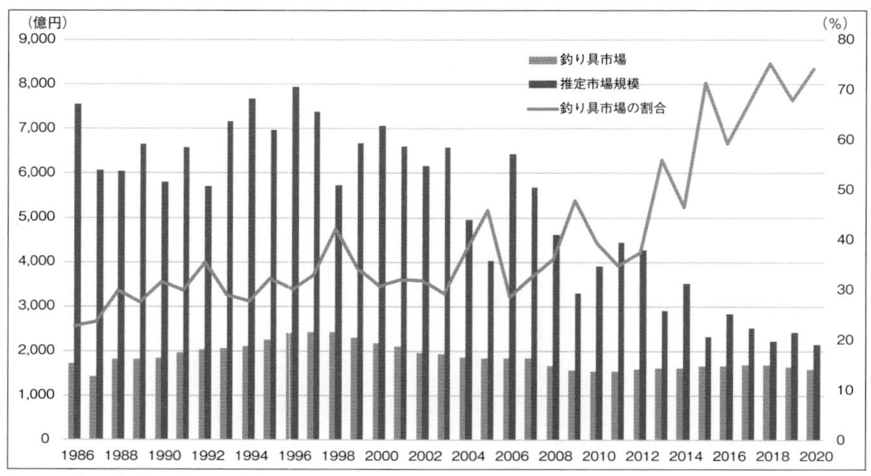

図８　釣り市場と釣り具市場の動向

資料：日本生産性本部『レジャー白書』（各年次）より作成.

って年間平均費用の推移を確認すると，1990年代後半を底としてとくに2014年までは増加傾向にあったことが確認できる．さらに，年間平均活動回数は10回前後で安定した推移を見せている．すなわち，釣り人口は減少傾向にあり，それが釣り市場の縮小に大きく影響している．釣り参加者の性質としてはマニア層から初心者層までを含むが，それらのおおよその割合には変化がないことが平均活動回数から推察されるが，１回あたりの平均費用の動きや釣り市場に占める釣り具市場の割合も合わせて考えると，釣りレジャーへの支出の中で釣り具への比重を高めつつ，陸上・海上での移動等，その他に対する比重を低下させる形での釣りレジャー活動がおこなわれるようになってきていると考えられる．

そこで，釣り種別毎の相違についても検討してみよう．図９に釣り種別毎に見た釣り具市場の推移を示した．図７（前掲）とは異なるソースに基づいているが，90年代終盤にピークを迎えた後は減少傾向となるも，近年は増加しているという傾向は同様である．確認できるのは釣り具のみであるが，その他を含めて８形態の釣り種別の傾向を確認できる．釣り具市場に占める各釣り種別の割合を確認しよう．1991年を見ると，投げ釣り，磯・波止釣り，船釣りという伝統的ともいえる海釣りの形態が60％以上を占めていたが，その後は縮小傾向

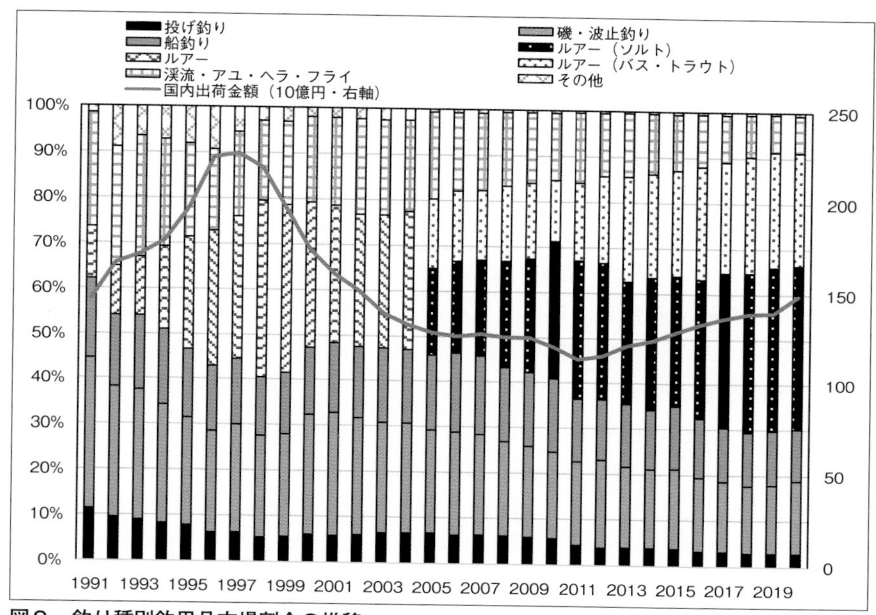

図９　釣り種別釣用品市場割合の推移

資料：社団法人日本釣用品工業会『釣用品の国内需要動向調査報告会』（各年次）より作成.

にあり，渓流等の内水面における伝統的な釣り形態も30％近くあったが，減少してきている．その一方で増加しているのがルアーフィッシングであった．ただ，そのルアーの内訳を見ると，数値が確認できる2005年以降すべての年でソルトルアーという海面でのルアーフィッシングがバス・トラウトという内水面のルアーフィッシングを上回っている．ひとくちに釣りレジャーといっても，伝統的な形態については縮小傾向にあり，近年の釣り具市場の伸びはソルトルアーフィッシングによるところが大きいことが確認できる．釣竿やルアー，さらにはファッション性の高いウェアといった釣り具への支出を増やしつつ，比較的居住地から近い海辺を訪れて，日帰りで釣行をおこなうといった行動が推察され，それは先に確認した釣りレジャーの動向と整合的であり，そこでは女性を含む若者層の取り込みが実現していると考えられる．すなわち，釣りレジャーの振興や釣り機会の提供といったビジネスへの進出を検討する際には，このような釣り種別の動向の相違あるいはセグメントが存在していることへの留意が必要であり，伝統的な形態の再興に向けた戦略と現在伸張している形態を対象とした戦略は自ずと異なってくることとなろう．

4.3 海洋レジャーへのニーズと課題

海洋レジャーへの参加率を図10に，参加希望率を図11に示した．なお，日本生産性本部の調査において[15]，参加率とは「ある余暇活動を調査年の１年間に１回以上おこなった人（回答者）の割合」とされ，参加希望率とは「ある余暇活動を将来やってみたい，あるいは今後も続けたいとする人（回答者）の割合」とされている．参加率をみると，海水浴は1986年には38.4％が参加していたが，それ以降はほぼ一貫して低下し続けており，近年では６％程度で推移し，新型コロナウイルス感染症の影響もあって2020年には2.7％となった．釣りは1986年の17.6％から近年は５％程度まで減少している．ダイビングやサーフィン，ヨット等については，１％前後での推移となっており，人口への膾炙という意味では，海水浴が群を抜き，釣りが続いて代表的な海洋レジャーといえる．

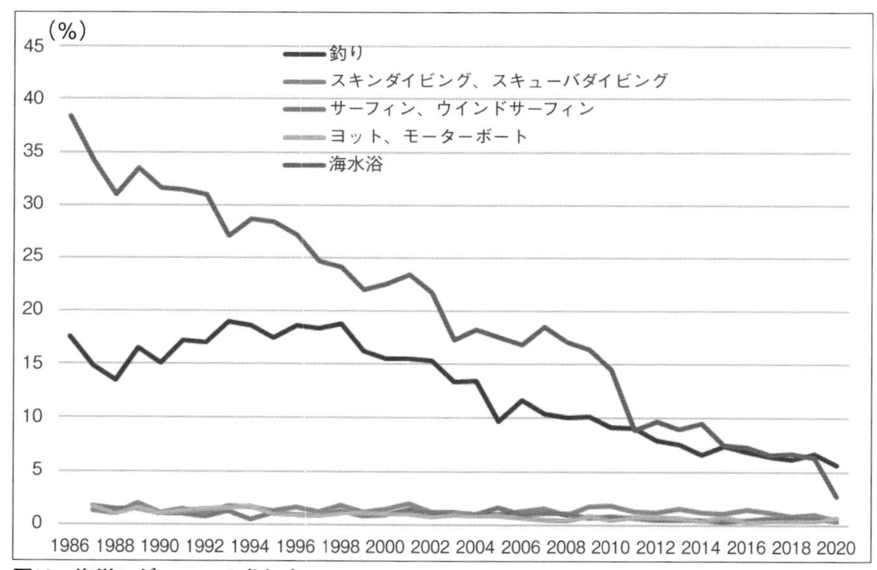

図10 海洋レジャーへの参加率

資料：日本生産性本部『レジャー白書』（各年次）より作成．

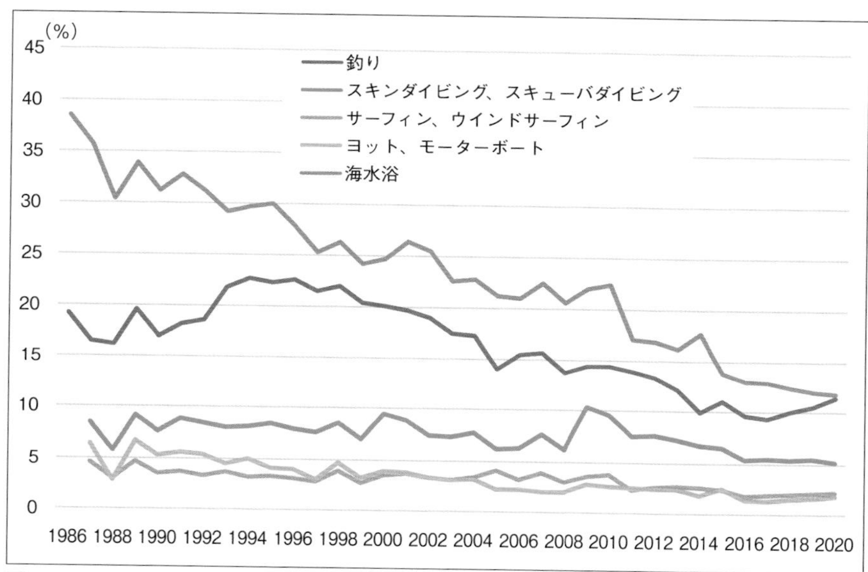

図11　海洋レジャーへの参加希望率

資料：日本生産性本部『レジャー白書』（各年次）より作成.

次に参加希望率をみてみよう（図11）．1986年における海水浴への参加希望率は参加率とほぼ同等であったが，同様に減少傾向となった．ただし，近年の参加希望率は10%程度となっており，参加率とやや乖離してきていることが確認できる．釣りも長期では低下しているものの，近年では高まるなど、参加率とは異なる動きとなっている．ダイビング等については参加率よりも高い参加希望率になっていることがうかがえる．

このように，参加率と参加希望率の関係についてさらに検討する必要があると考えられ，日本生産性本部では，希望率から参加率を差し引いた値を潜在需要と捉え，「希望はあるがまだ実現していない（今後実現が期待される）需要の大きさ」と定義している[16]．潜在需要の推移を示したのが図12である．近年の数値を確認すると，最も高いのが海水浴であり，ダイビングと釣り，さらにサーフィン，ヨットと続いている．また，海水浴と長期に見た釣りでは増加傾向，ダイビング，サーフィンは横ばいが続いたが近年は減少傾向，ヨットは長期的に減少傾向という動きも見て取れ，海洋レジャー種別間における潜在需要

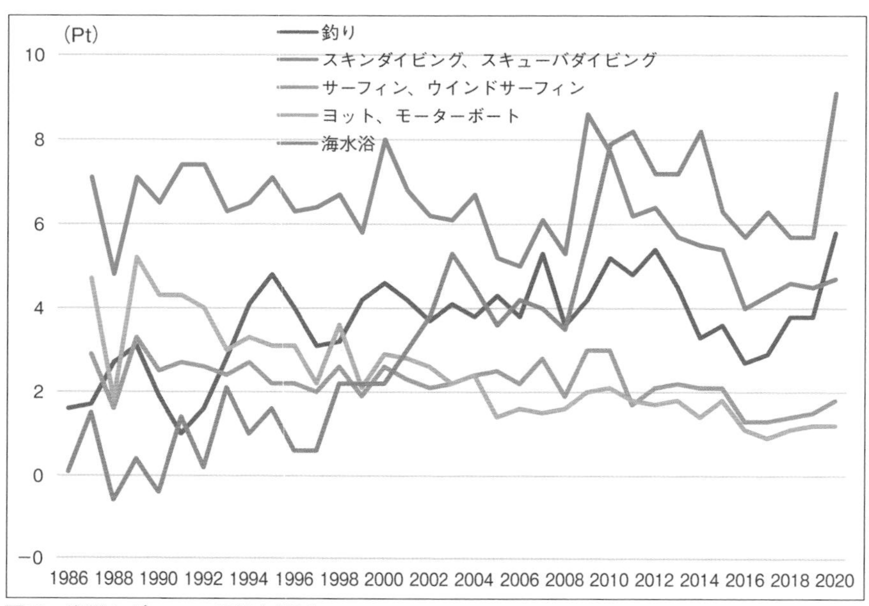

図12　海洋レジャーへの潜在需要

資料：日本生産性本部『レジャー白書』(各年次) より作成.

にも相違があることがわかる．以下，潜在需要と参加人口の推移を検討してみよう．

図13は海水浴について示したものである．既に確認したとおりであるが，参加人口は明らかな減少傾向である一方，潜在需要は途中足踏みや2015年以降の減少はあるものの長期的に増加してきていることが見て取れる．すなわち，海水浴への参加人口の減少を確認し，多様なレジャー機会が誕生する中で選択されなくなっているというよりも，需要はあるのにも関わらず，たとえば環境の悪化や海水浴場の減少，アクセス手段における整備不足など，海水浴機会の提供側における問題が存在しており，それによって参加人口が減少してきている可能性も考えられるのである．

類似した傾向を示すのが図14に示した釣りであり，参加人口は先に確認したとおり減少傾向にあるものの，1990年代以降2014年まで潜在需要は増加傾向にあり，2016年まで減少するものの再び増加に転じている．釣りにおいても，参加したいという意思があるものの，実際の参加においては，知識や経験といっ

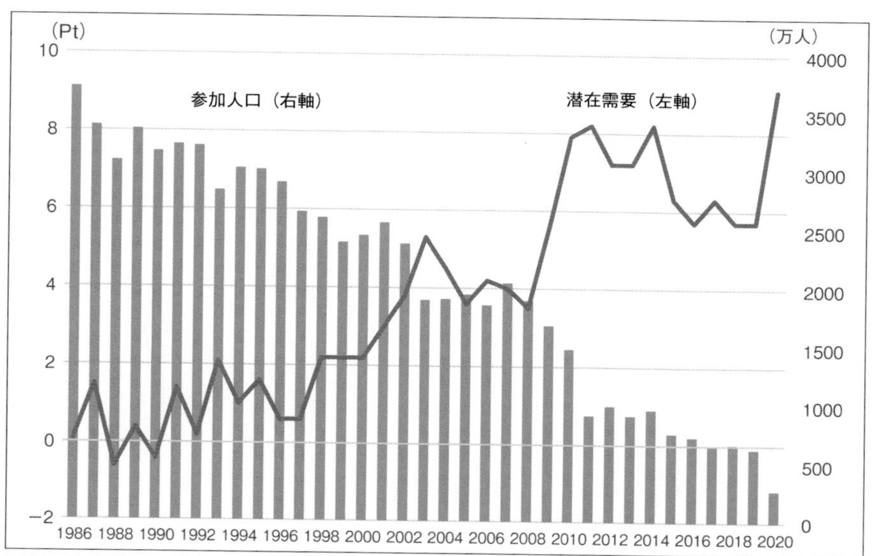

図13　海水浴への潜在需要と参加人口

資料：日本生産性本部『レジャー白書』（各年次）より作成.

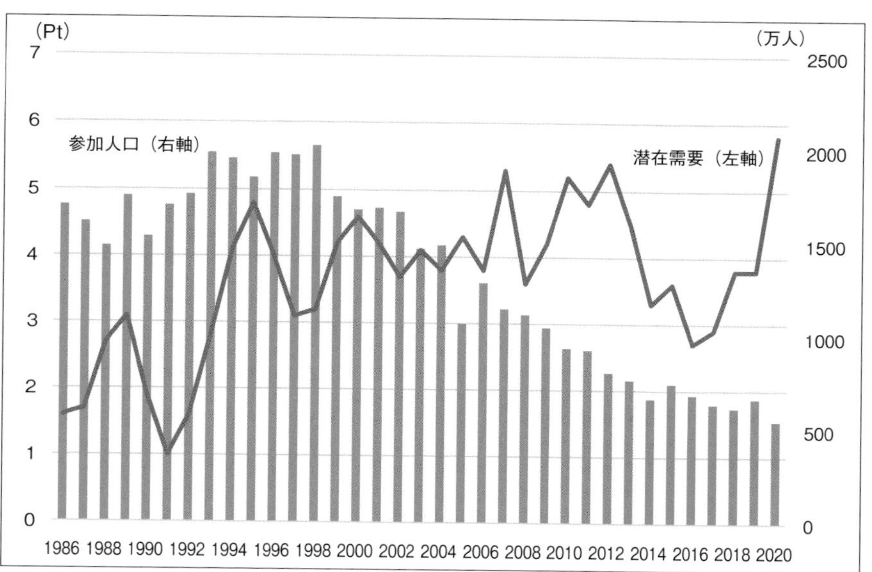

図14　釣りへの潜在需要と参加人口

資料：日本生産性本部『レジャー白書』（各年次）より作成.

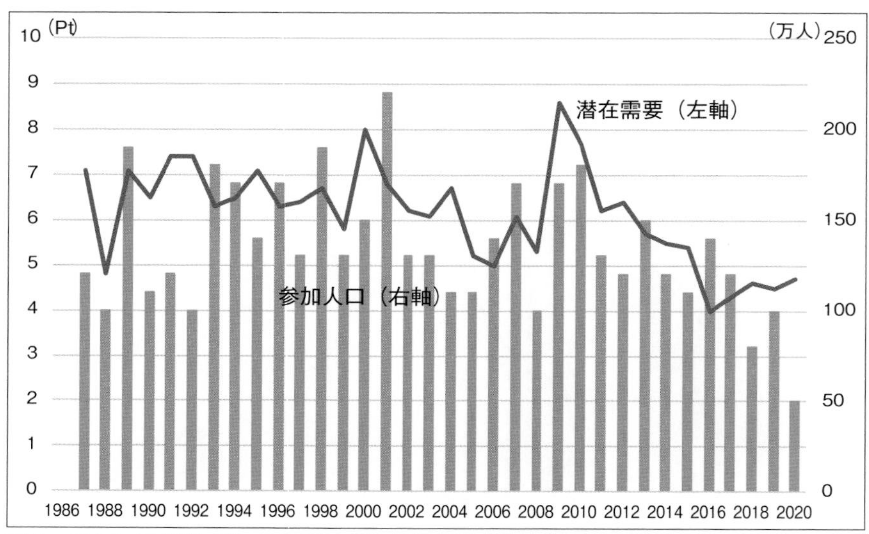

図15　スキンダイビング・スキューバダイビングへの潜在需要と参加人口

資料：日本生産性本部『レジャー白書』（各年次）より作成.

た参入を阻む要素が存在している可能性，あるいは釣り機会提供側における障壁を低下させる取り組み不足による機会ロスが生じている可能性がある．すなわち，釣りや海水浴といったレジャーの振興を考える上では，機会提供局面における取り組みが効果的となる可能性がある．

ダイビングについて図15に示した．潜在需要と参加人口の動きがおおよそ一致しており，海洋レジャー機会として，存在している潜在需要が具現化しやすい状況にあるといえる．ただ，その潜在需要が長期的あるいは近年において減少傾向にあるため，参加人口も減少していると考えられる．そのため，当該レジャー振興を考える場合は，機会提供局面での改善というよりも，たとえば，当該海洋レジャーの魅力を伝えるための方策を講じるといった方法が効果的である可能性が高い．

5．レジャー漁業の動向と特徴

ここまで，日本国内における海洋レジャーの形態や市場についてみてきた．

海洋の伝統的な利用主体である漁業者が海洋レジャー機会の提供主体となる可能性は大きいといえ，それは本書におけるレジャー漁業の可能性と言い換えられる．ここでは，捕捉可能ないくつかのレジャー漁業の動向とその特徴を概観してみる．

5.1　レジャー漁業の活動別地区数

2018年『漁業センサス』では，各地区で漁業協同組合が行う活動について初めて統計をとっている．これにより，73.57％の地区で活動をしていることがある（図16）．漁業協同組合は，漁業権の管理や組合員に対する指導を通じて水産資源の適切な利用と管理に主体的な役割を果たしているだけでなく[17]，浜の清掃活動（89.79％），各種イベントの開催（37.11％），新規漁業就業者・後

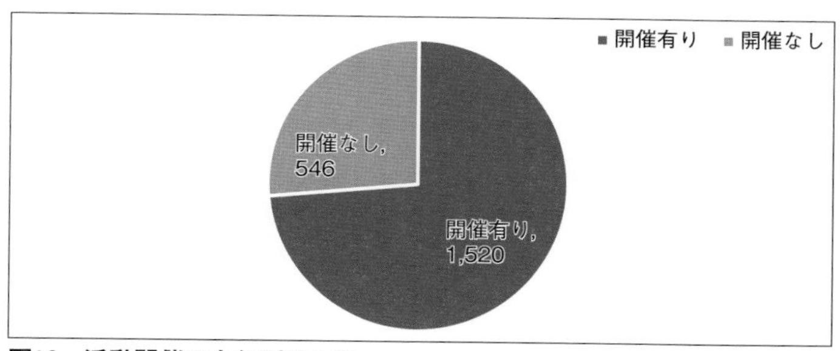

図16　活動開催の有無別地区数

資料：農林水産省『漁業センサス』により作成．

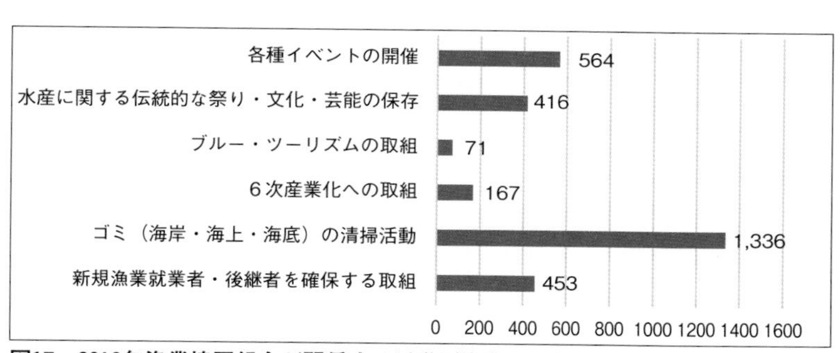

図17　2018年漁業協同組合が関係する活動別漁業地区数（複数回答）

資料：農林水産省『漁業センサス』により作成．

表２　漁業体験を行った漁業地区数とその参加人口

	漁業体験を行った漁業地区数 (A)	漁業体験の年間延べ参加人数 (B)	一地区あたり漁業体験の年間延べ参加人数 (B/A)
2008年	200	120,886	604.43
2013年	234	126,228	539.44
2018年	320	132,028	412.59

資料：農林水産省『漁業センサス』により作成.

継者を確保する活動（29.80％）等にも積極的に取り組んでおり（図17），漁村の地域経済や社会活動を支える中核的な組織としての役割を担っている．さらに，漁業者が所得向上に向けて主体的に取り組む「浜の活力再生プラン」等の取組（６次産業化への取り組み，10.99％）をサポートし，地域の水産物の加工や販売を通じて付加価値の向上を図ったり，輸出先の販路開拓を行ったりするなど，漁業経営の改善と地域の活性化に様々な形で貢献している[18].

5.2　漁業体験について

漁業体験は，水産物の生産現場に関する関心や理解を深めることや地域の漁業文化を体験することである．表２に，2008年，2013年，2018年の漁業体験を行った漁業地区数とその参加人口数の増減実態を示す．漁業地区数と参加人数は増加したが（年平均成長率は4.81％と0.89％），一地区あたりの年平均漁業体験の参加人数は減少した，その減少率は年平均で3.75％であると推定される．その原因は各地区の漁業体験参加人数の規模が小さくなったことである．図18が示すように，規模別の漁業体験参加人数では，100人以下の地区数が急増した，しかし，100人以上の規模の地区数の増減幅は小さい．

5.3　魚食普及活動について

表３が示すように，魚食普及活動を行った漁業地区数は一貫して増加しており，2018年現在は377と，2008年と比較すると100地区以上の増加となっている．参加人数規模別に見ると（図19），200人未満の規模では2018年の地区数が2008年より141地区多くなっており，200人以上の規模では35地区減となった．魚食普及活動の年間延べ参加人数は，2008年以後，継続した減少している．参加人

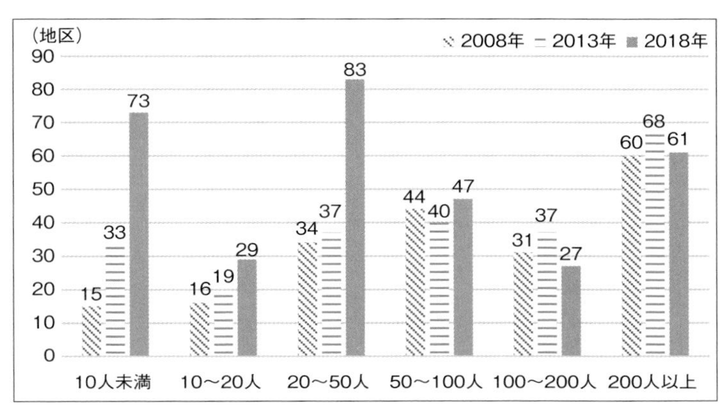

図18　漁業体験参加人数規模別漁業地区数

資料：農林水産省『漁業センサス』により作成.

表３　魚食普及活動を行った漁業地区数とその参加人口

	魚食普及活動を行った漁業地区数（A）	魚食普及活動の年間延べ参加人数（B）	一地区あたり魚食普及活動の年間参加人数（B/A）
2008年	271	1,042,312	3846.17
2013年	310	611,869	1973.77
2018年	377	381,723	1012.53

資料：農林水産省『漁業センサス』により作成

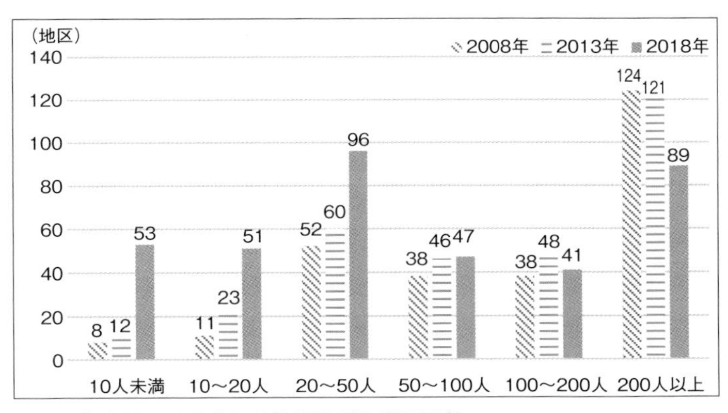

図19　魚食普及活動参加人数規模別漁業地区数

資料：農林水産省『漁業センサス』により作成.

表４　民宿を営む経営体数及び年間延べ利用者数（個人経営体）

	民宿を営む経営体数（経営体）	年間延べ利用者数（人）
2008年	1,632	1,098,000
2013年	1,190	815,018

資料：農林水産省『漁業センサス』により作成
※2018年は調査項目なし

口の減少の要因は担い手や参加機会の減少，近年進行している若者の「魚離れ」，減少している漁獲量により魚の価格の上昇，定着している魚料理は手間がかかるイメージなどが挙げられる．

5.4　漁家民宿について

漁家民宿とは，自営漁業または雇われの漁業者（海上作業に年間30日以上従事したもの）がいる世帯において営まれている民宿を指し，旅館（旅館登録をしているもの）は含まない[19]．『漁業センサス』によると2013年に民宿を営む経営体数は1190，2008年と比較すると，27.08％減少し，年間延べ利用者数も25.77％減少している（表４）．

漁港漁場漁村技術研究所の報告書[20]によると，2003-2005年の漁家民宿は1600軒程度で推移している．客室数は１万室前後，収容人数は４万６～７千人となっている．一室あたり平均収容人数は４～５名で，家族連れに対応できる人数となっている．ほとんどが通年営業をしており，宿泊料金（１泊２食）は5000-9000円に集中している．年間の漁家民宿利用者は約97万人となっており，１市町村平均5145人／年，民宿１軒あたり平均は671人／年であった．

5.5　遊漁船業について

次に遊漁船業について見てみると，遊漁船業の適正化に関する法律において，遊漁船業とは，「船舶により乗客を漁場（海面及び農林水産大臣が定める内水面に属するものに限る．）に案内し，釣りその他の農林水産省令で定める方法により魚類その他の水産動植物を採捕させる事業」をいう．『漁業センサス』によれば，遊漁船経営体数は2008年から2013年までの間に5926から4638に減少

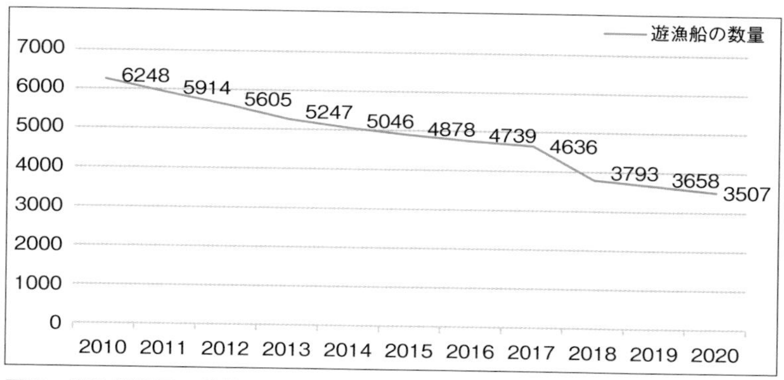

図20　遊漁船数量の推移

資料：日本小型船舶検査機構により作成.

表５　遊漁関係団体との連携の有無別漁協数

	計	遊漁関係団体との連携がある漁協数	遊漁関係団体との連携がない漁協数	遊漁関係団体との連携がある漁協数の割合
2008年	1,041	211	830	20.27％
2013年	934	157	777	16.81％

資料：農林水産省『漁業センサス』により作成.

し，年間延べ利用者数も165.04万人から134.4万人に減少している．図20が示すように，登録した遊漁船数は2010年から2020年までの間に6248から3507に減少している．釣りの参加人口の減少の要因には2005年に施行された「特定外来生物による生態系に関わる被害の防止に関する法律」によって，ブラックバスが特定されたことやテロ対策による港湾施設への立ち入り禁止区域の拡大，原油の価格上昇による遊漁船価格の上昇などが挙げられる．

なお，漁協と遊漁関係団体との関係性をみると，2013年の『漁業センサス』によると，遊漁関係団体との連携がある漁協数は157であり，割合は16.81％である（表５）．漁業者と遊漁関係団体の連携の具体的な取り組みとしては資源保護，資源増殖及び環境保全，資源増殖，遊漁禁止区域の設定や魚の体長規制，採捕時期の規制等の海面利用のルールづくりがある．図21が示すように，2013年に資源保護を目的として連携した漁協数が最も多かった．

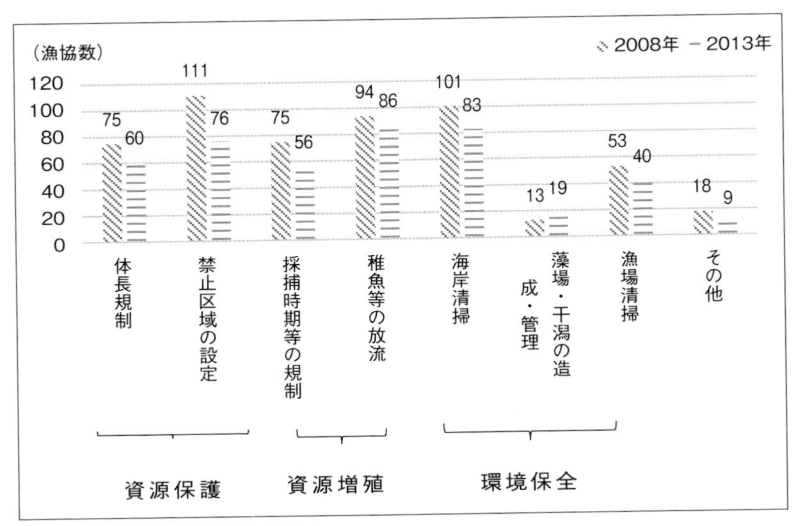

図21　連携遊漁関係団体との具体的な取組別漁協数

資料：農林水産省『漁業センサス』により作成.
※2018年は調査項目なし.

6．おわりに

本章では日本における海洋レジャーの動態とニーズの展開特質とともに，漁業によるレジャー事業への取り組み実態について，基礎的な情報の整理をおこなった．本章における具体的な検討課題は以下の３点であった．第１に，日本の余暇環境を捉えた．日本における余暇活動をめぐる基礎的な条件としては，高度経済成長期における旺盛な就業意欲に支えられた活発な経済活動が優先された時期から，経済成長が足踏みする中で労働時間が減少，すなわち余暇時間の増加が生じてきた．そして現在に至って，国内在住者が形成する余暇人口の基盤となる総人口の減少と高齢化が進展し，経済成長率は低水準で推移しつつ，余暇時間はやや増加しているという状況にある．いわば余暇活動の動きを強く規定する要素がせめぎ合う状況になっており，総体としての活動における経済的制約が強まる中，適切なワークライフバランスのあり方，あるいは増加した余暇時間の消費のあり方が重要な国民的テーマとなっており，レジャー・余暇活動の充実が求められている.

それをふまえ，改めて海洋レジャーという概念と諸形態の整理をおこなったうえで，日本における海洋レジャー活動および産業の動態，そして海洋レジャーに対するニーズの変遷をあわせて検討しながら，産業としての展望や課題を抽出した．様々な海洋レジャーにおいて，その背景には多様なニーズやそのあり方が存在していることが明らかになり，それを捉えた機会提供が課題になっていることが示唆された.

そして，漁業セクターにおける海洋レジャー機会の提供についても整理した．漁業者および漁業地域が海洋レジャー機会の提供に積極的に取り組むようになってきていることについて確認できた．漁業が提供しうる海洋レジャー機会のいくつかについて検討し，海洋レジャーへの多様なニーズに漁業者や漁業地域が応えうる可能性，あるいは間接的に関与する可能性が示唆された．また，魚食普及など，漁業の根幹となる水産物の供給に関連する活動が海洋レジャーの一形態としての魚食と関係することも改めて確認できた.

国内における余暇活動への意欲は強く，そして多様性を増し続けると考えられ，さらに，国内観光へのインバウンド需要もそれに加味されよう．海洋レジャーもその中で有望な一市場を形成していく必要がある．しかし，その実態をみると，必ずしもそのニーズに対して十分に応えられているとは言いがたい状況があった．さらに，レジャー機会の提供主体の一つとしては漁業者や漁業地域が含まれる．国内外における国内海洋レジャーに対する多様なニーズの存在が，漁業地域を含む海洋レジャー機会提供主体における発展可能性を示すと共に，それへの対応が，重要かつ喫緊の課題となろう.

注

1　婁小波『海業の時代』，農文協，2013年.

2　井原哲夫『生活の経済学』，東洋経済新報社，1998年.

3　なお，2019年度の調査からは選択肢に「健康」が加わり，66.5%と最も高くなり，以下，30.9%の資産・貯蓄，28%のレジャー・余暇生活となったが，新型コロナウイルス感染症の影響を強く受けていることにも留意が必要である.

4　ここでの国内旅行は日本生産性本部の調査に基づいており，避暑，避寒，温泉などを含むとされ，2019年の参加人口は調査対象となっている余暇活動の中で最も多かった.

5　溝尾良隆「ツーリズムと観光の定義」『観光学の基礎』，原書房，2009年.

6　前掲5.

[7] 前掲５.
[8] 観光政策審議会『今後の観光政策の基本的な方向について（答申第39号）』，1995年.
[9] 海洋観光の振興に関する検討会「海洋観光の振興に向けての最終とりまとめ」，2014年.
[10] 柳敏晴・谷健二「海洋スポーツ・レクリエーションの用語の定義と分類」『鹿屋体育大学学術研究紀要』，第19巻，1989年.
[11] 友広勲「マリンレクリエーション」磯部雅彦編著『海岸の環境創造』，朝倉書店，1994年.
[12] 内閣総理大臣官房審議室編「望ましい国内観光の実現のために」，1982年.
[13] 日本観光協会『観光セミナーサブノート』，1998年.
[14] 中原尚知「海洋観光と釣りレジャーの振興」『沿岸域学会誌』，第27巻第４号，2015年.
[15] 日本生産性本部『レジャー白書』，各年次.
[16] 前掲15.
[17] 農林水産省『水産白書　平成29年度版』，農林統計協会，2017年.
[18] 前掲17.
[19] 財団法人漁港漁場漁村技術研究所『漁家民宿の状況把握に係る調査報告書』，2007年.
[20] 前掲19.

第2章　海のレジャー的利用とコンフリクトの調整

原田　幸子

1．はじめに

前章でも触れられていたように，『レジャー白書』によると近年の海洋レジャー人口，特に釣り人口は減少傾向で推移している．かつての海洋レジャーといえば，海水浴や釣り，サーフィンやヨットなどが主流であったが，近年はレジャーの種類が多様化し，水上バイクやウェイクボード，SUP（Stand Up Paddleboard）といった様々なレジャーが楽しまれている．『レジャー白書』では，こうしたレジャーの参加人口に関するデータがないため，新たなレジャーがそれぞれどの程度の規模なのかは定かではない．ただ，日本の親水性レジャーは，量的な成長は鈍化していると予測されるものの，レジャーの種類は多様化しており，一定のニーズは保っていると考えるのが妥当であろう．

親水性レジャーが利用する水面は，海面であれば海岸から近いエリア，河川であれば上流も含めた比較的広い範囲が対象となるが，こうしたエリアは，レジャー以外の産業の利用も活発である．海は，漁業・養殖業，交通，海運，浚渫，洋上風力発電などに利用され，河川は漁業，遊漁などが古くから営まれている．こうした産業によって利用されている水域に，レジャー的利用が加わり，あるいは活発化して，同じ水域に様々な目的を持った利用がひしめき合うようになった．多様な目的を持つ利用が輻輳することによって，日本の沿岸や河川，湖沼においては利用者間において，当事者間の話し合いで解決するような些細なものから深刻な対立（コンフリクト）に至るようなケースまで，様々なトラブルが見られるようになった．

レジャーを除く産業的利用については，漁業法や港則法，海上衝突予防法や再エネ海域利用法といった各種法規が整備されているため，水域の利用をめぐるトラブルは法律に基づいて解決される，あるいは事前に調整されることになる．ところが，レジャー的利用については，その利用を調整する公的なルールが存在しないため，利用者のマナーやモラルに頼ることになる．そこで本章では，レジャーが利用する地域資源の特徴や利用制度を整理し，水面利用をめぐってどのようなコンフリクトが起きているのか，また各地ではどのようにしてコンフリクトを解消しているのか，事例を交えてみていきたい．そして最後に，水面利用をめぐるコンフリクトの調整のあり方を提示したい．なお，親水性レジャーには，浜辺や河川敷などの陸域を利用するものも含まれるが，本章では水面を利用するレジャーを対象とする．

2．地域資源の特徴と水面の利用制度

2.1　地域資源の概念と特徴

地域資源の概念整理は既に多くの研究者によって行われているが，いまいちど確認しておきたい．永田（1988）[1]は，地域資源を，人間が空間的に移転させることできない「非移転性」をもち，地域的に存在する資源（地域資源）の相互間に「有機的な連鎖性」があり，どこでも調達可能ではない「非市場的性格」をもっていると説明している．また，目瀬（1990）[2]は，地域資源を基礎的地域資源および準地域資源に分け，基礎的地域資源を自然資源，文化的資源，人工施設資源，人的資源に細分し，準地域資源を地域特産的資源，地域中間生産物的資源に区分している．目瀬は上記のような分類をした上で，地域資源の特性として，移動不可能で地域への「固定性」があること，地域資源相互間の「連鎖性」があること，市場メカニズムだけでは適正な利用管理ができない非市場性が強く「公共性」があること，という３つの特性を挙げている[3]．

地域資源という言葉は，地域振興や観光誘致などの場面で，既に当たり前のように使われているが，定まった見解はまだ存在しない．婁（2013）[4]は，地域資源の概念整理を行ったうえで，地域資源には地域特性に応じた多様性があるために統一的な定義がないことを前置きし，少なくとも地域特有の資源であること，あるいは地域との密接な関係から見出される資源であることは共通していることを指摘している．このような考え方のもと，漁村の具体的な地域資源とは何かを見ていきたい．

また，地域資源の分類も研究者によって見解が異なる．ここでは，環境省が『環境・循環型社会・生物多様性白書』において示した分類（表１）を援用し

表1　地域資源の分類

地域条件	気候的条件	降水，光，温度，風，潮流　等
	地理的条件	地質，地勢，位置，陸水，海水　等
	人間的条件	人口の分布と構成　等
自然資源	原生的自然資源	原生林，自然草地，自然護岸　等
	二次的自然資源	人工林，里地里山，農地，寺社林　等
	野生生物	希少種，身近な生物，山野草　等
	鉱物資源	化石燃料，鉱物素材　等
	エネルギー資源	太陽光，風力，熱　等
	水資源	地下水，表流水，湖沼，海洋　等
	環境総体	風景・風致，景観　等
人文資源	歴史的資源	遺跡，歴史劇文化財，歴史的建造物（寺社等），歴史的事件，郷土出身者　等
	社会経済的資源	伝統文化，芸能，民話，祭り　等
	人工施設資源	構築物，構造物，家屋，市街地，街路，公園　等
	人的資源	労働力，技能，技術，知的資源，人脈・ネットワーク，ソーシャルキャピタル　等
	情報資源	知恵，ノウハウ，電子情報　等
特産的資源		農林水産物，同加工品，工業部品・組立製品　等
中間生産物（付随的資源，循環資源）		間伐材，家畜糞尿，下草や落葉，産業廃棄物，一般廃棄物等

資料：環境省『平成27年版　環境・循環型社会・生物多様性白書』（原資料：三井情報開発株式会社総合研究所『いちから見直そう！　地域資源—資源の付加価値を高める地域づくり』ぎょうせい，2003年）

てみよう，漁村の具体的な地域資源をピックアップしてみると表2のように分類することができる．もちろん，ここに示したものは漁村の地域資源のごく一部にすぎず，永田や目瀬らが示した地域資源の特性からやや外れるものもあるが，本稿では，移転性があったとしても地域に立脚していたり，地域に生産基盤を置いていれば，有形無形を問わず漁村のあらゆるものを地域資源として捉えることとしたい．

一方，『水産白書』（平成24年版）では，地域資源の定義付けはしていないものの，漁村の地域資源を「漁業に関するもの」，「自然・景観に関するもの」，「海洋性レクリエーションに関するもの」，「漁村の文化・伝承に関するもの」，「再生エネルギーに関するもの」，「その他」に分類している．ここで特筆すべ

表2　漁村の地域資源

地域条件	潮風，潮流，波，海水，リアス海岸，半島，離島，干満，崖地　等
自然資源	海，河口，汽水，水面，浜辺，砂丘，海岸，干潟，藻場，サンゴ礁，海洋生物，里海，海洋鉱物，海洋深層水　等
人文資源	漁業・養殖業，水産加工業，漁港，市場，漁村景観，伝統漁業，漁船，漁法，漁獲技術，漁具，造船技術，伝統行事，祭り，朝市，魚食，郷土料理，番屋，舟屋，海女，海女小屋，生活習慣，民話，民俗知識，海水浴場，マリーナ，釣り，釣り堀，マリンスポーツ・レジャー，観光船・定期船，潮干狩り，寺院，温泉，漁家民宿・旅館・ホテル，飲食店，洋上風力発電，環境教育，資源管理制度，慣習，ルール，各種団体・組織　等
特産的資源	魚介類，水産加工品，漁業用資材を使った工芸品　等
中間生産物	未利用魚，非食用水産物，牡蠣殻，水産加工品の残渣，養殖藻類の根　等

資料：表1に基づき筆者作成．

きは，「海洋性レクリエーション」という資源区分が単独で設けられていることであり，海洋性レクリエーションが漁村の重要な地域資源として位置づけられているということがわかる．

2.2　地域資源の管理

地域資源の特徴をもう少し考えてみたい．婁（2013）[5]は，漁村地域に存在する海洋生物や海洋あるいは海洋空間，地域や漁村の景観，地域の伝統・文化，レクリエーション資源などの地域資源は独自の性質と利用特性を有すると指摘している．すなわち，その多くは，共有資源であること，資源の不安定性・分散性を有すること，利用の際には先取先占やオープンアクセス・フリーアクセスが行なわれ，また利用の排他性，地域消費性などの特性があるとしている[6]．例えば，水産物は無主物先占という性格を持つ．所有権がなく，最初に獲った人のものになる．つまり，何のルールや制限もなければ，あっという間に獲り尽くされて枯渇するという性質をもつため，漁業法や各種資源管理制度によって保護されている．

本章で対象とする海洋レジャーは，海洋レジャーそのものも地域資源であるが，海中，海面，ビーチといった海洋空間や漁村景観，漁業，魚食文化などの地域資源に新たな価値を見出して利用している．例えば，漁業は「学習」や「体験」と結びつけることで観光資源となり，実際に多くの地域で観光漁業が実践されている．また，海中は「潜って海の中を見る」という行為と結びつくことで観光資源となり，ダイビングという海洋レジャーになる．このように，地域資源に従来の利用とは別の利用形態が加わったときに，その地域資源には新たな価値が創造されたと言える．そして，当然ながら地域資源の多面的な利用は，単一的な利用よりも利益を増やし地域振興につながる可能性を高める．ところが，地域資源の価値創造には経済的なプラスの作用がある一方で，環境に悪影響を及ぼしたり，次章で示すような利用主体間の摩擦を生むこともある．

漁村の主たる地域資源である「海」は基本的には誰でもアクセスすることができる資源である．もちろん漁業行為は漁業法によって制限されるが，釣りやレジャーは誰でも楽しむことができる．しかし，いわゆる「コモンズ」[7]とも呼ばれる共有資源は，オープンアクセス下において，資源の枯渇や劣化を招くこともよく知られている．そのため，資源の枯渇や劣化，あるいは利用者間の摩擦を回避するには，利用と同時に管理のあり方も検討する必要性がある．目瀬（1990）[8]は，地域資源の管理の必要性として，次の３つの理由を挙げている．第１に，地域資源は公共性の強い資源であるため，市場メカニズムだけでは適正な利用ができず，資源管理組織や公的機関などによる十分な管理が必要であること，第２に生態系の維持や環境保全などの課題は個々人では解決できないため，組織による資源管理が必要であること，第３に国際化時代への対応や地域の活性化に当たっては，地域資源の特性を生かした農林水産業の確立とともに各種産業の開発が必要であり，地域資源の調査やその保全・利用管理問題への対応は地域的または公共的管理が必要であること，である．このように，地域資源はその性格上，適切な管理が求められるのである．

2.3　水面の利用制度

では，地域資源はどのように管理すればよいのだろうか．ひとつは，公的な制度による管理であろう．海の利用に関する制度については，産業によって異なる法規が整備されている．漁業であれば，漁業法で定められた漁業権により一定の水面で特定の漁業を排他的に営む権利が保障されている．そのほかにも水産資源の適切な利用を目的として，水産資源保護法や都道府県ごとの漁業調整規則によって漁法などが定められている．

遊漁については，遊漁船業者は「遊漁船業の適正化に関する法律」に基づいて都道府県の登録を受ける必要がある．遊漁者は上記の漁業法や水産資源保護法にも関わってくるが，実質的な規則としては，都道府県の漁業調整規則に従う必要がある．漁業調整規則には，遊漁者が使用することができる漁具や漁法，採捕できるサイズ，採捕禁止期間などが明記されている．

一方で，レジャーの水面利用を網羅した法律はない．水上バイクやクルーザー等の船舶を用いるものは，船舶職員及び小型船舶操縦者法施行規則などにより，ライフジャケット着用や酒酔い運転の禁止など遵守すべき事項が定められている．また近年は，水上バイクの暴走行為がニュースで取り上げられ，社会問題化していることもあり，危険行為を防止するための条例の制定が急がれている．しかし，ダイビングやサーフィン，SUPなどのレジャーについては，その利用を規制する法律は特になく，海上保安庁や沿岸の自治体，各種団体がホームページやポスターを作成し，安全な利用や迷惑行為をしないといったマナーやモラルに関する呼び掛けを行っている．

内水面の利用制度も見ておこう．内水面の漁業利用を調整するものとしては，漁業法の第５種共同漁業権，都道府県ごとの漁業調整規則，内水面漁業の振興に関する法律があり，これらに基づいて内水面漁業が営まれている．遊漁については，都道府県の定める遊漁規則，あるいは各漁協で決められたルールがある．レジャー利用については，内水面においてもその利用を規制するような法律はなく，「公共用物」としての河川を自由に使用することができる．河川は「公共用物」であるため，他人の使用を妨げない範囲で一般公衆の自由な使用に供されるとされ，例えば，河川における水泳，洗濯，釣りなどの行為は，特段の許可などを要しないで自由に行うことができるとしている[9]．ただし，河口部は海上衝突予防法や港則法などの海上交通法規がある．

このように，レジャーの利用については海面でも内水面でも利用を調整するような法律がないことから，レジャーによる活動と既存の産業，特に漁業操業との間で，しばしばトラブルが発生している．

３．コンフリクトの発生と「コモンズの悲劇」

沿岸域も河川もこれまで主要な利用形態であった漁業が中心となって利用秩序を形成し，また，地域の住民は各地域の事情に合わせたローカルかつインフォーマルなルールもつくりながら海を利用してきた．そこに，公共用物としての水面の自由使用を前提としたレジャー利用が加わり，レジャーと漁業，あるいはレジャー同士，レジャーと地域住民との間で軋轢が生まれるようになった．海面の主なトラブルとしては，レジャー利用による漁業操業の妨害，漁具の破損，密漁，プレジャーボートの不法係留，クルーザーや水上バイクの暴走などが挙げられる．こうしたトラブルは当事者同士の話し合いや注意喚起などによって解決することもあるが，レジャー利用が集中するようなエリアにおいては深刻な事態に陥るケースもある．

例えば，新保（2012）[10]は，高知県柏島におけるダイビングと漁業・住民とのコンフリクトの問題を取り上げている．柏島は美しい海とサンゴ礁を有することから，多くのダイビング客が訪れるようになったが，ダイビングが盛んになるにつれて様々な問題が起こるようになった．例えば，漁場付近で潜るので魚が逃げる，漁船の航路上でダイビングするので危険である，またゴミや違法駐車，騒音，アンカリングによるサンゴの破壊といった問題がみられるようになり，ダイビング業者と漁業者・地域住民の間でコンフリクトが生まれることになった[11]．その後の利用調整の経緯の詳細については新保（2012）を参照されたいが，ダイビング業者で部会を設立し，漁業側も関係する漁協・支所をメンバーとする委員会を立ち上げ，利用をめぐる交渉を続けている[12]．

また，沖縄県の座間味村は，世界でも有数の透明度が高い海と美しいサンゴ礁を誇り，数多くのダイバーが訪れる．人気のダイビングスポットは１日に数百人のダイバーが潜り，ダイビングやボートのアンカリングによってサンゴ礁の状況が悪化したため，1998年に３つのダイビングポイントを３年ほど閉鎖する事態に陥った[13]．閉鎖ポイントでは，ダイビングだけでなく漁業操業も含めて自粛することで資源の回復を図ることとなり，地域資源の過剰利用による資源的，経済的損失が発生した．

ダイビングに関しては，漁業操業と利用エリアが重複することが多く，かつては漁業側がダイビングを排除しようとしたり，ダイバーから潜水料や協力金を徴収するような動きもあり，訴訟に発展することもあった．地域の漁業者や住民が運用してきたコモンズとしての海の利用・管理ルールが及ばない新たな利用者の参入が混乱を招いたといえる．ダイバーが海を自由に使用することは，正当な権利であり，特定のセクターがダイバーによる利用を排除することはできない．しかしながら，地域資源の管理に参加できない（しない）利用者が参入してくることによって，生まれる弊害もある．永田（1988）[14]は，「資本の利潤追求原則にもとづいて，特定の地域資源のみが開発対象とされたときには，地域諸資源がもつ有機的な連鎖性は破壊され，手きびしい復讐を地域住民は被ることになる」と指摘している．地域資源は市場メカニズムだけでは適正な利用が難しいうえ，多種多様なレジャーを法的に調整することも容易ではない．

とはいえ，漁村の状況はこの30年で大きく変わり，漁業とレジャーをめぐる状況も変容してきた．漁村からの人口流出，過疎化が深刻化し，漁業生産は衰退の一途を辿っている．漁村の活力が失われつつあるなかで，「海業」の振興が喫緊の課題となり，漁村の地域資源をフルに使った地域振興が求められている．もちろん地域資源の適切な利用管理が行われなければ，「手きびしい復讐」が指す資源の枯渇や劣化を招くことは明白である．しかし地域資源の過少利用も地域振興の機会を逸することになり，多様な利用が共存できる管理のあり方が依然として求められている．

なお，内水面についても同様にレジャーとその他の利用のトラブルが見られる．ただ，内水面においては漁業利用が極めて少ないため，漁業とのトラブルというよりは，遊漁とその他のレジャー，あるいはレジャー同士のトラブルが問題となっている．

4．コンフリクトをめぐる調整

繰り返し述べているように，漁村あるいは河川流域の地域資源は多種多様で，その利用も多様である．そのため，地域資源の管理を一律で語ることは難しい．現実には地域の事情に合わせた管理が行われており，レジャーをめぐるコンフリクトが発生した際に，原因療法的な対策を講じている地域もあれば，対症療法的な措置にとどまっている地域もある．本節では，２つの事例を取り上げながら，地域資源のレジャー利用をめぐるトラブルやコンフリクトの回避方法を紹介したい．

4.1　伊豆のダイビング利用

静岡県の伊豆半島は言わずと知れたスキューバダイビングのメッカである．

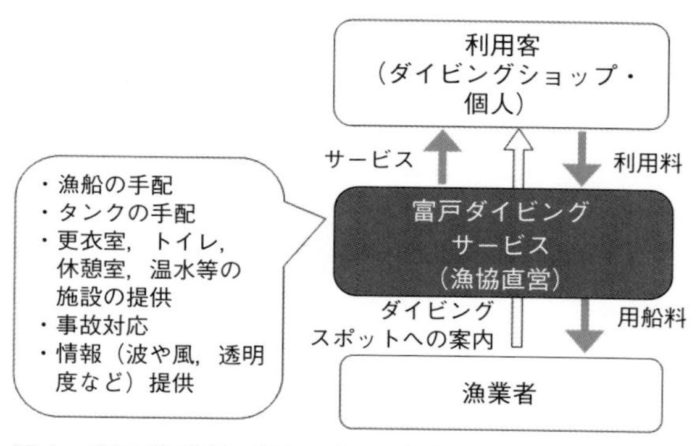

図１　富戸ダイビングサービスの事業の流れ

資料：ヒアリング調査により作成

首都圏から近く，熱帯の魚やサンゴ礁，沈船，特徴的な地形など，伊豆の海はダイバーにとって魅力的な地域資源が豊富で，初心者から上級者まで多くのダイバーが訪れている．伊豆半島全域に多くのダイビングスポットが開設されているが，ダイビングサービスが集中しているのが，伊豆半島の東側，伊東市に位置する富戸地区である．1963年に伊豆海洋公園が開業し，翌年，伊豆海洋公園ダイビングセンターが開設されたことを契機に地元漁協の共同漁業権内にダイビングスポットが新設された．日本のダイビングスポットの草分け的な存在となったことから，全国から多くのダイバーが押し寄せ，これに着目した当時の地元漁協は1998年に漁協直営の富戸ダイビングサービスを開業して，本格的にダイビング事業をスタートさせた[15]．現在は，漁協の合併を経て，いとう漁業協同組合の富戸支所が運営しており，管内では川奈支所でもダイビングサービスが営まれている．

富戸を訪れるダイバーは，都内のダイビングショップや地区内のダイビングショップを通じて富戸ダイビングサービスを利用している．ヒアリング調査（2022年10月）によると，利用客は1990年代がピークで，主に関東から５～６万人のダイバーが訪れていたが，現在は２万～2.5万人で推移しているという．富戸地区にはビーチエントリーとボートエントリーの両方があり，ボートのダイビングポイントは共同漁業権内に15か所開設され，必ず漁船を用船してポイントにアクセスすることになっている．

富戸ダイビングサービスの事業は，図１のような流れになる．まず，利用客

写真１　富戸ダイビングサービスの温泉

資料：富戸ダイビングサービスホームページより

はダイビングショップあるいは個人で富戸ダイビングサービスに申し込み，富戸ダイビングサービスが漁業者に連絡して漁船を用船する．ダイビング案内を行っている漁業者は現在６名で，用船料はダイバー１人当たりの料金になっている．ヒアリングによると，ダイビング案内業だけでは生計は成り立たないが，このあたりで盛んなキンメ漁やエビ，イカ漁も不振なため，用船による収入が重要な収入源となっている．富戸ダイビングサービスではそのほかに，タンクの手配や更衣室，トイレ，休憩室等の施設を提供し，最近では外に船型の温泉をつくり，ダイバーの冷えた体をあたためられるようになっている（写真１）．また，波や風，透明度などの情報をSNSやホームページで毎日発信している．

このように，富戸地区では漁協直営のダイビング事業が営まれているわけであるが，漁協あるいは漁業者がレジャーに参入することにどのような意味があるのかを考えてみると，まず，トラブルの回避という点が挙げられる．ダイビングと漁業とのトラブルの中には漁船の進路妨害や設置した漁具の破損，魚が逃げるといったものがあるが，漁業者がダイビングポイントに案内することでこれらの問題は防げる．漁業者は地先の海を知り尽くし，どこでどんな漁業が行われているかも当然把握している．したがって，漁業者による案内は，地域の漁業者とトラブルになりそうな行為を未然に防ぐことができている．もうひとつは漁協経営への寄与が挙げられる．水産資源の悪化や魚価の低迷，水産物消費の落ち込み，漁業者の高齢化や後継者不足など，日本の沿岸漁業は窮地に立たされており，漁協経営も総じて悪化している．漁協経営の悪化は，漁協の経済事業や組合員である漁業者のサポートにも影響し，結果として地域漁業の低迷につながりかねない．富戸ダイビングサービスのダイビング事業は，いとう漁協の経済事業の中でもっとも収益の多い事業となっており，漁協の経営に貢献している．

一方，ダイビングショップにとってはどのようなメリットがあるだろうか．漁業者が案内することによって無用なトラブルを避けられること以外に，自前で船を用意する必要がなかったり，船の操船にかかわる人材育成も不要となる．また，婁（2013）[16]は，富戸ダイビングサービスの意義として，海況に合わせて複数のダイビングスポットを選択できることや地域のほかの観光資源に誘導することも可能となるため，機会ロスの発生を抑えるとともに，地域資源を活用して作り上げたダイビングサービスの基本的な内容を網羅したサービス体系を，ショップツアーから個人客にわたって提供できることを指摘し，富戸ダイビングサービスのシステムが一種のプラットフォームとして効率的な価値創造の仕組みとしての機能を果たしていると述べている．

もうひとつ指摘しておきたい点として，この地域には多くのダイビングショップが存在しているが，ショップ同士が競争関係ではなく，協力関係にあるということである．これに漁協直営のダイビングサービス事業が影響しているのかどうかは定かではないが，筆者がこれまでおこなってきた調査のなかには，レジャー業者同士が競合関係にある地域もあった．これは資本主義の市場システムのなかでは当たり前のことではあるが，親水性レジャーを営む業者間の過度な価格競争は，利用客の安全性を脅かすこともある．一定の価格を下回れば，人材の育成や設備・備品への投資や更新にも影響する．しかしながら，この地域ではそうした価格競争は起きておらず，ダイバーの予約が定員を超えた場合は，他のショップを紹介するなど，ショップ同士の良好な関係が築けているとのことであった．

富戸地区でダイビング事業が始まった当初は，密漁を心配する漁業者もいたが，実際にはダイバーと漁業者とのトラブルは見られなかった．伊豆は別荘地でもあったため，他地域からの来訪者にもオープンなマインドがあり，現在のようなダイビングサービスの仕組みが出来上がった．ここ数年は新型コロナ感染症の影響により，アウトドアが人気で若い人も増えてきたものの，ダイバーの高齢化が進んでおり，利用者もは少なくなっていることから，ダイビングスポットの新たな開設や他の体験メニューの提供なども検討している．

4.2 徳島県吉野川のラフティング利用

続いて，徳島県の吉野川上流を事例として，河川の代表的なレジャーである遊漁（漁業的側面も持つ）と新たなレジャーであるラフティングの利用調整を見ていきたい．当該地域は，徳島県三好市の吉野川上流，大歩危・小歩危（おおぼけ・こぼけ）一帯で，観光地としても知られている．吉野川は，年間を通じて水量が多く，安定していることからラフティングやカヌーといったウォータースポーツが盛んで，三好市ではウォータースポーツによるまちづくりに取り組んでいる．

吉野川上流域は歴史的に，材木の搬出や観光・レジャー，ダム（電源開発）や生活用水，農業用水の確保の場として利用されてきた[17]．吉野川随一のアユの漁場として古くから漁業や遊漁が営まれ，観光向けの遊覧船が1891～92年ごろに開業している．レジャー的な利用については，1987年に第１回四国カヌーフェスティバルが開催され，1993年には本フェスティバルにラフティングツアーが企画されている．

現在の吉野川上流域がどのように利用されているかというと，主な利用は遊漁とラフティングである．吉野川（徳島県側）には，上流から河口まで７つの漁協があり（吉野川上流，三好河川，吉野川西部，吉野川中央，麻植阿波吉野川，吉野川，吉野川第一），当該地域の管轄漁協は吉野川上流漁協である．2020年における７漁協の組合員数は3697人（うち吉野川上流漁協は，469人）で，2010年頃から減少傾向で推移している．吉野川上流漁協には優良な漁場（ポイント）が多数あり，遊漁券として，年券が１万1000円，日券が3000円で販売されている．大サイズのアユが釣れることから，毎年多くの遊漁客が訪れている．

一方，ラフティングについては，2017年10月に国内で初めてとなるラフティング世界選手権が開催され，群馬県のみなかみ町などと並んで，日本で最もラフティングが盛んな地域の一つと言われている．吉野川上流には（高知県側も含む），20数社のラフティング業者が点在している．ラフティングは長さ５mの８人乗りのゴムボートで激流を下るレジャーで，海外では，オーストラリアやネパールなどで盛んにおこなわれている．吉野川上流のラフティング客は，年間約４万人と推計されているが，関係者へのヒアリングによると，ラフティング業者の数およびラフティング客はすでにピークを過ぎたとのことであった．

前述のように吉野川上流は主に遊漁とラフティングによって利用されているが，両者は利用区域が重なっていることから，ラフティング利用が始まった当初からトラブルが頻発していた．トラブルの内容としては，釣りのラインがラフティングのボートに引っかかる，狙いたいポイントをラフティングボートが通過する，仕掛けていた漁具が破損される，パドルで水面をたたいたり大声を発したり遊泳することでアユが逃げる，迷惑駐車をする業者がいるなどといったことが聞かれた．特に，「瀬」と呼ばれるアユが集まりやすいポイントで遊漁者からの苦情が殺到していたという．

こうしたトラブルを受けて，1993年５月に遊漁者（漁協）およびラフティング業者双方の状況を把握するとともに，取り決めのようなものが必要との意見が出され，当時の地元行政であった山城町が仲介に入ることになった．その後，同年８月に漁業協同組合とラフティング業者３者で組織された吉野川上流ラフティング連絡協議会（現在は，ラフティング協会（RAJ）四国吉野川支部）において，トラブルを避けるための自主規制について協定書が交わされることとなった．ラフティング側が協議会を組織した理由は，吉野川上流が激流であることから事故も多く，流木等の情報共有も必要であったことから，業者同士でネットワークを構築するとともに，漁業者側との調整を進めていった．

1993年に締結された協定書の内容は，協定の趣旨として「吉野川上流域におけるラフティング愛好者の増加に鑑み河川自由使用の原則が守られることを目的に締結するものである」とされ，協定の区域とラフティングの通過時間，両者が双方に配慮すること等が定められた．この時の利用時間は，午前９時から午後５時までであった．詳細は割愛するが，これ以降も話し合いは続けられ，現在は吉野川を核とした誘客促進に向け，ラフティング業者，漁協，市で協議するまでになった．

漁協とラフティング業者との間に交わされた協定は，約30年前に初めて締結され，毎年更新されることとなっているものの，必ずしも毎年締結手続きが行われているわけではないようである．しかし，ラフティング業者側は協定にのっとったツアーのスケジュールを常に立てることとしており，無用なトラブルを避けて，地域との共存共栄の意識を持ち，フォーマル，インフォーマルにかかわらずルールが遵守されている．また，協定には含まれてはいないが，パドルで水面を叩かないこと，遊漁者から30m 以内では遊泳しないことなどの漁協から申し入れのあった事項についても協会内で徹底周知しており，トラブルの防止に努めている．こうして策定された協定は罰則のないいわゆる「紳士協定」であり，ルールを守っていれば，協定を締結するかどうかはさほど重要でない．河川の自由使用を主張し，協定を締結していない業者もいるが，通過時間などはほぼルール通りであることから，メインのラフティング協会に所属しているかどうかも大きな問題とはなっていない．現在，ラフティング協会（RAJ）四国吉野川支部のホームページには，2015年に締結した協定が掲載されており，図２はその一部を抜粋したものである．

当該地域の内水面の利用をめぐっては，先発的な利用者である遊漁者・漁業者と新たな利用形態であるラフティングの間で，種々のトラブルが発生し，漁協からはラフティング利用の規制を望む声が聞かれていた．公共用物である河川の自由使用の原則にのっとって利用するレジャーを如何にして調整するかという問題が顕在化した中で，その解決に際して「協定」という明文化されたルールが形成された例は少ない．その意味で，吉野川上流域で構築されたラフティングと遊漁をめぐる当該事例の利用調整ルールは，多様な利用主体が円滑な河川の利用を果たす上できわめて有意義であると言える．

残された課題もまだ多くあるが，当該地域では，ラフティング業者と地元漁協の間で協定が結ばれ，多様な利用主体が存在する中にあっても円滑な河川の利用を果たす努力がなされている．水面の利用においては，これまで「漁業対レジャー」という構図において多くの問題が指摘されてきたが，本事例では，漁協が対応しているものの「レジャー（遊漁）対レジャー（ラフティング）」という側面もあり，こうした構図においても利用調整ルールが構築されており，河川の多様な利用を図るうえで重要な示唆を与えてくれた．

徳島県三好市は，「ウォータースポーツのまち」を標榜し，ラフティングの世界選手権だけでなく，2018年にはウェイクボード世界大会も開催されている．

協　定　書

吉野川上流漁業協同組合（以下「甲」という。）と（一社）ラフティング協会（RAJ）四国吉野川支部（以下「乙」という。）は、三好市を介し、吉野川上流におけるラフティングの実施について下記のとおり協定する。

（本協定の趣旨）
第1条　本協定は、吉野川上流地域におけるラフティングの実施による漁業者とのトラブルの回避と吉野川の環境保全に努めながら 地域の発展をはかる為に締結するものである。
（本協定の区域）
第2条　本協定の区域は、吉野川上流の高知県境からJR阿波川口駅前までの流域とする。
（協定事項）
第3条　協定期間内におけるラフティングは、1日1回とする。
2　前項の各瀬の通過時間は、別紙1のとおりとし、概ね前後30分以内に通過するよう努めなければならない。
3　乙は、会員と非会員の識別ができるようボートに番号を表示する。
4　乙は、漁業者の近くを通過するとき、笛により漁業者にボートが通過することを知らせるための合図を行う。
（協定の期間）
第4条　本協定の期間は6月1日から9月15日までとする。
（遵守事項）
第5条　ラフティングを行う場合、漁業の操業について妨害にならないよう配慮しなければならない。
2　漁業者は、ラフティング者の通過に配慮しなければならない。
（甲乙の義務）
第6条　甲は、組合員に協定書の内容を周知し、乙は、協定書の内容をラフティング者に周知指導するとともに、甲乙ともトラブルが発生しないよう努めなければならない。
2　万一トラブルが発生した場合は、甲乙誠意をもって解決を図る。
3　甲又は乙から立会の要請があった場合には、市は立会するものとする。
（本協定の有効期限）
第7条　本協定の有効期限は、協定締結の日から平成28年3月31日までとする。
（誠実義務）
第8条　甲及び乙は、本協定の各条項を誠実に履行するものとする。本協定に疑義が生じた場合は、甲乙協議して解決を図る。
（本協定の当事者）
第9条　本協定に言う（一社）ラフティング協会（RAJ）四国吉野川支部とは第2条で定める区域内においてラフティングツアーを実施する別紙2の各社を言う。

図２　吉野川上流の漁協とラフティング業者との協定書

資料：ラフティング協会（RAJ）四国吉野川支部ホームページ[18]より.

市ではラフティングやウェイクボードを活用した観光戦略を打ち出しており，ウォータースポーツ体験をきっかけに移住促進や地域振興につなげたいと考えている．こうしたことからも，レジャー同士あるいはレジャーと漁業のトラブル回避は至上命題であり，利用調整ルールの存在が，当該地域にとって大きな役割を果たしていると考えられる．

5．おわりに：コンフリクト解消のための調整メカニズム

本章で取り上げた事例から，地域資源のレジャー利用をめぐるトラブル・コンフリクトの解決の糸口を探ってみたい．まず，第１に漁業側によるレジャーの参入である．富戸の事例で見られたように，漁業者が海を案内することで漁

業者とレジャー利用者のトラブルを未然に回避することができることがわかった．紙幅の関係から他の事例は紹介できなかったが，筆者が調査したことのある沖縄県恩納村のダイビング利用でも，漁業者がダイビングスポットに案内することで漁業とレジャーのトラブルを防ぎ，漁業者は案内業によって副業的な収入を得ていた．また，漁業ではないが，京都府保津川のレジャー同士の利用調整の調査では，400年以上続く伝統的なレジャーである「保津川下り」と新たな利用であるラフティングの事例において，保津川下りがラフティング事業にも参入し，川のルール作りが円滑に行われていた．地域資源の利用は先発的な利用者が権利を主張することも多いが，京都府保津川では公共用物の自由使用という原則のもと，新たな利用を排除することはなかった．漁業や先発的な利用者がレジャーに参入することで，相互理解が進み，地域資源から得られる利益を関係者で配分できるような仕組みが作られていくと考えられる．

第２に，利用者によるルール作りである．吉野川の事例では協議会において，利用のルールが決められていた．海や河川の利用はこれまで漁業が中心となって秩序が形成されてきたが，ひとつのセクションだけで決めるのではなく，それぞれの利用主体がルール形成の場に参加することが，ルールを遵守する上でも重要である．ただ，先発利用者の意見が優先されたり，誰かにとって都合の良いルールとなっていたりする場合もあり，そのルールが公平かどうかという点は，検証していく必要がある．再三述べているようにレジャーはその利用を規制する法律がなく，自由に水面を利用することができる．それぞれが水面を自由に利用することは，個人にとっては合理的な行動であり保障された権利であるが，ルールがあることで地域資源の枯渇は避けることができるのである．

今回の事例分析からは以上のような調整メカニズムを指摘することができたが，地域資源のレジャー利用をめぐっては，残された課題も多い．まず，各地域でつくられてきたルールに法的拘束力はなく，ルールに従わない利用者が現れた場合の対応に限界があるということである．また，個人の利用客に対してどのようにルールを周知し，ルールを守ってもらうか，という問題もある．今回紹介した事例や，筆者がこれまで調査した事例は，レジャー側の組織化が可能という特徴があった．ダイビングやラフティングといったレジャーは個人ではなくショップを通して行われることが多い．したがって，水面にアクセスするときは必ずショップのガイドやインストラクターが同行する．つまり，ショップの代表者がルール形成の場に参加し，スタッフにルールを共有すれば，利用客はガイドやインストラクターを通じてルールを守ることとなる．ところが，近年はレジャーの多様化に伴い，個人で水面にアクセスできるレジャーも増えている．個人の利用客は，船の航行に関する基本的なルールや密漁のルールを知らなかったり，船からの視認が難しいなどの問題がある．あらかじめルールを決めておくことで防げる事故もあると考えられるが，そのルールを明文化し，周知・啓蒙し，遵守させるためにはどのような仕組みが必要かを今後検討していく必要がある．

海のレジャー的利用をめぐっては多くの課題が残されているが，漁業や地域にとっても地域資源の活用は最優先課題である．地域資源の持続的利用を果たしながら，親水性レジャーに対する国民のニーズに応え，それを地域振興につなげていくという難題を多くの漁村が抱えている．これを実現するための共通のシステムの構築は難しいが，事例分析を積み上げていくことで見えてくるものもあるかもしれない．次章以降，日中の多くの事例が紹介されており，難題解決へのいくつもの知見が提供されている．

注

1　永田恵十郎「第二章　地域資源の公益的機能と管理」七戸長正・永田恵十郎編『地域資源の国民的管理』，農山漁村文化協会，1988年．

2　目瀬守男編著『地域資源管理学』，明文書房，1990年．

3　前掲２．

4　婁小波『海業の時代』，農文協，2013年．

5　前掲４．

6　前掲４．

7　コモンズは，研究者によって定義やその性格づけが異なるが，著名なコモンズの研究者である井上真は，コモンズを「自然資源の共同管理制度，および共同管理の対象である資源そのもの」と定義し，資源の所有にはこだわらず，実質的な管理（利用を含む）が共同で行われていることをコモンズである条件（井上（2001），p. 11）[19]としている．そのほかの研究者による定義については，室田・三俣（2004）[20]によって整理されている．

8　前掲２．

9　河川法令研究会編『よくわかる河川法　第三次改訂版』，ぎょうせい，2018年．

10　新保輝幸「第１章　サンゴの海の利用の現状と課題　柏島の海から考える」新保輝幸・松本充郎著『変容するコモンズ』，ナカニシヤ出版，2012年．

11　前掲10．

12　前掲10．

13　谷口洋基「座間味村におけるダイビングポイント閉鎖の効果と反省点」『みどりいし』，14，pp. 16-19，2003年.

14　前掲1．p. 87.

15　池俊介「伊豆半島におけるダイビング観光地の成立と展開」『立教大学観光学部紀要』，11巻，pp. 79-96．2009年.

16　前掲4．

17　西徹「吉野川の水面利用」『Civil Engineering Consultant』，vol. 220，2003年.

18　ラフティング協会（RAJ）四国吉野川支部ホームページ，http://yoshinorafting.net/pa/yj2015.html（閲覧日：2023年3月1日）.

19　井上真「序章　自然資源の共同管理制度としてのコモンズ」井上真・宮内泰介編『コモンズの社会学』，新曜社，2001年.

20　室田武・三俣学著『入会林野とコモンズ』，日本評論社，2004年.

付記

本稿は，河川基金助成事業「多様化する河川利用の利用調整に関する研究：ウォータースポーツの発展と地域振興の視点から」（2020）および科学研究費助成事業（研究課題：21K12476）の成果の一部です.

第3章　遊漁船業の展開と利用調整

日高　健

1．はじめに

遊漁は，非漁業者による水産生物の採捕のことであり，漁業が営利を目的とした経済行為であるのに対し，遊漁は営利以外のこと，例えばゆとりとか喜びを得るために行われる．遊漁は，例えば江戸時代のハゼ釣りのように日本の近代化以前から行われてきたが[1]，これが広く一般市民によって行われるようになったのは1960年代の高度経済成長の時期以降である．遊漁を行う一般市民は遊漁者と呼ばれ，この遊漁者によって使用される船舶が遊漁船である．遊漁船には２種類あり，遊漁者が自ら所有するあるいは借用して釣に使用する遊漁船（プレジャーボート）と，遊漁船業を営む事業者が遊漁者を乗せて漁場まで案内するために用いる遊漁船がある．本章では，遊漁船業と漁業がどのように漁場や資源の利用調整を行ってきたのかを取り上げる．

遊漁は漁業者以外が営利以外の目的とは言え水産生物を採捕するものであるため，その規制や利用調整に関しては基本的に漁業法関連の枠組みで取り扱われる．しかし，漁業にとっての遊漁や遊漁船業の位置づけは時代とともに変化しており，利用調整の理念や枠組みもそれとともに変化している．理念の推移を簡単に整理すると，1980年代までには両者の摩擦を避けるための調整が行われたが，1990年代になると両者の存在を認めた上で両者の共存をめざす調和が行われるようになった．2000年代に入ると，両者の連携や共創を図る調和が進められ，さらに遊漁や遊漁船業を地域資源と捉え，地域活性化や新しい漁村産業として注目されている海業の要素とするものに変わった．

本章では，そのような漁業と遊漁・遊漁船業との利用調整の理念と枠組みといったナショナル・ルールを整理した上で，事例分析を通して，ナショナル・ルールに対応した地域におけるローカル・ルール形成の状況，さらに地域資源の有効利用への貢献について検討する．

2．遊漁・遊漁船業の動向と漁業との関係

2008年以降の遊漁・遊漁船業の状況を整理しておこう．『レジャー白書』によると，遊漁者数である釣り人口は2021年には670万人となっている．中村（2019）によると，2013～2017年の海面と内水面を合わせた釣人口は640万～770万人で，2015年の750万人のうち487.5万人が海面でのものと推計している[2]．同じく中村（2019）は『漁業センサス』による遊漁者の推計は1978～1998年に2270万～3870万人，『レジャー白書』による釣人口の推計値は1988～1998年に1480万～2040万人としている[3]．いずれにしても，1990年前後には2000万人前後の遊漁者がいたと考えられる．現在はその1/4に減少しているが，それでも数としては大きい．

一方，遊漁船業の適正化に関する法律（1994年制定．以下，遊漁船業法）によって登録された遊漁船業者数は，図１に示したように2008年の１万8000人から漸減し，2021年には１万3000人となっている．遊漁船業者が漁業協同組合（以下，漁協）の組合員である割合は，2008年には82％であったが，2021年には72％に低下している．2021年の漁業就業者数が12万9320人（2021年漁業構造動態調査結果（2021年11月１日現在）による），2018年の漁協組合員数が28万6000人（水産業協同組合統計表による）であることに比較すると，漁業勢力に比べて遊漁勢力が圧倒的に大きいこと，遊漁船業者の数は減少しているものの，漁協組合員における割合は高まっており，相対的地位が向上しているとみることができる．

次に漁業と遊漁・遊漁船業との関係を整理しよう．両者の間には，連携や共創につながる正の関係と摩擦を生む負の関係の両面がある．両者の関係は負の関係から始まったといってよい．

負の関係は，両者の摩擦あるいはトラブルと言われるものである．これは漁業操業への支障，水産資源の競合，漁場ルールの違反が主なものである．漁業操業への支障については，遊漁船が漁船の安全航行を妨げる航行障害がある．これは航行する船舶の直前を横切ったり，漁港の出入り口に停泊したりといった安全航行ルールに違反した遊漁船の航行によるものである．また，遊漁船は小型船が多いために波間に入って見えにくいといった問題もある．水産資源の

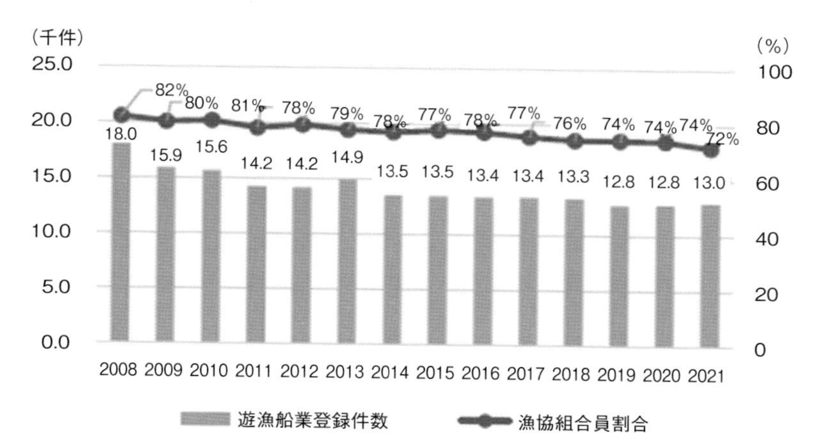

図 1　遊漁船業登録件数と漁協組合員割合の推移

資料：水産庁資料より作成.

競合は，遊漁の釣獲の増加によって水産資源の減少が危惧されるといった問題や，遊漁による過度の撒き餌が水産生物の変質や漁場環境の悪化につながるという問題である．前者について，近年は特に遊漁によるマグロ釣獲が水産資源に与える影響が問題視されている．漁場ルールの違反は，漁業関係法令で定められた漁具の制限や採捕サイズや採捕禁止期間，操業禁止区域などに違反して遊漁が行われるというものである．ルールの中には地域での慣習的なルールや漁協における自主規制なども含まれる．この段階では遊漁者及び遊漁船業は摩擦の相手方であり，このような負の関係に対して，摩擦を削減あるいは回避するために，漁場利用のルール化あるいは漁場利用の秩序化という対応が取られている．

一方，正の関係は，非都市的な社会環境によって兼業機会の限られた漁業者に対して兼業機会を提供するという個別漁家経営の側面からの関係と，多数の非漁業者を顧客として地域外から呼び込むことによる地域活性化を期待する地域経済の側面からの関係がある．さらに，一般市民（国民）に対して自然と触れ合うことによる暮らしのゆとりや生活の豊かさを提供するという国民経済的な便益がある．これらの正の関係は，漁村地域の活性化につながる地域資源の有効利用という意味合いを持ち，遊漁を排除するものではなく，遊漁者や遊漁船業者との連携や共創を図る機会と捉えるものである．ここでは遊漁船業は地域活性化の担い手として位置づけられている．これは，共存を意味する調和的な利用から積極的な調和を目指し，さらに地域資源の有効利用につながっていくものである．

このような正の関係は遊漁が登場した段階から一足飛びに構築されたわけではなく，段階的に整えられていった．その利用調整の基本的な枠組みは政府（水産庁）によってナショナル・ルールとして提供されるものである．次節では政府が提供する利用調整の枠組みの変化の過程を整理する．

3．遊漁と漁業の利用調整の枠組みの推移

3.1　1980年代以前（調整）

先に述べたように，遊漁そのものは江戸時代から行われていたが，国民的な活動になったのは1960年代であり，漁業と遊漁との利用調整が問題になったのもその頃からである．遊漁はあくまでも非漁業者である一般市民が行うものであり，遊漁の活動が漁業の障害とならない範囲でこれを認めるか，障害があるなら排除するというのが漁業側の基本的な姿勢であった．遊漁を含めた漁業の監督官庁である水産庁は，水産庁長官通知「海面における遊漁と漁業との調整について」（1972年）により，遊漁による影響を削減するような調整の手段を講じることを都道府県知事に求めた．そして，遊漁と漁業の利用調整のための機関として，遊漁者代表と漁業者代表ならびに学識経験者によって構成される漁場利用調整協議会を海区漁業調整委員会の諮問組織として設置することとした．この時代は，遊漁は漁業とは区別され，場合によっては排除される存在であり，遊漁と漁業との関係は，両者の調整を図るものであった．

3.2　1990年代（調整と調和）

1980年代になると，遊漁者が急速に増加するとともに，遊漁者を対象として漁場に案内し，水産物を採捕させることを生業とする遊漁船業が登場した．遊漁船業を行う者としては，漁船を有し，水産物と漁場の知識が豊富な漁業者が最も多く，しかもそのほとんどは漁協の組合員であった．一方，高度経済成長によって所得の向上した一般市民の中には，自分で船舶を所有して漁場まで操船して遊漁を行う者も登場した．その結果，海上での遊漁関係者は，移動手段

を持たず遊漁船業者を利用して遊漁を行う遊漁者，自らの船舶で遊漁を行う遊漁者，遊漁船業を行う漁業者，遊漁船業を行う非漁業者に分かれることとなった．

また，この時代には一般市民の海との関わりを生む親水活動が，生活にゆとりを与えるもの，豊かな暮らしを支えるものとみなされるようになり[4]，遊漁は親水活動の1つと見なされるようになった．それとともに，親水活動は遊漁だけではなく，スキューバダイビングやサーフィンのようなスポーツ型のもの，海辺の散策や文化活動のようなリゾート型なものなど多様なものになっている[5]．このような親水活動には国民的なニーズがあり，これらをどのように実現するかも政策的な課題とされるようになったのである[6]．

その結果生まれてきたのが，遊漁と漁業を調和的に捉えようとする考え方である．これを如実に表しているのが，水産庁長官通達「遊漁と漁業の調整について」（1994年）である．これによると，遊漁以外の海洋性レクリエーションが多様化していることを踏まえ，両者のトラブルによって漁業生産活動への影響と海洋レクリエーションの健全な発展への支障が出てきているとした．そして，これまでの漁場利用調整協議会に代わって，漁業と海洋レクリエーションの代表からなる海面利用協議会を設置し，両者の調整を協議・検討し，漁業と海洋レクリエーションとの共存及び調和ある発展に資するとしている．ここで重要なことは，両者の共存と調和ある発展は漁業や漁村社会のために必要というだけでなく，豊かな社会の実現のために重要という，国民経済的な視点が導入されていることである．ただし，この通達では具体的な調和の手段までは述べていない．

一方，同じ年に策定された「福岡県漁業・海洋レクリエーション等海面利用調和指針」（1994年）では具体的な手順と福岡県内の海域ごとの調整方針が示されている[7]．ここでは，海面利用が多様化している中で，人間が自然のサイクルの一員として自然と調和する社会の建設が重要として，海と自然を生かした「人と海の調和」を図ることを海面利用の基本的課題に据えた．そして，漁業と海洋レクリエーションが互いの立場を理解し，存在価値を認め合う相互認知を図った上で，海面利用の棲み分けとルールづくりを進めることが必要とし，協議の場づくりとルールづくりの手順と海面利用協定の事例を提示している．

このような枠組みのもと，日本各地で漁業と遊漁の調和的な海面利用のためのルールづくりが行われていくことになる．

3.3 2000年代（調整，調和，地域資源の活用）

2001年に水産政策と水産業の基本的な方向性を定める水産基本法が制定された．この中で，都市漁村の交流や遊漁船業の適正化等の施策を講じることが示された．これによって遊漁船業は，関係法令の改正も伴って，水産政策の枠組みの中で捉えられることが明示されたのである．この水産基本法の方向を受けて，翌年に水産庁長官から「海面における遊漁と漁業との調整について」（2002年）が都道府県知事あてに発出された．これは，水産資源と海面の調和のとれた利用を促進し，漁業と遊漁の共存を目指すことを目的に，遊漁と漁業の調整に係る指針（ガイドライン）を示したものである．

このガイドラインの特徴は，遊漁を水産資源の適切な管理のための施策対象とするとともに，海洋レクリエーションを通した都市と漁村の交流が国民の健康的でゆとりある生活に資するとし，遊漁と漁業の共存を求めている点である．また，調整の方法としては，遊漁と漁業の実態が地域によって異なっていることから，地域の実態に即した調整を行うこととし，そのための協議機関として海面利用協議会を位置づけている．さらに，遊漁に対して過度の規制にならないように各種規制を見直すとともに，採捕禁止区域や採捕の制限または禁止では漁業と遊漁に共通した規制とすることを求めている．

以上から，この時代の漁業と遊漁の利用調整の枠組みは，これまでの漁業と遊漁の摩擦回避のための調整と国民の健康でゆとりある生活を考慮した調和に加え，都市漁村交流を通した漁村活性化まで範疇に加えたということである．遊漁や遊漁船業を使った都市漁村交流のための機能は，従来の漁業による社会的機能とは内容が異なり，食料供給から親水活動のためのサービス供給に変化する[8]．これは地域資源の活用の仕方が従来とは異なったものになることを意味する．このような地域資源の活用は，次項で述べる海業と深く関わるものである．

3.4 2019年以降（漁業法の改正と海業）

2019年に水産政策の改革が行われ，その一環として漁業法が改正された．遊漁や遊漁船業に関わる規程の改正は，水産資源管理の強化と保全沿岸漁場制度の新設に関わるものである．さらに，2021年の水産基本計画で「海業」が取り上げられたことも重要である．

水産資源管理の強化については，遊漁者が釣獲する水産物が多いことから水産資源に与える影響が危惧されるため，水産基本計画（2021年制定）では漁業と一貫性のある管理を目指していくとされている．特に，クロマグロについてはTAC（漁獲可能量）制度による数量管理に移行していくとされた．

新設された保全沿岸漁場は，水産動植物の生育環境の保全等のために保全活動を実施すべき漁場のことであり，漁協だけでなく，一般社団法人が沿岸漁場管理規定を策定して管理団体となることができる制度である．これを適用すれば，これまで任意であった遊漁と漁業の間の協定を水産資源管理措置として制度化することができるというものである．

「海業」は地域を支える漁村の活性化の推進を図るための施策の１つとして新たに登場したものである．水産基本計画の中では，漁港施設を拠点に海や漁村の地域資源の価値や魅力を活用した取り組みとして記述され，具体的な活動は紹介されていないが，婁（2013）[9]では漁家民宿や体験漁業，漁協食事処とならんで平塚市の遊漁船業の事例が取り上げられている．先の２つの施策は2022年現在，まだ実行されていないのだが，海業は漁業の６次産業化による取り組みと重複する点も多く，両方を合わせてすでに多くの取り組み事例がある．つまり，遊漁や遊漁船業は，漁家の兼業手段という位置づけを超えて，地域資源の新たな使い方であり，漁村産業の新たな姿を構築する要素となるものと位置づけられるものになっているのである．なお，海業の支援のための施策は「海業支援パッケージ」として2022年度から導入されている．

４．利用調整の事例

これまで述べてきた四段階の枠組みは，政府や地方自治体が定めた施策によるものであり，実際の現場での利用調整は漁業者や海洋レクリエーション関係者の関与によって行われる．政府が定めた枠組みをナショナル・ルールとすると，現場で作成されるのはローカル・ルールである．以下では，四段階の枠組みが現場ではどのようにローカル・ルールとして実現しているのかについて，事例分析を通してみていく．

4.1 家島坊勢の遊漁裁判

家島諸島は瀬戸内海の播磨灘に浮かぶ離島で，兵庫県姫路市に属する．島の周辺は岩礁地帯であり，磯漁業の漁場が形成されると同時に，遊漁の好漁場ともなるところである．当然，島の周囲には家島漁協，坊勢漁協を漁業権者とする共同漁業権が設定されている（図２）．家島漁協は組合員数86名（浜の活力再生プランによる），坊勢漁協は組員数472名（2020年度．坊勢漁協 HP 参照）である[10]．特に，坊勢漁協は小型底引き網と船曳網を中心に年間60億円前後の水揚げ高を誇る，瀬戸内海の一大漁業拠点である．このため，遊漁との対応も坊勢漁協が中心となって行われた．

家島諸島は対岸の姫路市沿岸から遠くないため，遊漁が一般化する初期の段階からプレジャーボートによる遊漁が登場し，姫路市近辺から遊漁者を乗せてくる遊漁船業も多数訪れていた．このため，共同漁業権漁場内での漁業者と遊漁者の摩擦が発生していた．

共同漁業権漁場内で行われる磯根漁業と遊漁との漁場摩擦を回避するため，1977年に両漁協は島周辺において遊漁が可能な区域を制限するとともに，協力金を徴収することとした．また，遊漁と漁業との協議を行う主体として，遊漁船業者の団体で構成される家島諸島漁業・遊漁調整協議会が結成された．そして，1992年には両漁協と協議会の間で遊漁に関する協定が締結され，両者の合意による漁場ルールが定められたのである．漁場ルールは遊漁が可能な漁場の制限と禁止行為の指定を内容とするもので，協定には協力金の支払いも明記された．

しかし，1993年に一部の遊漁船業者がこの協定に反発し，自由な遊漁を行う遊漁権と協力金支払いの不当性を主張して裁判を起こした．これが家島坊勢遊漁裁判である．裁判は一審，二審とも被告（漁協）勝訴で進み，2002年に最高裁での上告棄却で被告の全面勝訴が確定した．この判決で，遊漁権の存在は否定され，遊漁の制限と協力金の徴収も妥当とされたのである．

判決の重要な点は，漁業と遊漁との調整に関しては関係者の合意による地域ルールが有効であること，協力金は収支と使途が明確であることである．日高(2016)[11]は，この事例から遊漁に関する地域ルールの形成に関して公平性（地域における関係者の合意で形成される地域ルール），合理性（合理的で普遍的なルール），透明性（意思決定プロセスや協力金収支の透明性）という３つの

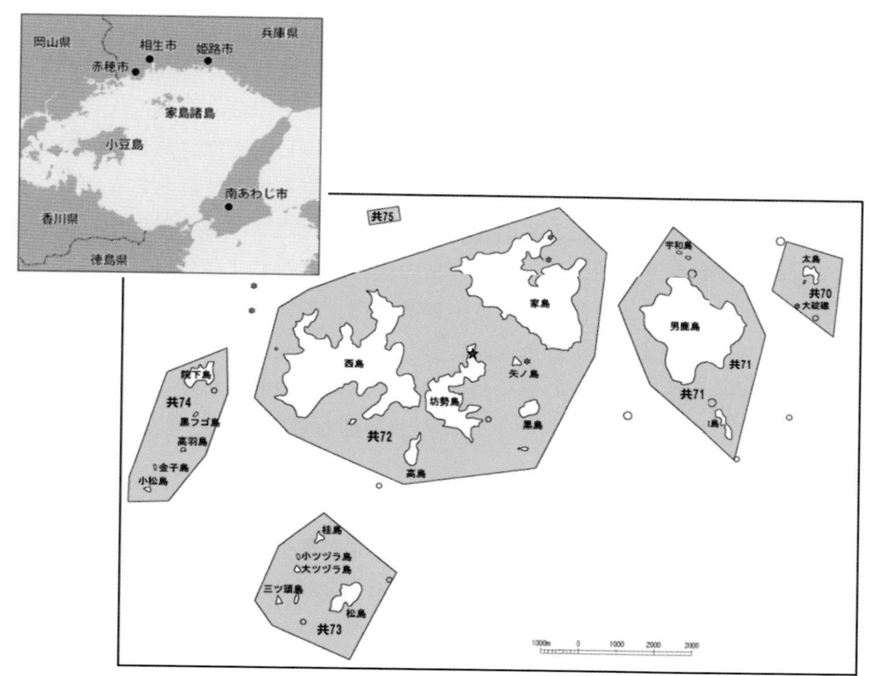

図２　家島坊勢（家島諸島）の位置と共同漁業権漁場

資料：兵庫県水産課資料より作成.

原則の重要性を指摘している.

4.2　家島坊勢の自主的な禁漁区域の設定

兵庫県は，2006年から家島諸島の周辺に増殖場造成事業として人工魚礁群の設置を進めている．これは石材礁（底面約108m×53m，高さ約16m，台形）を１カ所に10基を投入するというもので，家島諸島周辺の４カ所で順に造成していくことを計画しており，2013年に一部が完成した．その規模の大きさと周辺の漁業関係者の期待から，播磨灘中心部の天然礁である鹿ノ瀬に代わる第二鹿ノ瀬とも呼ばれている[12]．対象漁場は共同漁業権漁場と一般海面にまたがる区域となる.

坊勢漁協等の関係漁業者は，事業効果の早期発現をめざして2006年に最初に造成事業が開始された魚礁群の周辺を含む一定範囲の漁場（約1000m×400m,

約40ヘクタール）を増殖場の整備開始とともに禁漁にすることを決めた．さらに，2013年に当該箇所の事業が終了した際には，以後も当分の間，禁漁にすることとした．これらの禁漁区域の設定に関しては，先の遊漁裁判に先立って結成されていた家島諸島漁業・遊漁調整協議会と協議し，遊漁に対しても禁漁にすることが合意された．きっかけは漁業者による自主規制ではあるものの，漁業者と遊漁船業者の合意による漁業・遊漁を合わせた地域ルールになっている．

さらに，この自主規制による禁漁区域の設定に対して，会員以外のプレジャーボートによる遊漁者や他地域の遊漁船業者による禁止区域内での採捕が発生したことから，漁協は兵庫県水産課に対して対策の検討を依頼した．兵庫県水産課は，厳格な取り締まりの実施には限界があるものの，年度ごとの更新であることから柔軟な対応が可能であり，かつ公的な規制となる漁業法第120条に基づく漁業調整委員会指示（以下，委員会指示）を選択した．この委員会指示は漁業と遊漁の両方が対象となることから，委員会指示の内容と発出の是非については兵庫県海面利用協議会での審議と兵庫県瀬戸内海区漁業調整委員会の決議を得ることが必要である．これらの手続きを経て，2016年に兵庫県としては初めての漁業と遊漁の両方を対象とした禁漁区域の委員会指示が発出されたのである．兵庫県水産課は，県の漁業取締船による取り締まりと指導を行うほか，海上保安部にも海上取り締まりを要請している．この禁漁区域は，造成事業の進展とともにすでにもう１カ所設定され，現在，家島諸島周辺に２カ所の禁漁区域が委員会指示によって存在している．

この取り組みは，禁漁区域の設定が漁業と遊漁の両方に利のあることであり，漁場価値（豊富な水産資源の存在）を守り，増やすための漁業と遊漁の連携による調和を目指した活動であると評価することができる．また，漁業者と遊漁者の合意形成に現場の協議会が機能していること，自主的に設定された禁漁区域が委員会指示によって公的な規制として正当化されたこと，一連の取り組みに漁協，協議会，兵庫県，海上保安部という官民の様々な関係者が協力していることが重要な点として指摘できるであろう．

4.3 明石市沿岸のタコ釣りのルール化

明石市沿岸で漁獲されるマダコは，明石ダコとして明石ダイに並ぶ地域特産品である．マダコは重要な水産資源であり，漁業の対象種であることから，明石市沿岸に設定された第１種共同漁業権の対象種となっている．マダコ釣りは誰でも簡単に行うことができ，漁場も浅所に形成されることから，早くから遊漁の対象として多数の遊漁者（プレジャーボートによる遊漁と遊漁船業による遊漁）によってマダコ釣りが行われていた．しかし，マダコは浅所に設定される共同漁業権漁場からその沖側の一般海面にかけて広く分布するため，マダコ釣りは共同漁業権漁場と一般海面において行われることになる．マダコは共同漁業権の対象種であるため，厳密にいえば，漁業者は遊漁者による漁場行使権の侵害排除を請求することができるのであるが，あまりに多くの遊漁者がマダコ釣りを行っているため，対処ができない状態が続いていた．漁業者の危惧は，多数の遊漁による漁獲でマダコ資源が減少することと，多数の遊漁船によって漁船との海上衝突事故の可能性があることであった．

明石市漁業組合連合会（以下，明石漁連）は，長い間この対策に苦慮しており，兵庫県水産課にも対応を求めていた．これには非漁業者による動力付き遊漁船での採捕を禁じた兵庫県漁業調整規則の改正と関連があるため，兵庫県は水産庁と条件整備を進めていた．2015年になってこの規則改正に目途がついたことから，兵庫県，明石市，明石漁連，遊漁関係団体の間で繰り返し協議が行われ，2016年にタコ釣りルールの内容について合意に至った．そこで，明石漁連によるルールの具体化と漁業関係者の合意，遊漁関係団体による遊漁者や遊漁船業の合意が得られるとともに，海面利用協議会での審議を経て，漁業調整委員会でも承認され，タコ釣りルールが成立した（図３）．タコ釣りルールの内容は下記のとおりである（初年度のルールであり，以後，変更されている）．

- マダコを採捕できる漁場：明石市沿岸に設定された第１種共同漁業権漁場内の指定された区域
- マダコを採捕できる期間：海の日・12月１日から５月31日まで
- マダコのサイズの制限　：体重100グラム以下は採捕禁止
- マダコの匹数の制限　　：１人あたり10匹まで
- 稚魚育成場内　　　　　：漁業者も含め，水産動植物の採捕禁止

このルールは公的な効力を持つ規定ではないが，当該漁業権漁場の漁業権者が関係者と協議の上で漁業権管理の内容として決定し，海面利用協議会と漁業調整委員会が承認した正当性のあるルールである．ルールの成立後，その形成に関わった各団体は麾下のメンバーへの周知を図り，明石漁連は漁協の指導船

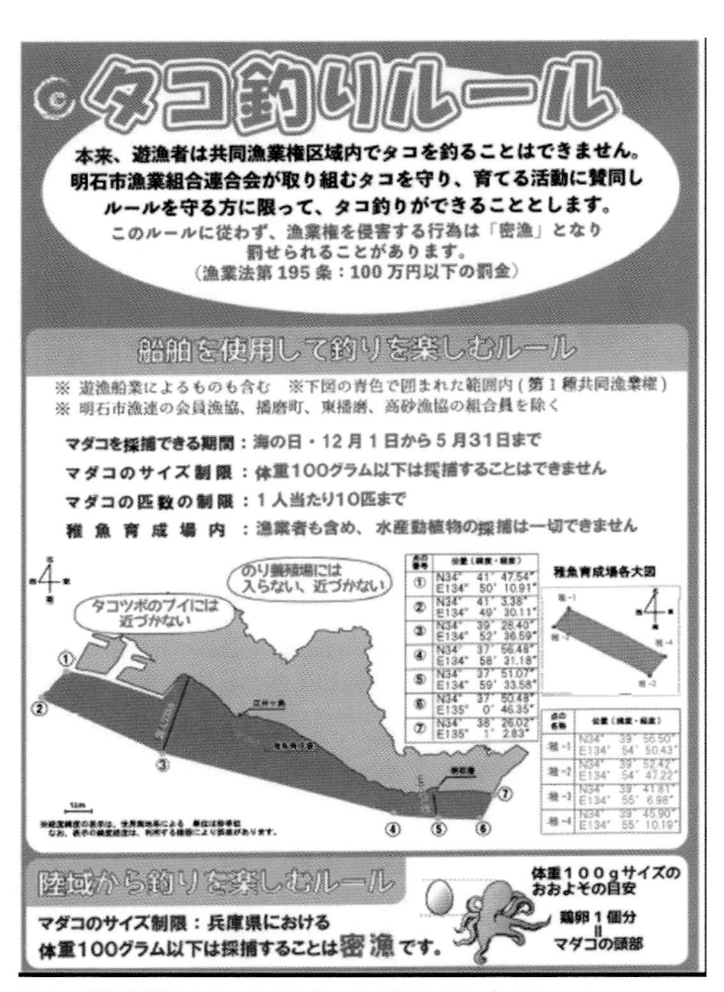

図3　明石市沿岸のタコ釣りのルールを紹介するパンフレット

資料：兵庫県農林水産技術総合センター（https://www.hyogo-suigi.jp/fishing/wp-content/uploads/sites/4/2022/06/akashi-tako2022-3.pdf）.

による海上での周知活動を行った．また，兵庫県は一般市民へのPR活動を行うとともに，海上保安部に対して違反者に対する取り締まりを要請した．海上保安部は海面利用協議会のメンバーであり，問題の本質やルール形成の過程を理解していることから，違反者の取り締まりに積極的に協力し，ルール違反者に対して漁業権侵害による検挙も行った.

以上の事例から利用調整のポイントとして言えることは，ルール形成そのものは漁業者の代表で漁業権者である漁協と遊漁者及び遊漁船業者の団体との間で行われたものである[13]．そこでは漁業者と遊漁者の共通の利益としてマダコ資源の保全と衝突事故の防止があったことが大きい．しかし，この事例はそれにとどまらず，ルールの実行と関係者への浸透には，海上保安部や生協・消費者団体のような間接的な関係者の支援，それにそのようなルールづくりや実施に対する一般市民の支持が影響を持っていることを示している．つまり，漁業と遊漁の利用調整の枠を超え，地域における多様な人達に共通の利益としての地域資源の保全と活用が目指されたということである.

4.4　田尻漁協における地域資源としての活用

田尻漁協は大阪府田尻町にあり，組合員数34人（2018年度）の小規模漁協である．漁港は関空連絡橋の付け根にあり，沖合正面には関西国際空港の人工島が見えている．主要漁業はさし網，かご，たこつぼである．田尻漁協では1990年前後に関西国際空港の人工島埋め立て工事によって漁業生産が大幅に減少していた．その対策を模索する中で，田尻漁協は地域資源を活用し，朝市，体験漁業，海上クルージング，海鮮バーベキュー，海上釣堀，マリーナ，水上オートバイ艇庫といった多様な事業を実施するに至った．それは漁業と遊漁の利用調整というよりも，漁港近辺の多様な地域資源を活用した海業の展開というべき取り組みである.

田尻漁協では，1993年の田尻町町制施行40周年記念事業の一環で行われた漁港での生産者直売による朝市が一般市民に好評であったことから，1994年に朝市を開始した[14-15]．当初は組合員６人だけの出店であったが，次第に漁業者以外の，そして水産物以外の出店が増え，現在は多様な業種の35店舗が出店している．1995年には，朝市の来訪者からの要望に応え，さし網とかごによる体験漁業が始められた．また，体験漁業と連続して関西国際空港の海上からの見学と帰港後のバーベキューも一貫したメニューとして行われた．さらに，2000年には漁港の入り口に設置した生簀を活用し，海上釣堀が始められた．同年から地元小学校の５年生を対象にした体験漁業も実施されている.

以上の取り組みと並行して，1995には漁港内でマリーナ事業が始められた.

これは漁港の一部にプレジャーボートやヨットの係留と陸上の保管を行うというものである．また，水上オートバイの艇庫も用意された．管理運営は専門家に委託されている．このマリーナ事業によって，経営者である漁協は大きな収益源を得るとともに，マリーナの利用者である遊漁者との交流の窓口を手にした．つまり，マリーナを窓口として，漁業者と遊漁者（プレジャーボートのオーナー）との情報交換が可能となり，漁協は遊漁者に対して漁場利用ルールを伝達することが容易になった．また，ここを会場に海上保安部による海上衝突防止の安全講習会も開催されている．

田尻漁協の事例は，他の事例と違って漁業者と遊漁者の摩擦を解決するべく両者の協議によって漁場ルールが形成されたというものではなく，一般市民の遊漁需要に体験漁業や海上釣堀あるいはマリーナといったサービスで応えたものである．これらの対応が漁協と組合員の収益増につながっている．漁場ルールは，漁協とマリーナ管理者の間で事前に摩擦を避けるために作られ，それがマリーナ利用者に伝達されるというものである．言わば，事前調整型であり，摩擦が発生する前にそれを回避するという手立てとなっている．

このような田尻漁協の取り組みは，漁港周辺の地域資源を柔軟に活用した地域活性化の取り組みであり，海業の模範事例と評価してよいであろう．田尻漁協を拠点として行われる多様な事業は連鎖的に展開され，また事業間には補完関係（マリーナのような収益事業と体験漁業のような集客事業）が形成されており，さらに利益の地域内循環も見られる．遊漁はこの中に組み込まれることにより，地域資源として捉えられ，漁業と遊漁の利用調整は事前調整によって潜在化しているのである．

5．まとめ

第３節で述べたような過程を経て，遊漁と漁業の利用調整の枠組みは変化を遂げてきた．簡単に整理すると，遊漁と漁業の摩擦を解決する調整，遊漁と漁業の共存をめざす調和，都市漁村交流を通じた漁村活性の手段としての遊漁の活用，新たな漁村産業としての海業の構成要素としての遊漁という変化である．後段の２つは利用調整というよりも，両者の関係あるいは漁村地域や漁業という産業における遊漁の位置づけの変化と捉えた方がよい．このような変化は，時代と共に枠組みが移行したというよりも，各枠組みが同時並行で存在していると捉えるべきである．つまり，1980年代以前には調整という関係しかなかったのだが，1990年代にはこれに調和が加わり，さらに2000年代に入って漁村活性化の手段や海業の構成要素という性格が加わって，現在ではこれらが併存しているということである．どの枠組みの取り組みが行われるのかは，地域によって地域資源の状態や調整の歴史が異なることから，地域の実情に応じて異なるものになっている．つまり，現時点においても，地域の実情によって摩擦回避型の調整が行われ，あるいは共存をめざす調和が目指され，また条件が整って海業の実現が進められるということである．これらを発展段階論的に捉える必要はなく，あくまでも地域の実情次第と考えるべきである．ただし，遊漁を地域資源として捉え，漁村活性化の手段や海業の構成要素として活用するという選択肢があること，さらにそのための道筋も示されていることを考慮に入れておくことは，漁業・漁村の将来を展望する上で必要なことであろう．

注

1　豊海おさかなミュージアムウェブサイト https://museum.suisan-shinkou.or.jp/guide/haze-teach/1932/（閲覧日：2023年２月７日）．
2　中村智幸「日本における海面と内水面の釣り人数および内水面の魚種別の釣り人数」『日本水産学会誌』，第85巻第４号，pp. 398-405，2019年．
3　前掲２．
4　日高健『都市と漁業―沿岸域利用と交流』，成山堂書店，2002年．
5　日本海事広報協会『海洋性レクリエーション振興方策調査報告書』，1986年．
6　小野征一郎「海洋性レクリエーションと漁業」『漁業経済論集』，第35巻第１号，pp. 35-51，1994年．
7　日高健「都市における沿岸域利用と漁業の社会的機能―福岡市を事例として」『福岡水技研報』，第５号，pp. 91-120，1996年．
8　前掲４．
9　婁小波『海業の時代―漁村活性化に向けた地域の挑戦』，農文協，2013年．
10　坊勢漁協ウェブサイト http://boze.or.jp/（閲覧日：2023年２月７日）．
11　日高健『里海と沿岸域管理―里海をマネジメントする』，農林統計協会，2016年．
12　日高健「戦後70年　漁協は里海にどう関わるべきか」『漁業と漁協』，pp. 16-21，2015年．
13　日高健『里海マネジメント論―里海を生かした海の使い方』，農林統計協会，2022年．
14　日高健『都市と漁村―新しい交流ビジネス』，成山堂書店，2007年．
15　尾中謙治「朝市をきっかけとした漁協の事業展開―大阪府田尻漁協」農中総研『調査と情報』，第72号，pp. 26-27，2019年．

第4章　沿岸域におけるプレジャーボート・マリーナの利用と管理

竹ノ内　徳人

1．はじめに

1.1　沿岸域における海洋レジャーによる利用の背景

沿岸域は，海岸線を境界とした海側（海面・海中）と陸側（海岸・港湾・漁港など）の帯状の立体的な構造としてとらえられる．この沿岸域は，古来より人々にとって海運・交易，工業・漁業等の産業的利用，あるいは生活や余暇・憩いの場等としてレジャー的に利用されてきた[1]．

このうち産業的利用の代表格である漁業に関しては，古くから沿岸域の空間（海面・海中，漁港や荷さばき場など）や資源（魚介類等の生物資源）を実態としても制度や政策としても優先的・排他的に利用してきた経緯がある．

しかしながら1980年代からのバブル経済期における国民生活の多様化や余暇に対する価値観の変化を始め，国策としてのリゾート法等の制定などもあり海洋レジャーの需要が急増し，沿岸域の利用の形態に大きな変化が引き起こされたのである．

沿岸域における海洋レジャーの新たな参入は，その参加人口の急激な増加と比例するように漁業操業への支障や漁場での迷惑行為，漁村や海岸線におけるゴミ問題などを多発させ，漁業関係者とのトラブルを頻発させてきた．これらの競合問題に対して，漁業側は当初，慣習的なルールを前面に出すことで協調的な関係性を構築できていた．しかし国民の海洋レジャーへのニーズの増大とともに漁業側の対応は競合から協調さらには共存という方向性に転じ始めたのである．

このうちプレジャーボートに関して水産庁ならびに国土交通省は，公共用水域における放置艇問題の解消に向けた対策として，沿岸域に関わる法制度の改正や指針等を整備してきた．このことにより地域漁業と海洋レジャーの間で頻発していたトラブルについて，フォーマルな制度に基づきながら共存の方向に対応し始めている．また，沿岸域におけるレジャー利用や地域内の漁港の秩序化のために漁業協同組合（以下，漁協）が独自に対策を講じる事例が全国的に広がりを見せ始めている．

現在では，これらの競合問題が全面的に解決されているわけではないが，地域漁業と海洋レジャーの交流・連携によって「海のツーリズム[2]」あるいは「海業[3]」という形を提示しながら新しい沿岸域利用の共存的関係を構築しようとしている．

本章においては，海洋レジャーの中で利用エリアとしても資源利用としても漁業と重複し，様々な問題を投げかけているプレジャーボートと，その係留施設に関する現状と課題について概観し，地域漁業と海洋レジャーの交流・連携による新しい共存関係について検討する．2022年現在，新型コロナウイルス感染症により３カ年ほど社会経済の停滞に見舞われているが，ウィズコロナ・アフターコロナも見据えながら沿岸域における漁業と海洋レジャーの新たな関係性について展望してみたい．

1.2　対象と範囲

本章における検討対象と範囲としては，日本におけるプレジャーボート・マリーナの利用と管理がテーマとなるのだが，これらと直接的な利害関係者となる漁業ならびに漁港の係留施設との関係性に焦点を絞ることとする．

海洋レジャーにおけるプレジャーボートは，大型・小型のモーターボート，水上バイク，ミニボート，ヨット（ディンギー・クルーザー），遊漁船に分類できる．本稿におけるプレジャーボートは，上記の漁業関係者との利害関係にも着目することから，「個人的」に所有され，クルージングや船釣りなどに利用できる船舶として20トン未満のモーターボートとミニボートに限定する．また小型船舶免許制度の観点から１級が外洋まで，２級は５海里までとなっており，漁業権・漁業操業との重複を考慮すれば２級・５海里までについて検討対象とするのが妥当である．

プレジャーボートは所有者が地先海面に出航して船釣りやクルージングを楽しむために必須となる，それらの保管場所・係留施設に関する範囲も定めておきたい．これらの保管場所・係留施設としては，公共・民間のマリーナ，プレジャーボートスポット（PBS），ボートパーク（BP），フィッシャリーナなどのほかに，一般的な港湾・漁港・船だまり・河川・運河などにおいて特別な改修をせずにプレジャーボート等の係留・保管を認めている施設とする．

他方，小型船舶登録法の制度改正等によってプレジャーボートを取得する際に所有者本人の確認が必須となっているが，この際に自家用車の車庫証明に類する係留場所を確保することの規定はない[4]．ボートを所有しようとする者は各種施設に許可申請し保管する必要があるのだが，自主的な責任（任意）にとどまっている．そのため許可艇とそれ以外の放置艇を区分する必要がある．許可艇は水域管理者等の許可を得て係留・保管しているプレジャーボートとし，その係留場所としてはマリーナ等（マリーナ・フィッシャリーナ・ボートパーク・PBSなど），マリーナ等以外については泊地等の護岸施設・暫定保管施設などとする．これ以外の船舶がいわゆる放置艇として水域管理者等の許可を得ず係留保管しているプレジャーボートとなる．

2．沿岸域における漁業と海洋レジャーに関する諸局面

2.1　沿岸域利用における産業的利用としての水産業

地域漁業に関しては，周知のように明治漁業法以前から漁村や漁村コミュニティーにおいて地先海面とその磯根資源を共有財産として利用してきた経緯がある．以来，沿岸域における産業的利用に関しては，漁業が他の利用者よりも優先的あるいは排他的に利用しており，これらに基づきながら伝統的な利用秩序を形成してきた．この伝統的な利用秩序の形成には，明治以前から地先海面を優先的に利用してきたインフォーマルな漁業的慣習があり，さらに漁業法・水協法・水産資源保護法などにより水産政策全般としてフォーマルな法的根拠が整えられてきた．また，漁業のみならず関連産業（加工業・運送業・小売業など）によって形成される水産業という枠組みにおいて，各種法制度や政策が，地域と地域内コミュニティーを支えてきた．

沿岸域利用における漁業と海洋レジャーの問題に関しては，多数の研究や対策に関する報告書などが存在している．そして，多くの研究成果は，漁業を優先的利用者として位置づけながら，遊漁及び海洋性レクリエーション全般との

競合の要因を明らかにし，組織化・協議・ルール設定による解決策を提案している．いわば伝統的・産業的利用主体である漁業が主として存在し，その土俵に海洋レジャーを上げた上で秩序化を成し遂げてきたという認識である．しかしながら1980年代以降になると漁業優先主義的な考え方だけでは海洋レジャーとの競合を解決できなくなってきた．いわゆる漁業勢力の低迷に対し，海洋レジャーの参加人口や需要・ニーズが急増し，これらの利用者が対等な関係性に基づきながら共存あるいは協調を模索するようになってきたのである．

2.2 漁業と海洋レジャーの競合・トラブルの実態

漁業と海洋レジャー全般のトラブルの具体例としては，プレジャーボートやサーフィン，水上オートバイによる航行・係留に関わる漁船や漁具への支障，放置艇，ゴミ投棄，違法駐車などがある．さらに，ダイビングや船釣りの密漁行為，接触事故，漁業操業への支障などがあげられている[5]．

海洋レジャー別に漁業者とのトラブル発生頻度を見てみると，高い順から船釣りと磯釣り，モーターボート，ヨット，ダイビングといった順になっている．トラブルの項目から考えられることは，海洋レジャーの中でも特に「釣り」に関する資源利用や漁場利用といった分野において，漁業者とのトラブルが数多く発生していることがうかがえる[6]．

トラブルに関して漁業者側は海域での環境悪化・魚介類の捕獲を特に問題視しているが，船釣りやモーターボート利用者側は航行上のトラブル・係留・漁場からの一方的な締め出しといったことを問題視している．

このように漁業者と海洋レジャー全般におけるトラブルとしては，「釣り」のように資源を利用し，漁場を利用しているものにおいて特に顕著であることがうかがえる．つまりプレジャーボートを利用した「釣り」をめぐる漁業者との具体的なトラブルがあり，その背景には沿岸域利用及び資源利用に関する両者の根本的な利用意識の差異という部分において生じていることが理解できる[7]．

2.3 プレジャーボートにおける競合の諸局面

沿岸域利用に関する漁業者とプレジャーボート利用者の競合問題を具体的にまとめてみる．競合を引き起こしている主体は，漁業者とプレジャーボート利用者であり，そして競合エリアは漁業者が従来から利用している漁港や漁場等となる[8].

具体的なエリアとして，水際周辺，陸上，海上として区分してトラブルを見てみるとさらに分かりやすい．水際周辺においては海上交通の輻輳や漁船航行の障害，漁業操業への支障，荷積み荷揚げへの支障，施設備品や漁具の盗難・損傷，水際海面の汚濁，油濁，ゴミ投棄，放置艇の係留施設占有や沈廃船化などが指摘されている．陸上においては違法駐車やゴミ投棄，騒音などの住民や地域環境への配慮不足が指摘されている．海上においては，操船不慣れからくる航行モラルの悪化や漁業操業への支障，資源利用状態の悪化，ゴミ投棄・過剰な撒き餌による漁場汚染，密漁，漁具・養殖生簀・定置網などの損傷といったことがあげられている．

3．沿岸域におけるプレジャーボート・マリーナに関する現状

3.1　小型船舶としてのプレジャーボートの運用制度：免許

小型船舶免許制度に関しては，一般社団法人日本海洋レジャー安全・振興協会のHP[9]によれば1951年に旧船舶職員法（1896年制定）が廃止になり，新船舶職員法が施行された．当時は対象船舶が５トン以上20トン未満の小型船舶でなおかつ漁船という区分としてあくまでも業務用船舶を対象としていた．また５トン未満の船舶への搭乗・操船については資格が不要であった．当然のように事故が相次いだことから，1957年に総トン数５トン未満の小型船舶に対しても免許制度が整えられることとなった．ただし，この場合も旅客などの特定目的のための船舶を運用・運航する場合に限った免許制度であり，個人によるレジャー目的の資格については不要であった．

しかしながら，高度経済成長期にFRP船などが開発運用され始めたことでレジャー目的の利用者が急増するとともに事故の増加も社会問題になってきた．1974年に船舶職員法によって５トン未満の個人所有・利用の小型船免許制度の１級～４級（船舶の大きさと航海距離で区分）が制定され，1999年には５級（５トン未満・１海里まで）が追加された．

さらに2003年に，船舶職員法が大幅に改正され「船舶職員及び小型船舶操縦者法」となる．これによって小型船舶免許の区分が再編され，１級（沿岸から外洋），２級（沿海５海里まで），特殊（水上バイクを操縦するために別途所有

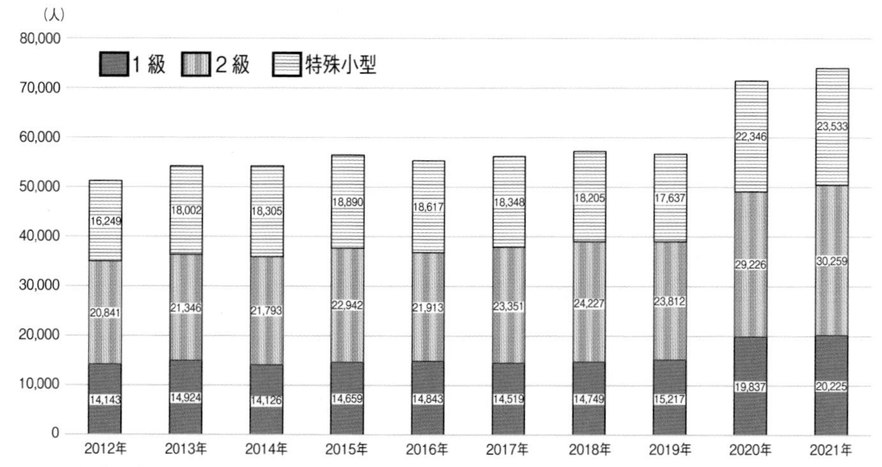

図１　新規ボート免許取得者（ステップアップ）の推移

資料：一般財団法人日本海洋レジャー安全・振興協会
URL：https://www.jmra.or.jp/information/information-statistics_successfulexaminee

する必要がある）の３区分となった[10]．この改正は，特に水上バイクの事故を抑制するためとしており，水上バイクに搭乗する者は１級・２級の小型船舶免許とは別に「特殊小型船舶」の資格が必要となる．また法令遵守事項の導入と違反者への再教育講習制度が導入されている．遊漁船などの船長に対しては「特定操縦免許」を創設している．2004年には１級・２級の５トン限定区分を廃止し，20トン未満（もしくは24m 未満）の小型船舶に統合されている．

2003年以前の小型船舶操縦士免許の取得者数は，日本海事広報協会資料によると1983年時点で４級・５級免許が80万人（１級～３級が49万人）から，2001年に４級・５級免許が211万人（１級～３級が67万人）となっている[11]．一般社団法人日本海洋レジャー安全・振興協会によると2021年現在，１級が約２万人，２級が約３万人，特殊（水上バイク）が約2.3万人となっている[12]．なお後述するが近年注目されているミニボートを操縦するための上記小型船舶免許は不要となる（図１）．

また日本経済新聞の記事によれば，2020年度にプレジャーボート等を操縦できる小型船舶免許の合格者が2019年度に比べ25.7％増の約７万人に増えているとのことである[13]．この傾向は，上記のデータにもあらわれており2021年度も

7万4000人が取得している．全体の取得者が増加傾向にあるのはコロナ禍によるアウトドア志向が高まったことも背景として指摘されている．

3.2　プレジャーボートの新規参入のコスト

プレジャーボートを所有する際の費用については以下の通りである．プレジャーボートを購入する際，レジャーユース目的の一般的な新艇の単価は200万円から500万円ほどであり，中古艇は数十万円程度から購入できる．ただし船体の購入だけではなく，登録や検査などの法定費用（固定費），係留・保管費（固定費），損害保険（任意だが必要経費），ボートの維持費（変動費），燃料費などがかかってくる．中古艇などはボート単体の購入費用は新艇より安くはなるが，年間のランニングコストは新艇と同程度となる[14]．

この中でも固定費として大きいシェアを占めることになる係留・保管費は，高級・高品質なマリーナ等であれば相応の費用を要するが，漁港・港湾泊地や簡易係留施設等に許可を得た上で係留すれば年間数万円～数十万程度で係留することも可能となる．国交省・水産庁等が進めているボートパーク整備事業やプレジャーボートスポット，簡易係留施設などは，一般市民から受け入れやすい施策と言える．

一方で近年注目されているのがミニボートである．小型船舶検査機構[15]によれば，ミニボートとは船の長さ3m未満（船舶の全長ではなく，登録長さ＝全長×0.9）で，推進機関の出力1.5kW未満（約2馬力未満）の小型船舶のことである．このミニボートに関しては牽引や折りたたんで車で運べるため係留費などは不要で，船体とエンジンだけで数十万程度で購入できる．さらにミニボートは船舶検査だけではなく小型船舶免許も不要なため，一般的なモーターボートに比べて遊漁者の間では人気のツールとなってきている[16]．

3.3　プレジャーボートの保有隻数と収容隻数の推移と放置艇

沿岸域におけるプレジャーボートに関連した問題の経緯と背景について概観してみたい．まずプレジャーボートのうちモーターボートの登録隻数の推移から見てみると1983年の約22万隻から1999年にはピークとなる約32万隻まで急増し，以降はなだらかに減少しつつ2021年は約16万隻へとピーク時の半数となっている（図2）．

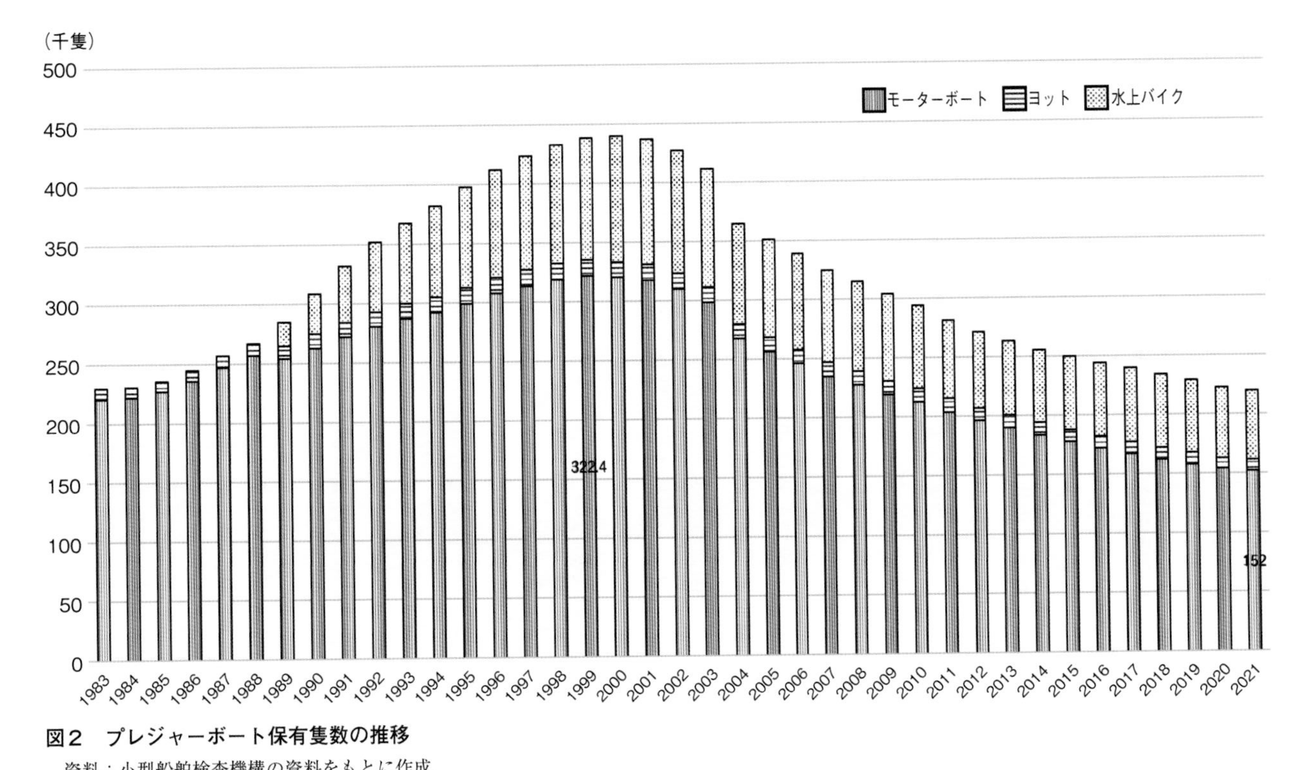

図2　プレジャーボート保有隻数の推移

資料：小型船舶検査機構の資料をもとに作成.

※モーターボートには遊漁船が含まれている．また2004年度より船舶検査証書が有効な船舶数のみ集計している．

プレジャーボート（モーターボート・ヨットなども含む）を収容できる施設と能力についてみてみる．国交省・水産庁が令和３年度に公表したプレジャーボート関連の資料[17]によれば，マリーナ等（プレジャーボート専用の施設：マリーナ・フィッシャリーナ・ボートパーク・プレジャーボートスポットなど）が約５万7000隻，マリーナ以外（暫定係留施設・小型船舶用泊地・許可受入施設など）が約３万3000隻となっている．ただしこの数字は，確認されているプレジャーボートのうち許可されて係留しているボートとなるため，公的係留施設には若干の空きがある．具体的には2019年の資料によると全国で約３万隻分の空きがあるという状況なのである[18].

ただ，現在のプレジャーボートを収容できる隻数は公共及び民間のマリーナ，港湾等での許可係留を合計しても約９万隻あまりとなり，確認されているプレジャーボート約16万隻を収容するにはまったく足りていないし，地域ごとに施設数が偏っているために放置艇の問題が各所で顕在化しているのが実態である（表１）.

このようなプレジャーボートの増加傾向と係留施設の不足という要因が，従来漁業者が優先して利用してきたエリアへのプレジャーボート進出につながり，漁業者とプレジャーボート利用者との競合問題として顕在化するようになった．

1996年に初めて全国的なプレジャーボートの実態調査が３省庁（国交省港湾局・河川局・水産庁）合同で実施されている．96年時点のマリーナ収容と放置艇の関係でみると確認された約21万隻のプレジャーボートのうち約７万隻がマリーナやその他係留施設に許可を得て係留しているが，約14万7000隻が放置艇として確認されている．内訳は，港湾区域に６万隻，河川区域に４万6000隻，漁港区域に４万1000隻という実態が浮き彫りになっている．この調査によってプレジャーボートのうち約60％近くが港湾や漁港，河川などに許可を得ずに係留している実態が初めて明らかにされたのである．

ただし，1996年の時点では港湾・漁港へのプレジャーボート等の係留について不法とする明確な根拠となる法制度が整っていなかったため，３省庁からの係留・保管対策についての提言にとどまっている．その後，2000年に港湾法・漁港法の改正により，船舶等の放置の禁止や監督処分の規定を整備することにより放置艇への明確な法的根拠が整えられることとなった．

その後，2002年，2006年，2018年に同様のプレジャーボート全国実態調査が

表1　2018年の都道府県別の係留・保管・収容能力の状況（港湾・漁港・河川）

都道府県名	マリーナ等施設の収容能力 A	確認艇 B	許可艇 C			放置艇 F		放置艇率 F/B(%)	マリーナ等施設の収容余力 A－D
				マリーナ等 D	マリーナ以外 E		沈廃船 G		
北海道	1,989	3,447	2,299	1,138	1,161	1,148	720	33.3	851
青森県	1,024	1,365	751	542	209	614	99	45.0	482
岩手県	220	350	307	141	166	43	0	12.3	79
宮城県	808	2,013	915	406	509	1,188	83	56.5	402
秋田県	762	1,437	988	441	547	449	54	31.2	321
山形県	797	684	637	546	91	47	12	6.9	251
福島県	301	526	332	106	226	194	4	36.9	195
茨城県	2,734	4,784	3,196	1,797	1,399	1,588	358	33.2	937
千葉県	2,295	4,660	2,747	1,653	821	2,186	374	46.9	642
東京都	1,003	1,709	1,598	900	698	111	12	6.5	103
神奈川県	6,722	7,212	5,682	5,148	534	1,530	130	21.2	1,574
新潟県	948	3,127	1,335	633	702	1,792	112	57.3	315
富山県	1,666	1,728	1,070	1,070	0	658	14	38.1	596
石川県	1,009	1,940	965	647	318	975	112	50.3	362
福井県	2,177	1,638	1,412	1,148	264	226	36	13.8	1,029
静岡県	7,794	6,909	6,406	5,147	1,259	503	81	7.3	2,647
愛知県	4,347	6,615	4,454	2,522	1,932	2,161	272	32.7	1,825
三重県	1,180	3,458	1,323	592	731	2,135	240	61.7	588
滋賀県	6,735	4,292	4,079	3,840	239	215	26	5.0	2,895
京都府	1,009	1,657	1,103	562	541	554	12	33.4	447
大阪府	2,088	2,813	2,559	1,609	950	254	22	9.0	479
兵庫県	6,675	7,421	6,873	4,222	2,651	548	187	7.4	2,453
和歌山県	2,910	3,858	2,537	1,906	631	1,321	39	34.2	1,004
鳥取県	1,076	1,097	751	521	230	346	83	31.5	555
島根県	1,161	2,939	874	389	485	2,065	515	70.3	772
岡山県	3,510	8,256	3,039	2,424	615	5,217	447	63.2	1,086
広島県	5,051	14,307	3,620	3,584	36	10,687	857	74.7	1,467
山口県	1,668	4,817	2,412	880	1,532	2,405	577	49.9	788
徳島県	498	3,199	785	360	425	2,414	649	75.5	138
香川県	1,773	4,168	2,575	1,175	1,400	1,593	149	38.2	598
愛媛県	1,667	6,884	1,733	1,125	608	5,151	585	74.8	542
高知県	2,269	3,463	1,689	1,179	510	1,774	349	51.2	1,090
福岡県	2,842	3,978	3,028	1,665	1,373	950	67	23.9	1,187
佐賀県	534	1,571	1,437	507	930	134	10	8.5	27
長崎県	2,163	7,441	4,326	1,370	2,956	3,115	407	41.9	793
熊本県	1,080	5,319	2,243	1,022	1,221	3,076	788	57.8	58
大分県	962	4,609	357	341	16	4,252	288	92.3	621
宮崎県	1,578	2,929	1,560	1,102	458	1,369	281	46.7	476
鹿児島県	444	4,839	1,764	311	1,453	3,075	301	63.5	133
沖縄県	2,038	3,723	2,669	1,565	1,104	1,054	305	28.3	473
全国	87,507	157,182	88,430	56,236	31,931	69,117	9,657	44.0	31,281

資料：国交省・水産庁『平成30年度　プレジャーボート全国実態調査結果概要』（令和元年9月），p. 5.
URL：https://www.jfa.maff.go.jp/j/gyoko_gyozyo/g_zyoho_bako/gyoko_riyou/attach/pdf/170529-8.pdf
このうち栃木県・群馬県・埼玉県・山梨県・長野県・岐阜県・奈良県については除外している．

実施されている．直近の調査結果によれば，確認されているプレジャーボートが約16万隻，このうち許可を受けていずれかの水域に係留されているプレジャーボートが約９万隻，放置艇が約７万隻と集計されている．96年の調査あるいはプレジャーボート保有隻数がピークだった99年時点に比べれば全体の隻数が半減していることを前提として，放置艇に関しては各種制度や規制を活用しながらより良い利用環境を整えていくことができる[19]．

4．プレジャーボート・マリーナに関する施策と現状

4.1　制度改正と各種政策

プレジャーボートが沿岸域利用の競合問題として表面化してきたのは1990年代以降である[20]．プレジャーボートをめぐる競合問題は，その利用特性[21]ゆえに従来型の対策が十分に機能できずに，行政や利害関係者を主体にした対応しかなかったために発生したといえる[22]．

現在，プレジャーボート問題への対策に関しては，法制度の拡充が進行している．係留場所での規制強化に関しては，1997年に河川法，2000年に港湾法・漁港法が改正された．プレジャーボートそのものへの規制は，2002年に登録制度が施行され所有者責任がより明確になった．しかし法制度の拡充は個別エリアや所有者への基本的ルールを提供するのであって具体的な管理の実行や秩序の再構築には地域的な差異が大きいのも事実である（表２）．

地方自治体の施策は，これらの問題を解決するために条例等を制定するなどして公共用水域の性格や地域の実情に応じた適切な規制措置を講じ，係留・保管施設の拡充を図ろうとしていた[23]．もちろん地域漁業では，漁船の航行や係留，水揚げ作業などへの支障，漁港環境の秩序維持が喫緊の課題だったために以前から独自の対応を試みていた[24]．地域漁業の対応は，プレジャーボート利用者との親密な関係を構築することで係留環境での秩序だけでなく，沖合でのトラブルを減少するなどの効果をもたらしたのである．

4.2　漁協等関係者によるプレジャーボート・マリーナ管理と効果

全国的なプレジャーボート関連の問題に対して当初の漁業側の対応は，漁業的慣習をベースにした独自のルールに基づいて実施する場合や，行政と連携し

表2　各省庁による放置艇関連の施策

年度	国道交通省			水産庁	備考
	海事局	港湾局	水管理・国土保全局		
1972(S47)年		公共マリーナ整備の制度化			
1987(S62)年				フィッシャリーナ整備事業の創設	
1988(S63)年			河川利用推進事業(河川マリーナ)の創設		
1989(H1)年		プレジャーボートスポット(PBS)整備事業の創設			
1994(H6)年				水産庁通達(漁業活動に支障のない範囲でプレジャーボートの受け入れ容認)	
1995(H7)年			河川法改正(簡易代執行制度の創設)		
1996(H8)年		プレジャーボート保管対策懇談会最終報告の策定			3局長(港湾・河川・水産)合同のプレジャーボート全国実態調査(平成8年)
1997(H9)年		ボートパーク整備事業の創設	河川法改正(簡易代執行による撤去船舶の売却，廃棄について制定)	漁港高度利用活性化対策事業の創設	河川局通達(計画的な放置艇対策促進)
1998(H10)年					プレジャーボート繋留・保管対策関係省庁連絡会議の設置
2000(H12)年	小型船舶登録法の整備	港湾法改正(船舶放置禁止，監督処分規定の整備)港湾局長通達(放置艇対策の推進)		漁港法改正(船舶放置の禁止，監督処分規定の整備)	プレジャーボート所有者特定制度と保管場所確保の義務化に関する提言
2001(H13)年		港湾区域放置艇に対する沈廃船処理の補助対象化			プレジャーボート繋留・保管対策関係省庁連絡会議の設置
2002(H14)年		陸上保管主体の施設にもボートパーク整備事業の補助対象化			3局長(港湾・河川・水産)合同のプレジャーボート全国実態調査(平成14年)
2003(H15)年	FRP船のリサイクル技術の確立				
2004(H16)年	小型船舶登録法による登録完了				
2005(H17)年	FRP船のリサイクルシステムの運用開始(瀬戸内～北九州)			強い水産業づくり交付金制度の創設	
2006(H18)年		港湾法の一部改正(放置禁止区域を陸域にも適用)			3局長(港湾・河川・水産)合同のプレジャーボート全国実態調査(平成18年)三水域連携による放置艇対策委員会提言
2008(H20)年	FRP船のリサイクルシステムの全国運用開始				

資料：国土交通省・水産庁『プレジャーボートの適正管理及び利用環境改善のための総合的対策に関する推進計画』(平成25年5月)，pp. 11-12.

ながら秩序回復や利用ルールを設定することであった．漁協組織によるプレジャーボート対応により，漁港等への係留及び沖合での魚類資源や漁業施設等への利用上のトラブルが大幅に減少している．この理由は，漁港施設を利用する際に，漁業者がボート所有者に対して係留や魚類資源の利用に関して直接的に指導・ルール設定などをすることで，漁業者を中心にした組織化と同様な形態になるためである．

一方でこれらの対応について法制度の整備・改正が進むとともに，国交省や水産庁あるいはレジャー関連団体等のバックアップもあり，共存共栄の関係を構築できるようになってきている．漁業関係者と地域の自治体が連携したプレジャーボート対応は，例えば水産庁のフィッシャリーナ整備事業，国交省のボートパーク整備事業などがあり，各自治体がこれらの政策や制度資金等を利用することによって漁港などの係留施設の有効な活用につながっている．これらの事業は，漁港や泊地等において漁業に支障のない範囲で漁船以外のボート等への利用を促進することで，漁港施設の維持管理がスムーズに実行できることにある．また漁業関係者が管理を委託され現場に介在することによってプレジャーボート利用者との接触を容易にし，漁業者とレジャー関係者の良好な関係性を創出している．

水産庁資料によれば，和歌山県和歌浦漁港においては同漁港内にプレジャーボートが集中係留し，漁船の出入港時の障害になるといったトラブルが頻発していた．しかし，プレジャーボートの漁港利用に対する法制度上の制限事項は，漁業に支障を与えない範囲ならば利用しても差し支えないというように規定されてはいるが明確な基準が存在しなかった．このために和歌山県では和歌浦漁港にフィッシャリーナを整備することとなった[25]．

漁港整備については漁船とプレジャーボートの係留を区分する方法がとられ，条例をあらたに改定して1992年４月１日に全国初の漁港利用料金を設定している[26]．この施策のあとにはプレジャーボート関係者の意識改革を手始めとして，漁港内の美化運動に発展し，漁業者も和歌浦漁港のプレジャーボートを活用した活性化に積極的に乗り出すこととなった．

富山県黒部市石田漁協では，1984年に漁港指定を受け，翌年第七次漁港整備計画に基づいて事業が進められ1991年に石田漁港として開港している[27]．同漁協エリアでは，従来から海洋レジャーが盛んで，漁港整備と同時にプレジャーボートも増加し始め，係留や近隣地域でのトラブルが相次ぐようになった．このような状況から1987年に水産庁事業による全国第一号となるフィッシャリーナの採択を受けて整備が進められることになった[28].

石田フィッシャリーナは，和歌浦フィッシャリーナと同様に漁船とプレジャーボートを区分係留する方法とし，管理については黒部市が同漁協へ委託している．漁協は維持費と人件費が委託料として支払われているために金銭的なメリットは少ないものの，施設の存在が地域活性化への布石となり協調的なレジャー利用や漁業への理解へとつながっている．また漁業者が施設管理運営を担当しており，各種行事への参加，施設への立ち寄り増加などを通じてレジャー関係者との相互の信頼関係を築きつつある．

ただし，公的制度を利活用するフィッシャリーナ事業や漁港におけるプレジャーボート管理の委託業務に関しては，行政各所と相応の手続きを経る必要があり，どのような地域でも適用・設置できるわけではない．こういった状況に対して高知県香南市ポートマリーナ（当時は吉川村ポートマリーナ）の事例は，独自にあらゆる知恵を駆使した方法で対応しており，むしろ他の漁業地域での応用展開に先鞭を付けた好例と言えよう．

5．高知県香南市ポートマリーナにおける取り組み[29]

5.1　高知県漁協吉川支所のプレジャーボート・マリーナへの対応経緯

旧吉川村（現香南市）では，1982年に吉川漁港として第１種漁港指定を受ける．1960年代から80年頃までの吉川村漁協（現：高知県漁協吉川支所）ではシラス・ちりめん加工が主要産物で，１カ統あたり３隻の漁業形態をとるパッチ網で約70隻以上の漁船が所属・操業していた．1980年頃は年間400トン～500トン前後の水揚量，２億円前後の漁獲高があり，規模の大きな漁業地域だったといえよう．ところが漁場環境の悪化，資源量の著しい減少などの理由から1987年には漁業権放棄などによって６カ統が廃業となり，漁獲量・水揚高ともに大きく落ち込むことになった．

同漁協では漁獲量および金額の大幅な減少という漁業活動の減退が漁協組織存続に大きな危機感をもたらすこととなり，将来にむけた新たな活動の方向性について検討せざるを得ない状況になったのである[30]．なお，2021年現在の高知県漁協吉川支所の漁業の状況については，イワシ・シラス機船船曳網漁業が主な漁業種類で８経営体となっており，漁獲量が449トン，漁獲高が１億4000万円となっている[31].

当時の同村の基幹産業である漁業の衰退が，地域経済自体の沈降を意味することになり，地域漁業の振興策と地域活性化を同時進行で考え出すこととなった．なお，2006年３月に香美郡赤岡町・香我美町，野市町，夜須町，吉川村が対等合併して香南市となった.

5.2　漁協組織としてのプレジャーボートへの関心

同漁港においては1989年頃から常時40～50隻のプレジャーボートが漁港に係留しているという問題が続いていた．漁協としては漁業側の基準に従ってプレジャーボートへの対応（インフォーマルな制度的ルールによる対応）を行ったが，漁業勢力や漁協組織としての管理能力の減退から当時の対応はうまくいかなかった.

そこで競合的な対応よりは，共存関係を構築することで漁港にマリーナ機能を取り込むような対応を村役場と漁協組織の協力関係によって企画されることとなった．要するに吉川村漁協の関心は漁獲増大や資源管理への傾倒ではなく，漁業活動以外の方向性として海洋レジャーと共存し，漁協の経営基盤を活性化させる方向に転じたと言えよう.

5.3　マリーナ事業に向けた周辺条件と有意性

同村・同漁協は，漁港の基本施設の使用（いわゆる目的外使用の特許としてプレジャーボートの係留管理）に関して水産庁に打診することとなり，ほどなく条件付きで許可される．同漁港の野積み場（漁業盛況の時代は利用されていたが，漁獲減少により未利用地）の40坪を船舶保管施設に用途変更することができた．この条件に関しては，漁港機能を損なうようであればマリーナ事業からの撤退と施設の原状回復となっている.

1999年に吉川村ポートマリーナとして運用が開始されることになるのだが，マリーナ施設の建設開始と同時に不法係留のプレジャーボートに説明会を開き，賛同する場合は係留料金を支払うことにより係留が許可され，賛同できない場合は，他の係留施設へ移動することになった.

同漁港におけるプレジャーボート対策だけではなく，地域漁業や地域コミュニティーの活性化も含んだ県内初の公共マリーナという位置づけとなっている．これらの整備には，中山間地事業等を活用している．フィッシャリーナ整備事業を利用することなく独自の財源でマリーナを建設したところが大きなポイントである．

当時のポートマリーナ総事業費は，約３億5000万円（内訳：県補助5000万円，吉川村起債２億3000万円，吉川村一般財源7000万円）となる．起債分については，後年に国の地方交付税に加算されるので５割が村に戻る．つまり実質約１億9000万円でポートマリーナを整備し，プレジャーボートによる係留管理事業を実施できたのである．同村が実施した当事業の重要な点は，国が推進する事業（フィッシャリーナ整備事業等）だけではない，新たな方法でプレジャーボート対策あるいは海洋レジャー振興の方向性を見いだせたことにある．

なお，同ポートマリーナには，20トン吊りのクレーンを設置したことにより陸揚げ保管が可能となっており，太平洋に面していることからも陸揚げ保管は他マリーナにはない特徴のあるサービスとなっている（写真１，２，３）．

5.4　吉川支所におけるポートマリーナの管理と収益

設置当時のプレジャーボートの年間の保管料は，保管料として村役場に収用され，村から年間保管料の70％が漁協側に委託料として支払われていた．漁協への委託は漁協自営事業の一環として位置づけられ，その内容は船舶管理，接客サービス，営業，申請手続き，保管料の徴収となる．

2000年末時点では22隻が契約保管，2022年末現在は39隻の契約保管となっている[32]．ポートマリーナの管理運営は，組合経営の自営事業（購買）のうちボートユーザーからの燃料購入として，当時から現在に至るまで大きく貢献している．

なお，ポートマリーナ開設当時，プレジャーボートのメーカーや販売店は，漁協及び村役場の取組みに積極的に関与し，協力関係を構築していた．また，ポートマリーナの立地場所が高知龍馬空港からほど近いところにあり，需要が確実に見込めるため，関西圏のユーザーも数人いるとのことである．また，2006年に吉川村は周辺市町と合併したことにより吉川村ポートマリーナから香南市ポートマリーナとして再スタートしている．

写真１　吉川村ポートマリーナ（1999年２月）

資料：筆者撮影.

写真２　香南市ポートマリーナ航空写真（2022年末）

資料：香南市役所農林水産課.

写真３　香南市ポートマリーナ（2022年末）
資料：香南市役所農林水産課.

6．おわりに

本章において海洋レジャーのうちプレジャーボート・マリーナをめぐる利用と管理ならびに漁業との関係性を軸にしながらこれまでの経緯と現状をみてきた．沿岸域利用の主体としての漁業の位置づけが後退しつつある状況において，国や地方自治体が中心となって沿岸域の適正な利用と管理を進めていく必要を明らかにしてきた．法制度や施策に基づく利用と管理の調整だけではなく，漁業関係者の協力も取り付けながら共存・共栄の持続可能な関係性も重要になってきているといえよう．

現在，水産行政においては2020年に漁業法を改正し，水産基本法・基本計画や様々な政策・施策によって地域漁業・漁村の新鮮な魚介類，豊かな自然環境，景観などの地域固有の資源を活用しながら活性化を図っていこうとしている．

このような視点は，従来から研究現場や政策立案の中では言われ続けてきたことであるし，共生や交流，連携によるマリン（ブルー）ツーリズムの推進なども唱えられて久しい．しかし地域漁業が単独でこれらのことを成し得るのは困難になりつつある．地域漁業が海洋レジャーの参加者と協働することで漁村地域に眠っている様々な資源に新たな価値を創出し，発信していくことが重要になろう．異業種他者同士の交流と連携は，漁村地域の再評価となり，ひいては漁業そのものの活性化にもつながっていく可能性がある．

令和３年度版の『水産白書』では，漁村地域がもつ多面性に着目した施策が盛り込まれている．漁業が食のみを提供する産業から，食とそれを支える地域活動の価値を提供する産業へと脱却することについて「海業」という概念を提示し，海洋レジャーや都市住民との交流・連携が重要と述べている．このような視点は，婁（2013，2000）が指摘している海業の考え方に時代がようやく追いついてきたといえよう[33]．海業は漁業を核としながらも，地域がもともともっている自然環境，人材，文化などの既存の資源や財産に付加価値をくわえながら，総合的に提供していく産業に転換しようと指摘している．2022年３月に新たな「漁港漁場整備長期計画」が閣議決定され[34]水産行政において，「海業」を全面に出した施策・プロジェクトが進行しつつある[35]．

もちろん，これらを実現するには国や地方自治体の政策や規制緩和だけでなく，各種振興政策，補助事業・プロジェクトなどと連携する形で，地域漁業側も受け皿となりうるような人材育成・確保など様々な取り組みを講じていく必要がある．今後，地域漁業の活性化を視野に入れながら既存の知識や資源あるいは人材をどのように活用し，海洋関連ビジネス・ツーリズム[36]あるいは海業をどのように立ち上げていくのか，顧客をどのように創造するのか，異業種他者とどのような連携すれば相乗効果につながるのか，というマーケットインやコラボレーションの発想が求められよう．地域漁業の活性化には，地域固有の資源を守りながらうまく活用するWise Use（賢く使う）の視点をもちながら，マーケティングや地域経営戦略[37]を軸としながら検討していくべきだろう．

本稿において，プレジャーボート・マリーナをめぐる利用と管理の基礎的な部分は整えられたことを示すことができた．また，これらをベースにして，地域の漁業関係者・レジャー関係者が共存・共栄という新しい関係性によって，沿岸域を利用した地域の活性化をめざすことを期待したい．

謝辞

本研究を進めるにあたり香南市役所農林水産課の徳久様，高知県漁協吉川支所の西村様から貴重な資料をご提供いただきました．記して御礼申し上げます．

注

[1] 染谷昭夫『沿岸域計画の視点』，鹿島出版会，1995年．

[2] 地域漁業学会第40回沖縄大会のシンポジウムテーマが「海のツーリズムと漁業」として漁業経済系の学会において取り上げられた．また磯部作「海のツーリズムと漁協」『地域漁業研究』，第40巻第３号，pp. 1-12，2000年．竹ノ内徳人「日本の沿岸漁村振興における海のツーリズムの効果と課題」『地域漁業研究』，第46巻第１号，pp. 233-243，2005年．鳥居享司・山尾政博「海域利用調整と漁業―海のツーリズムからのインパクト―」『地域漁業研究』，第38巻第３号，pp. 145-161，1998年などがある．

[3] 婁小波『海業の時代：漁村活性化に向けた地域の挑戦』，農山漁村文化協会，2013年．

[4] 保管場所の義務づけについては，広島県などの条例において制定しようという取り組みが見られる．

[5] 例えば，倉田亨「漁業者にとっての遊漁問題」『月刊漁協経営』，通巻第236号，pp. 8-17，1982年．家田勇夫「遊漁を巡る諸問題」『月刊漁協経営』，通巻第236号，pp. 22-25，1982年．小津　壽郎「遊漁問題―現状と対応―神奈川県の事例について―」『月刊漁協経営』，通巻第236号，pp. 18-21，1982年．湊隆義「遊漁と漁業経営」『漁村』，第53巻第10号，pp. 32-34，1987年など多数の研究がある．

[6] 全国漁業協同組合連合会『海洋性レクリエーションに関する調査報告書』（平成３年から平成７年）では，沿岸域において連綿と受け継がれてきた漁業による利用に対して，海洋性レクリエーションによる利用が台頭してきたことによる競合問題ならびにその解消について報告されている．

[7] 栂野清治「遊漁と漁業の共存への変遷」『月刊漁協経営』，通巻第304号，pp. 20-24，1988年，湊隆義「遊漁と漁業経営」『漁村』，第53巻第10号，pp. 32-34，1987年．山田晃司「石田フィッシャリーナ―遊漁者との共存をめざす―」『漁村』，第61巻第６号，pp. 26-31，1995年．漁協経営編集部「遊漁は漁村の活性化をもたらすか」『月刊漁協経営』，通巻第320号，pp. 8-19，1989年などがある．

[8] 竹ノ内徳人「沿岸域におけるプレジャーボート問題―「競合」と「共存」の視点から―」『地域漁業研究』，地域漁業学会，第39巻第３号，pp. 5-32，1999年．

[9] 小型船舶免許制度の歴史について．http://www.jmra.or.jp/information/information-licensingsystemhistory を参照されたい．

[10] 区分と操縦できる船舶については，以下の通り．「１級」「２級」「特殊」の区分があり，１級は20トン未満または24m 未満の船を海岸からの距離に関係なく操縦できる．２級は，１級と同じ大きさの船を海岸から５海里（約９km）に限って操縦できる．２級には湖や川に限定する種類もある．特殊は水上バイク限定となる．１・２級免許では水上バイクを操船・操縦することはできない．

[11] 日本海事広報協会『海洋性レクリエーションの現状と展望』，1997年７月，p. 55.

[12] 一般財団法人日本海洋レジャー安全・振興協会，URL：https://www.jmra.or.jp/jmra-cms/wp-content/themes/jmra/img/second/information/statistics/2016-2021_statistics_successfulexaminee.pdf（閲覧日：2022年12月25日）.

[13] 「小型船舶免許合格259増の７万人超コロナ後押しか」『日本経済新聞』，2021年４月21日付.

[14] ヤマハやマリーナ等のマリンレジャー関連の情報誌やウェブサイトによると，10m前後のモーターボートを所有した場合，法定費用・維持費・係留費・管理費等で年間50万程度かかると言われている.

[15] 日本小型船舶検査機構のミニボート関連の情報 http//jci.go.jp/question/kensa_qa.html（閲覧日：2022年12月25日）.

[16] 東村玲子「福井県におけるミニボート問題の現状」『地域漁業研究』，地域漁業学会，第56巻第３号，pp. 137-152，2016年によれば，免許不要，操船不慣れなどで事故も多発しており，早急な対策が必要という指摘をしている.

[17] 国土交通省・水産庁『プレジャーボートの放置艇対策の今後の対応について』（令和３年３月），p. 7. URL：https://www.mlit.go.jp/kowan/content/001400790.pdf（閲覧日：2022年12月25日）.

[18] 国土交通省・水産庁『平成30年度プレジャーボート全国実態調査結果概要』（令和元年９月），p. 5，URL：https://www.mlit.go.jp/kowan/content/ 001331622.pdf（閲覧日：2022年12月25日）.

[19] 浪川珠乃「漁港における放置艇対策に関する考察」『調査研究論文集』，漁港漁場漁村総合研究所，第30巻，pp. 53-58，2019年.

[20] 前掲８.

[21] プレジャーボートによる船釣りは，個人や仲間たちによる趣味的なサークルやチームが基本構成となっている場合が多い．もちろん，マリーナ等を核にしたものもある.

[22] 竹ノ内徳人・敷田麻実，平成13年12月「沿岸域における利用形態と管理システムの形成過程に関する研究―福井・石川遊漁調整問題を事例として―」『地域漁業学会第43回大会（福岡大会）一般報告要旨集』，地域漁業学会，p. 34.

[23] 国土交通省・水産庁『プレジャーボートの適正管理及び利用環境改善のための総合的対策に関する推進計画』（平成25年５月），URL：https://www.mlit.go.jp/common/000998239.pdf（閲覧日：2022年12月26日）.

[24] 竹ノ内徳人「プレジャーボートの係留実態と問題点　―鹿児島県沿岸域を事例として―」『漁業経済研究』，漁業経済学会，第41巻第３号，pp. 44-71，1997年.

[25] 水産庁「プレジャーボート受け入れ可能漁港におけるプレジャーボート係留・保管 施設整備計画の立案」，URL：https://www.maff.go.jp/j/budget/yosan_kansi/sikkou/tokutei_keihi/seika_h23/suisan_ippan/pdf/60100362_07.pdf（閲覧日：2022年12月25日）.

[26] 当時としては適正な費用として設定されており15m級のヨットは年間43万円，７m級のプレジャーボートは年間６万3000円としている.

[27] 山田晃司「石田フィッシャリーナ―遊漁者との共存をめざす―」『漁村』，第61巻第６号，

pp. 26-31，1995年.

[28] 富山県黒部市「漁村の活性化を目指す新たな観光交流拠点施設整備計画」，URL：https://www.chisou.go.jp/tiiki/tiikisaisei/dai59nintei/plan/a239.pdf（閲覧日：2023年１月10日）.

[29] 本節は，1999年10月に吉川村漁協の西村組合長へのインタビューと，2023年１月の香南市役所農林水産課ならびに高知県漁協吉川支所への電話インタビューならびに資料に基づいたものである.

[30] 1999年10月24日に吉川村漁協の西村組合長にインタビューを実施.

[31] 2023年１月16日に高知県漁協吉川支所に電話インタビューによる回答.

[32] 2023年１月11日に高知県香南市水産課水産・漁港係への電話インタビューならびに資料提供.

[33] 前掲書：婁小波『海業の時代』のほかに，以下の参考文献もある.「海業の振興と漁村の活性化」『農業と経済』，第66巻第10号，2000年や「漁業から海業への転換」『高知県柏島水域における海中生物の生物多様性の保全と活用』（2003年）などがある.

[34] 水産庁：新たな「漁港漁場整備長期計画」について：URL：https://www.jfa.maff.go.jp/j/press/keikaku/220325.html（閲覧日：2023年１月29日）.

[35] 水産庁「海業振興のモデル形成に取り組む地域の募集」，https://www.jfa.maff.go.jp/j/press/keikaku/221118_28.html や，海業支援パッケージの作成：URL：https://www.jfa.maff.go.jp/j/press/bousai/221222.html（閲覧日：2023年１月29日）などがある.

[36] このような視点は，農業経済の分野では早くからアグリビジネスとして確立されている.例えば，斉藤修「地域内発型アグリビジネス経営体の新展開と地域社会への役割」『漁村地域における交流と連携―平成13年度報告書―』，（財）東京水産振興会，2002年，大澤信一「新しいアグリビジネスで「農業」の顧客創造を」『農林統計調査』，第52巻第５号，2002年，井上和衛「地域内発型アグリビジネスの展開とその将来」『農林統計調査』，第52巻第５号，2002年などがある.

[37] 地域経営戦略は，マーケティング戦略を地域としてどのように構築していくのかという視点で論述されている.例えば，山本久義『ルーラル・マーケティング論』，同文舘，1999年やコトラー・ハイダー著（井関利明・前田正子他訳）『地域のマーケティング』，東洋経済新報社，1996年などがある.

第5章　海洋文化を活用した海洋レジャーの展開と管理
—帆掛けサバニを事例として—

千足　耕一・蓬郷　尚代

1. はじめに

本章では，海洋文化の中でも伝統的な文化と捉えることができる木造船のひとつ，沖縄地方で用いられてきた民族的な小船である“サバニ”が，現在においてレジャーボートとして利活用されている事例に注目する．サバニとは，沖縄地方で用いられる6mから10m程度の大きさの民族的な小船で，漁撈や移動に用いられてきたものである．1921年6月に発行された冊子『土の鈴』において，「糸満漁夫の使用する刳舟（くりぶね）は，漁業用として最も理想的に改良されたもので，国頭郡地方にて稀に見る獨木舟のやうな面影が薄らいでいるが，其操縦の巧妙と，運搬の利便，それに速力の迅速なる點は蓋し著しい特徴であらう.」[1]と記載され，当時の琉球地方において利活用されたことが示されている．

琉球地方の伝統的なサバニは，古くは椎や松，杉のマルキンニ（丸木舟）であったものに改良が加えられ，板を接ぎ合わせたハギンニ（接ぎ舟）となったと記述されており，ハギンニが初めて造られたのは1880年頃であると記載されている．ハギンニは製材した2つ以上の板を部材として接ぎ合わせて造った接ぎ舟であることからそう呼ばれている．そして，ハギンニは糸満で考案されたものであることから糸満ハギや本ハギとも呼ばれる（写真1）．工法によるサバニの分類では，上原新太郎氏が考案したとされている南洋ハギ（写真2）があり，板をたわめて接合し，タナガーと呼ばれる曲木の肋骨で固定されている構造となっている．この他，折衷型のアイヌクー（合いの子）と呼ばれるサバニがある[2]．

サバニの船型は，安定性よりもスピードを重視した構造となっており，船の長さと幅の比率においては，通常のヨットが3対1であるのに対してサバニは

写真１　糸満ハギ
資料：筆者撮影.

写真２　南洋ハギ（船体内部に肋骨がある）
資料：筆者撮影.

6対1であり，より細長く丸木舟のように丸みのある流麗な線で構成され，船首波と船尾波による造波抵抗を低下させている．また，船尾部分は他の舟に比べて高くせり上がっており，追い風の際に波をかぶらないように設計してある．三角形の船尾板は強い傾斜で後ろに傾いており，転覆した時には逆に不安定になり，復元しやすい[3]という特徴を備えている．

このような船体構造を持つサバニは時代の変化に伴い，1940年代から動力化されるようになり，複材化して準構造船化した上で大型化し，エンジンという重量物を載せるために浮力を確保しようとして様々な改造が行われた結果その形状が変化し，不自然な船型を持つ船体も現れ，1970年代末頃から，その数を減らしていった[4]．

この変化に対して板井（2005）[5]は，漁法や「船のあるべき姿」という文化，そしてその漁法を支えている社会というサバニを取り巻く環境的要因が変化し，あるいは保持されるのに伴ってサバニはさらに大型化し，動力化してFRP（Fiber Reinforced Plastics：繊維強化プラスチック）化され，特殊な船型の船が建造されるようになったのであり，かつ従来通り無動力船も少数ながら継続して建造され，運用方法その他の変化にもかかわらず常にサバニはその「あるべき姿」を保持しようとしてきたと述べている．2006 年に開催された「サバニの伝統と未来」と題されたシンポジウムの記録において，板井は，当時の沖縄本島で423隻のサバニをカウントできたが，シンプルな無動力の（エンジンが搭載されていない）サバニは21隻であり，そのうち使用に耐える状態のサバニは12隻しかなく，サバニに関する伝統的な技術や信仰について調査記録すべきであると述べている[6]．

エンジンの普及によって木造の帆掛けサバニの造船並びに帆走技術は途絶えそうな状況となり，木造船の衰退とともに船大工の廃業が進み，サバニを造ることができる船大工はわずか数名であるが[7]，九州・沖縄サミットを記念して2000年に開催（開始）されたサバニ帆漕レースをきっかけに，伝統的な木造帆掛けサバニの造船が復活し，2000年からの16年間で40艇を超える木造のサバニが生まれた[8]ことが記述されている．

サバニ帆漕レースの開催を契機に，それまで漁業者の使用していた舟艇が，漁業の道具にとどまらず，海洋スポーツ・レクリエーションの道具として，その位置づけを拡大させるなど，帆掛けサバニや木造のサバニを取り巻く状況は変化し続けている．そして，伝統的な木造の帆掛けサバニは「沖縄を象徴するアイコンになり，レース艇として再発見される栄誉を得て，伝統的漁船がレジャーボートへと移り変わった日本で初めての例」[9]と表現されるに至っている．

伝統的な木造の帆掛けサバニを活用した「サバニ帆漕レース」の誕生と継続及び，その波及効果によって，帆掛けサバニを取り巻く環境に様々な変化が及んだことがうかがえる．本章では，以下，サバニを取り巻く歴史的経緯，サバニ帆漕レース開始後のサバニの活用と展開，サバニの現代的な意義に関する調査結果及び今後の展望について述べていくこととする．

2．サバニ帆漕レースが開催されるまでの期間

板井の調査[10]によると，1940年代からサバニは動力化されるようになり，かつ大型化した．先述のようにエンジンという重量物を載せるためにもとの船型からはかけ離れた不自然な船型を持つサバニが現れたが，効率の悪い船体のサバニは1970年代末頃から建造されなくなり，より効率の良いFRP製漁船に代替されていき，数を減らしていったと記載されている．

1967年7月13日付の沖縄タイムスにおいては，当時の沖縄にくり舟が2550艘あることが記載されるとともに，ガソリンエンジンの後に重たいディーゼルエンジンが登場し，これに耐えうる改造型のくり船を糸満船大工の大城松助氏があみ出したことが掲載されている．また同新聞記事には，くり船づくりが次第に姿を消しつつあり，「後継者がなかなかなく，くり舟づくりは次第に姿を消しています．漁船の大型化でむかしみたいにくり舟が重視されなくなったことも事実でしょうが，やはり，後継者は残しておきたい」といった大城松助氏の語りも記載されている[11]．

沖縄県糸満市役所が保存している1971年12月31日における漁船台帳を参照したところ，5トン未満の漁船について，船体の長さと幅の比からみて，ほぼサバニとみられる262艘をカウントできるが，無動力のものは2艘のみであった[12]．

東京大学工学部船舶工学科の竹鼻三雄（1970年代中頃のものと思われる文献：発行年不明，船大工　大城清氏所蔵）は，「調査・サバニ考」において，木造のサバニ製作について紹介するとともに，サバニを芸術品に近いと記し，

製作技術について無形文化財ともいえると述べている．そして，サバニがエンジンを装備し遠洋に出るようになると，その中に居住するいわゆる家船（エブネ）の機能が必要となり，船幅が広くなったと記述している．サバニの船型は時代とともに変化し，FRP化が図られていると記載されている[13]．

藤原（1975）[14]による日本民俗学会の発表原稿の中でも「八重山のサバニ」についての記述が認められる．当時のサバニにはディーゼルエンジンが搭載されているが，もともとは帆走したと記載されている．1970年代における船大工の減少については，玉城（1976）[15]も「若い船大工は少ないようだ」と記録している．

先に述べた，糸満船大工の大城松助氏の後継ぎが大城清氏（2023年現在においても現役船大工として活躍している）であり，織本憲資氏（サバニに関連した書籍や原稿を残している）が依頼して，幻の古式サバニと紹介されている“おもろ（船名）”（写真３）を作成した．織本は，沖縄海洋博覧会が開催された1975年に雑誌「旅」に「黒潮が育てた糸満の刳り船」を掲載している[16]．この中でサバニについて「世界で最も美しい舟」と記述し，大城清氏に古式サバニの造船を依頼することとなった経緯を記載している．織本は古式サバニの復元ののち，復元するだけにとどまらず，糸満から本土へ渡航する実験計画を考案したことが記事や書籍に残されていることから，この織本による造船依頼が実際の帆漕が行われることにつながったと考えられた．

続く1976年に織本は，ヨット雑誌KAZI（舵社）に「沖縄に古式サバニを訪ねて」という文書を残している．先に述べたように，織本は古式サバニを復元して，サバニにて実験航海を行い，奄美大島と屋久島の間の黒潮を乗り切って，日本人南方渡来説や黒潮文化圏存在説を解明する一端にしたいと考えていた．そのためのトレーニングが行われ，糸満の長老漁夫・玉城亀三氏が教師を務めたと記載されている．それを示す証拠として，当時，サバニを製作した大城清氏と玉城亀三氏がサバニ「おもろ」に乗ってトレーニングしている写真を大城清氏が所蔵していた（写真４）．

このような計画と実験（トレーニング）が琉球新報を通じて日本海事広報協会に知られ，「黒潮文化展」に“おもろ”が出品されることとなった．そして，舵社を通じて横山晃氏にサバニの調査解析を依頼することになった[17]．

織本の古式サバニの復元については，舵社が1983年に発刊した書籍『日本土

写真３　千葉県館山市渚の博物館所蔵のサバニ
資料：筆者撮影.

人南島探訪記』の中，幻の古式サバニにて詳しく記載されている．書籍の中では，古式サバニがテレビに出演したことも記載されている[18].

また織本は，古式サバニの船型についての造船工学的根拠を求めて，ヨットデザインの匠である横山晃氏に書簡を送り，船体の解析を依頼したことが記録されている[19]．その後，横山はヨット雑誌「KAZI」の中でサバニの船体につい

写真４　帆走するサバニ（乗り手：大城清氏と玉城亀三氏）
資料：大城清氏所蔵.

て３回にわたって分析結果を掲載[20-22]するとともに，書籍『ヨットの設計』にも分析結果を記載している[23]．このことにより，ヨット愛好者にサバニの存在が広く知られることにつながったと考えられる．

この後，船舶工学の研究者らが沖縄サバニの船体抵抗等に関する研究論文を著して，サバニが優れた性能を有する舟であることを示している[24-27]．白石(1985)[28]は著書『沖縄の舟　サバニ』を著し，サバニの構造，製作，操縦，用具といった視点からサバニについて記述し，「亡びゆく伝統的な舟づくりを後世に伝えることができれば」と記述している．

沖縄・糸満のサバニ大工，大城正喜氏については，塩野（1994年聞き取り・2011年発刊）が聞き取り調査を行い，書籍の中に語りが残っている．大城正喜氏は40年以上にわたり，糸満でサバニを造っていた船大工である．書籍『手業に学べ 技：糸満・沖縄のサバニ大工』の中の記述によると，当時，木造船のサバニの注文はほとんどなく，ハーレーブニとか祭用が主であり，FRPの船が増えたとされ，船大工の技術について「ずっとこの技が残ればいいですが」との語りが記録されている[29]．また，千足らによる船大工を対象とした聞き取り調査によると，実際に木造の帆掛けサバニ（おもろ）が帆走した事実を，当時のラジオが放送したとされ，沖縄のヨット愛好者がそれを聞き，帆掛けサバニに興味を示していたことが把握できた[30].

3．サバニ帆漕レースの開催に至る経緯と帆掛けサバニの復興

サバニ帆漕レースは，2000年の九州・沖縄 G8 サミットを記念して開催（開始）された．当該レースは，「古来より受け継がれてきたサバニによる操船技術の復活，帆走の再現を目指し，次の世代へと伝えていく」という思いを具現化しようとしたものであり[31]，サバニの伝統を復興させる海洋文化復興運動の１つとして位置づけられる．

2019年時点で20回継続して開催されているスポーツイベントでもあり，毎年梅雨明けの６月末から７月初めの時期に，沖縄県の慶良間諸島の１つである座間味島の古座間味ビーチから那覇港までの約20海里（約37km）を渡るレースが開催されている．また，大会名にある「帆漕」という言葉は，帆走（船に帆を張り風の力で走ること）の「走」を「漕」に変えた，この大会から生まれた造語であると述べられており，帆を操りながらエークを使って船を漕ぐという，古来より伝わるサバニ操船技術の再現・継承への想いが込められている[32].

レースが開始される直前の頃，サバニは，前述の通りエンジンを船体に搭載することで，帆を使用することがほとんどなくなっていき，船体も大型化して FRP 材が使用されるようになっていた．現サバニレース実行委員会の委員らは，沖縄県の与那国島で使用されていたサバニに乗りカジキ漁を取材した際に，サバニが帆で走ることをウミンチュ（漁師）から教わった経験を持ち，同時に，海外ではクラシックヨットなどの古いものを大切にする文化を目にしていた．

一方，沖縄県中城市の馬天港で大城清氏らがサバニに帆をかけて海に出ていたこと（前述）を目にした沖縄在住のヨット関係者（愛好者）が帆掛けサバニに興味を持ち，その後に沖縄のヨット関係者の中で帆掛けサバニ復興を企画していたことが把握できた．

沖縄の伝統的な木造の小舟に帆を掛けた，沖縄海洋文化の象徴である帆掛けサバニに着目した現レース実行委員会委員は，その後に沖縄のヨット関係者をはじめとする重要な人物たちに帆掛けサバニ復興について相談をしたことなどがこの復興運動（サバニ帆漕レース）の契機となっていたことが把握できた．

レース実施場所については，琉球王朝時代の歴史的な航路でもある那覇と中

国への進貢船が立ち寄っていた座間味島との間の海域が，レース実施予定時期の梅雨明け頃の風向き等からも適しているため，当時の座間味村議員や村長に相談し，レースのスタート地点を決定したとのことであった．

サバニレース実行委員会委員らは，サバニ帆漕レース開催のためのスポンサー（当初はOMEGA，現在はアビームコンサルティング株式会社，等）を募り，沖縄のヨット関係者が中心となり人（レース参加者及びレース運営等の支援者）を集め，スタート地点の座間味村関係者やゴール地点の那覇港関係者らの理解も得てレースの開催に至ったことが把握できた[33]．

4．サバニ帆漕レースの変遷

沖縄県において長期にわたり継続されている海洋スポーツイベントは，座間味ヨットレース（45回），久米島ヨットレース（30回）といったヨットレースの他に，糸満ハーレーや那覇ハーリーに見られる大漁祈願や航海安全祈願のための海の伝統行事であった．これらのような舟を使用したイベントの中でもサバニ帆漕レースは海洋スポーツイベントと海洋文化復興の双方の要素が関わるものである[34]．

サバニ帆漕レースに出場するサバニには，現在，アウトリガー付きのサバニ（ニーサギ）とアウトリガーがついていない伝統的な単胴の古式サバニにクラス分けがされているが，当初はこれらの区別がなく大会が運営されていた．当時，このような大会運営に対して厳しい意見が寄せられることもあったが，第6回大会に関する記事における元サバニ帆漕レース競技委員長，真久田氏の発言として，「このレースは沖縄伝統の船，サバニという船をできるだけ多くの人たちに体験してもらい次の世代に引き継ぐこと，またレースに参加することによって，海で活動すること，また生き残るためにはどうすれば良いかを身をもって知る機会にしたいという趣旨．だから，できるだけ多くの人に参加してもらうことも重要で，平等な条件で競い合うことにこだわり，規則を厳しくすると参加者は激減し，それではレース開催の主旨が失われてしまう」と記載されている[35]．すなわち，サバニ帆漕レースは，帆掛けサバニという文化を継承するための趣旨を有していることが示されている．

そして，サバニ帆漕レース参加艇数は，第1回のレースである2000年は16艇であったが，2009年（第10回）には過去最高艇数となる43艇の参加となり，2019年（第20回大会）までの平均参加艇数は34.6艇であった．また，2008年（第９回）からはクラス分けをして順位を付すようになり，サバニクラス（伝統サバニ：単胴船）とニーサギクラス（アウトリガー付き）に分類された．その頃から，操船技術に熟練を必要とするサバニクラスへの参加チームが増加してきたことが確認された[36]．

レース参加者は伝統的な工法によって造られた帆掛けサバニに魅了され，海峡横断するために操舟技術を学ぼうとしたことがレース継続に寄与したと考えられた．サバニ帆漕レースの開催・継続によって，実働する帆掛けサバニの増加や操舟技術の向上が見られ，その過程で生じた造舟・修理等の機会の増加が，サバニ大工における造船技術の復興・継承を実現する重要な契機にもなっていることが示唆された．

5．帆掛けサバニの現代的な意義

山田（2015）[37]は，伝統的運動文化の１つとして桑名の打毬戯を取り上げ，地域における文化的価値及び意義を明らかにするための研究に取り組み，「スポーツを通して行われる地域社会づくりの取り組みは，スポーツによる地域開発の重要な実践のひとつに位置づけられる」との視座から伝統的運動文化の新たな価値としての地域開発における意義について考察し，このような研究成果の蓄積の必要性に言及した．本節では伝統的な海洋文化財の地域開発における研究成果の蓄積にも資することが可能である帆掛けサバニについて，地域における文化的な価値や意義を明らかにするために，帆掛けサバニに取り組む者としてサバニ帆漕レースの参加経験者を対象に，サバニ帆漕レースや帆掛けサバニへの取り組みが参加者自身やチーム・地域社会に与えた影響について分析した調査結果を通し[38]，帆掛けサバニの現代的な意義について事例的に考察する．

帆掛けサバニの現代的な意義について考察することを目的として，サバニ帆漕レースに参加経験のあるサバニ愛好者を対象にアンケート調査を実施した．38名からの回答を得ることができ，設問「サバニ帆漕レースやサバニへの取り組みが，皆さん自身やチーム・地域社会に与えた影響について，自由に記述してください」に対する回答（「テクストデータ」）を質的データ分析手法であるSCAT（Steps for Coding and Theorization）を用いて分析した（表1，表2，表3）．分析においては，1）データの中の着目すべき語句，2）〈それを言い換えるためのデータ外の語句〉，3）それを説明するための語句，4）【そこから浮き上がるテーマ・構成概念】を順に記載していった．以下の文中の「　」はテクストデータ，〈　〉は言い換え，【　】は概念を指す．

座間味島在住の5名の自由記述からは，サバニ帆漕レースの開催地である島民の意見として「サバニでたくさんの人と楽しさを共有できる」「座間味島の人やサバニレースに関わる人との交流ができる」「交流が増えた」といった〈楽しさ〉の〈共有〉が示され，【人とのつながりの拡大】が生じるとともに，このことが〈地域貢献〉につながると述べられている．

このほか座間味島においては，地元中学生がチーム“海学校”を編成し学校行事の1つとしてサバニ帆漕レースに継続的に参加しているが，「中学生になってからやりたい事の一番に入っており，卒業式においても感慨深い思い出の1つに必ず入っている」と記述されている．家族がそれぞれに別のチームで参加するなど〈みんなで参加〉する，【島での熱心な取り組み】が認められ，〈地域に根付いた行事〉となっている．

そして「座間味村が地道につづけてきたレースが今は沖縄県全体に広がりサバニを楽しむ人が増え，サバニが伝統だと大切に思う人が増えている」と【座間味島が続けたことによる波及効果】があることが示された．

沖縄県在住の16名から得られた回答からは，帆掛けサバニそのものが「よく被写体とされる」ような【美しさ】を持つこと，何よりも【楽しい】ことが，帆掛けサバニへの取り組みを継続させる意欲につながっていることが記述された．「新しい楽しみと新しい仲間ができました」や「サバニの素晴らしさをもっともっと知ってもらいたい」，「文化を継承しようというモチベーションにつながっている」など【人間関係への影響】【興味の拡大】や【継続意欲】が生じている．

「サバニのことを知ってもらえた」のような【レース開催による認知度の高まり】と，「20年継続したレースの貢献度が高い」といった【レース運営者への感謝】及び，レース開催による【集客効果】についても記述されている．

帆掛けサバニを用いて「非動力による島渡り」を行うことによって【実践から得られる誇り】を持つことにつながっており，サバニへの取り組みにより

表1　抽出された概念と代表的なテクストデータ（座間味島在住者）

回答	グループ化した言いかえ	概念
サバニでたくさんの人と楽しさを共有できる事が地域貢献だと思う.（20代男性，出場5回）	〈一緒に楽しむ〉	楽しさを共有できることで地域がつながる
レース完走で達成感が得られる. 座間味島の人やサバニレースに関わる人との交流ができる.（20代男性，出場5回）	成功体験， 交友関係の広がり	レースによる自己意識への影響，レースの影響による【人とのつながりの拡大】
座間味島が地道につづけてきたレースが今は沖縄県全体に広がりサバニを楽しむ人が増え，サバニが伝統だと大切に思う人が増えている事がうれしい.（40代女性，出場5回）	継続の成果，伝統文化の認識，喜び	【座間味島が続けたことによる波及効果】，伝統文化の継承
父は伴走艇，母はうみないび，子は海学校とみんなそれぞれのチームで参加し，体験を共有できた.（40代女性，出場3回）	〈家族で取り組む〉	【島での熱心な取り組み】
座間味では幼い頃からレースを目の当たりにしており中学生になってからやりたい事の一番に入っており，卒業式においても感慨深い思い出の1つに必ず入っている事.（40代男性，出場16回）	〈地域に根付いた行事〉	【座間味島の中学生への影響】
ストーリーライン	座間味島がレースを継続開催してきた効果として，座間味島だけでなく県外からの参加者が増え，交友関係が広がり，楽しさを共有できるようになった. 座間味島を挙げてのイベントとなり，熱心な取り組みがされている.	
理論的記述	・島に根付いた行事であり，伝統文化の認識や継承につながっている. ・島民以外の人を受け入れる姿勢がある.	

資料：アンケート結果により筆者作成.

「サバニとサバニの修理整備が身近なもの」となる【日常行動へのつながり】が生じている.

この他，「島でも小さいながらサバニのレースをしています」や「糸満市内小中学生対象の教育プログラムがスタートした」，「地域の小学校，中学校，沖縄水産高校と授業の一環として地域文化に海洋教育として教育行政も目を向けてくれるようになりました」など【他地域への波及効果】が認められることや，「沖縄の伝統サバニを乗りこなす塾をやっている」など【レース以外の活用の可能性】にも目を向けている状況が認められた.

沖縄県外在住者17名の回答（表3）からは，レース参加をきっかけとしたサバニへの取り組みにおいて，【他地域の人が沖縄県人と交流する】，【他地域の人が沖縄の文化に触れる】ことによって【沖縄や座間味島への興味が拡大】し，【沖縄についての理解の拡大】につながっていることが推察された．また，レースやサバニへの取り組みを通じて，帆掛けサバニは「日本の伝統文化として

表２　抽出された概念と代表的なテクストデータ（座間味島以外の沖縄県在住者）

回答	グループ化した言いかえ	概念
新しい楽しみと新しい仲間ができました. 次参加できる大会も楽しみです.（20代女性，出場２回）	親交，交流の広がり	参加者にとっての【楽しみ】となっている
糸満市内小中学生対象の教育プログラムがスタートした. 20年継続したレースの貢献度が高いと思う.（50代男性，出場３回）	他地域への波及	継続による波及効果
糸満市に関わっています．現在地域の小学校，中学校，沖縄水産高校と授業の一環として地域文化に海洋教育として教育行政も目を向けてくれるようになりました. レースは予算に危険リスクが大きいなどあるがレース以外の伸びしろはあるのではないかと思う.（50代男性，出場15回）	他地域への波及， 課題	レースの成果， さらなる【活用の可能性】
練習中（遊び中）に目に留めた方々から写真の被写体によくされる.（注目度は高い）（40代男性，出場８回）	絵になる，目立つ	【美しさ】
個人ではただ単に楽しいからやっている. 伝統の継承という意味で考えると，「楽しさ」というのは非常に大切なのかもしれない. 伝統を守るという心でやっている人は，サバニだけに限らずいろいろな伝統行事にも興味があるのでは？　そういう方たちが地域で伝統芸術の役割を担う活躍をしていると思う.（40代男性，出場２回）	面白い	楽しいから，継承される
チームワークの大切さ，が良く分かりました．サバニの素晴らしさをもっともっと知ってもらいたい. 大会関係者に感謝です.（50代女性，出場３回）	舟に乗ることによる理解，情報発信	レースをきっかけにしたサバニの理解，【レース運営者への感謝】
島でも小さいながらサバニのレースをしています．子供達も操船出来たり，お母さん達もやってみたいといってくれる人も増えました. 自然を体感する楽しさが伝わってきていると思います.（40代女性，出場１回）	参加者の拡大， 自然を感じる	離島の自然を再認識できる
チームワーク，サバニの素晴らしさ，琉球の事，海の事全般に興味が出てくる事.（50代男性，出場３回）	体感による理解の深化，興味の拡大	サバニに取り組むことによる【人間関係への影響】，知的な意欲の亢進

ストーリーライン	レースが20年間継続されたことによる認知度の高まりが認められ，整備も含めサバニが身近なものになりつつある.
理論的記述	・現役のサバニ船大工がいる糸満市が１つの拠点となっており，伝統文化継承の意欲が高い. ・海とサバニが身近にあり，活用されやすい環境であることから，レース以外の活用の仕方にも目が向けられている. ・サバニの素晴らしさと楽しさを伝えようとする意欲が認められる.

資料：アンケート結果により筆者作成.

表３　抽出された概念と代表的なテクストデータ（沖縄県外在住者）

回答	グループ化した言いかえ	概念
沖縄という土地と文化を知ること，人を知ることはとても大きな影響を受けました．（50代女性，出場５回）	地域資源，理解	【他地域の人間が沖縄の文化に触れる】，【他地域の人間が沖縄の人と交流する】
サバニレースを目標として，１年間の練習や手入れ等の計画を立てているといったように，１年間における年中行事となっている．小舟で海峡を渡るといった，挑戦的な要素が在るため，技術を向上させたり，道具に工夫をしたりといったように，常に小さな目標設定ができるようになった．サバニの先駆者たちに，色々な話を聞くことが出来るというように，新たな人脈ができた．船を手に入れる過程で，沖縄の方々に大変お世話になった．サバニレースやサバニに取り組む中で，新たな人間関係を構築することができた．サバニで海峡を渡りきることによって，自信が生まれるとともに，謙虚さを身に付けることができた．（50代男性，出場10回）	レース以外にも時間を費やす，人間関係の構築，精神的な影響	【中心性の高まり】，サバニレースに向けた計画的な活動，【交流の拡大】，【沖縄についての理解の拡大】，より深く【海を理解する】
サバニを介したつながりが人及び地域に与えた影響は大きく多様なので筆舌できないほどです．自身の人生もサバニと出逢った事により豊かになり人生の友と言っても過言ではありません．（50代男性，出場10回）	社会・個人への影響，人間関係の広がり	大きく多様な影響，【人生に豊かさをもたらす】
日本の伝統文化として残すべき舟だと思うので，地域でも多くの人たちに乗って頂けるように様々な海のイベントに参加している． そう言う意味も込めて，大切に乗り続けていきたい．レースに勝つとかそう言うことよりも乗り続けて行きたい．（50代女性，出場７回）	重要なもの，拡げる	【伝統を継承する】ために行動
新しい海の遊び，チャレンジの１つとして経験したことで，人としての成長につながっているかなと感じます．（30代男性，出場８回）	挑戦，〈人間的成長〉	【レースへの挑戦がもたらす心理的な効果】
世代間交流が活発になった．明確な目標が共有された．今後の教育や観光産業への期待が膨らんだ．楽しいイベントが１つ増えた．（40代男性，出場３回）	つながりの強化， 目標を持つことの効果， 期待	レースをきっかけとした【交流の増大】・教育への期待，産業への期待の高まり

ストーリーライン	・レースを通して，沖縄の文化に触れ，沖縄の人との交流が広がったことで影響を受け，人生が豊かになった． ・サバニレースが１年間のメインイベントとなり，それに向けて整備や練習などの計画を立てている． ・レースの順位や勝敗よりも，サバニは日本の伝統文化として残していくために乗り続けていきたい． ・レースに挑戦したことが，人間としての成長につながった．
理論的記述	・サバニは沖縄文化の１つであるが，それを知り理解することで他地域の参加者がその影響を多大に受け，貴重さに気づいている． ・サバニレースに対する熱い思いが強い．

資料：アンケート結果により筆者作成．

残すべき舟」，帆掛けサバニを「大切に乗り続けていきたい」と記述し，帆掛けサバニの【伝統を継承したい】との思いを抱いていることが把握できた．

「サバニレースを目標として，１年間の練習や手入れ等の計画を立てている」，「サバニに乗れない期間もサバニのことを考え影響を受け」といった記述に見られるようなサバニに関する【中心性の高まり】【個人の思いへの影響】が見られることや，「サバニレースやサバニに取り組む中で，新たな人間関係を構築することができた」，「レース運営の方々や島の方，参加者の方など多くの人たちとつながりを持つことができたことは，県外から参加する私たちにとっては大きな財産となっています」との記述にみられる【交流の拡大】や【人間関係の拡大】，「海を知るという事に対してより深い好奇心を湧かせて抱かせてくれた」といった【海の理解】に影響していることが示された．

レースに参加し完漕することによって，「きついことでも乗り越える力がついた」，「チャレンジの１つとして経験したことで，人としての成長につながっている」，「サバニで海峡を渡りきることによって，自信が生まれるとともに，謙虚さを身に付けることができた」のような【レースへの挑戦がもたらす心理的効果】を得て〈人間的な成長〉が期待できる点や，「サバニを介したつながりが人及び地域に与えた影響は大きく多様」であること，「人と人との結びつきが強くなったと感じた」や「世代間交流が活発になった」などの【人間関係への影響】も認められた．

さらには，「何にも代えがたい貴重な体験をさせていただけていることに感謝」や「素晴らしい大会に参加させていただける事に感謝」のように【サバニに取り組めることへの感謝】が表現され，「自身の人生もサバニと出逢った事により豊かになり」，「影響は大きく多様なので筆舌に尽くしがたい」と記述され，帆掛けサバニへの取り組みが【人生に豊かさをもたらす】ことが考えられた．

参加者の行動レベルへの影響としては，【サバニ帆漕レースに向けた計画的活動】や【身体づくりのモチベーション】及び【地元での他の活動】に影響を及ぼしていることが推察された．また，特に神奈川県葉山町には，宮古島から運んだサバニが存在し，「地域社会に対しても，サバニを知ってもらう機会ができ，さらには，葉山にはサバニがあるという事を葉山らしさの１つとして認識してもらえるようにもなった」と沖縄県以外の場所でサバニに対する認知度を高めるきっかけともなっている．この他の構成概念には，島の人間以外の意見ではあるが【島の知名度】，【島民の誇り】，【島の経済への影響】があげられた．

すべての地域に共通して記述されていたのは，帆掛けサバニに取り組むことによる〈楽しさ〉の〈共有〉，【人とのつながりの拡大】，小さな船に同乗して「きついことを乗り越える」共通体験をすることや，「漕ぎきる」ことによって得られる〈喜び〉が共有される点，〈人間の力〉を知り，〈人間的な成長〉や〈達成感〉〈自信の獲得〉などの【レースへの挑戦がもたらす心理的効果】が認められる点，〈継続の成果〉が他の地域での活動に影響を与えるといった【継続による波及効果】が認められている．サバニ帆漕レースに出場するためには，チームでサバニを準備し，練習を積み重ねることとなるが，小さな船に同乗して「きついことを乗り越える」共通体験をすることや，慶良間海峡を「漕ぎきる」ことによって得られる〈喜び〉が共有されるものと考えられる．

座間味島在住の参加者のデータにおいては【島での熱心な取り組み】が示された．実際に，第20回大会の参加チームをカウントすると，座間味村内から9艇（全参加艇数36艇中）で全体の25％を占めていた．また，【座間味島の中学生への影響】に示される，中学生による“海学校”の取り組みが，村内に影響を及ぼしていると考えられる．座間味島における地域住民と中学生による“海学校”への取り組み事例も地域と学校との連携，地域のアイデンティティの高まり，連帯意識の高揚，世代間交流の活性化といった意義や機能を示すことが出来ると考えられた．開催から第20回を迎えたサバニ帆漕レースには，“海学校”の卒業生から構成される“元海学校”チームがレースに参加するようにもなってきている事実がこれらの考察を裏付けるとも考えられる．また，座間味村は座間味島にサバニを保管しておくための艇庫（海洋体験施設）を2005年に建設し，村をあげてサバニ帆漕レースを継続するための努力を行ってきている．このことも【座間味島が続けたことによる波及効果】につながったと考えられる．

座間味島以外の沖縄県内在住者の回答からは，【レース開催による認知度の高まり】と，「20年継続したレースの貢献度が高い」といった【レース運営者への感謝】に関する記述，「サバニとサバニの修理整備が身近なもの」となる【日常行動へのつながり】に関する記述に加えて，「地域の小学校，中学校，沖縄水産高校と授業の一環として地域文化に海洋教育として教育行政も目を向けてくれるようになりました」など【他地域への波及効果】や,「沖縄の伝統サバニを乗りこなす塾をやっている」など【レース以外の活用の可能性】が記述されていることが特徴である.沖縄県内では八重山地域や糸満市に波及効果が高いことがうかがえる.実際に,糸満では船大工自身がレースに出場し,サバニを作り続けている事実があり,弟子への造船技術の伝承が認められている.また,糸満はサバニの保管場所としての一大拠点ともなっており,複数のチームがサバニを置き,練習や行事を行うなど,活動がますます盛んになってきている.また,2015年には糸満帆掛けサバニ振興会が立ち上げられ,様々な勉強会を企画・開催し,糸満市の教育活動の受け皿となったり,さらには2019年にはサバニで糸満から久米島までを帆漕したりするなど,その実践を拡大させている.

沖縄県外在住者においては,【他地域の人が沖縄県人と交流する】,【他地域の人が沖縄の文化に触れる】ことにより【沖縄についての理解の拡大】につながっていることが示唆された.また,サバニの【伝統を継承したい】といった思いを始めとした【個人の思いへの影響】が,他の地域の対象者よりも多く記述されるとともに,【サバニに取り組めることへの感謝】が表現され,サバニへの取り組みが【人生に豊かさをもたらす】ことが述べられた.

以上のように,サバニ帆漕レースについての経済的な影響や知名度の向上などにも言及があったが,【人とのつながりの拡大】において大きな影響を与えていることが推察された.座間味島がその場となり【継続による波及効果】が生じ,帆掛けサバニに乗る行動や帆掛けサバニを活用することによって,帆漕技術が復興・伝承されることにもつながっている.

すべての地域からの回答に共通して記述されていたのは,【人とのつながりの拡大】,【レースへの挑戦がもたらす心理的効果】,【継続による波及効果】である.座間味島在住の参加者のデータにおいては,【島での熱心な取り組み】と【座間味島の中学生への影響】が特筆できる.沖縄県内在住者からは,【レース開催による認知度の高まり】,【レース運営者への感謝】,【日常行動へのつながり】に加えて,【他地域への波及効果】や【レース以外の活用の可能性】が記述された.沖縄県外在住者においては,【沖縄についての理解の拡大】や,他の地域在住の対象者よりも,サバニの【伝統を継承したい】といった思いを始めとした【個人の思いへの影響】，【サバニに取り組めることへの感謝】が表現され，サバニへの取り組みが【人生に豊かさをもたらす】と記述された．

以上のように示されたサバニ帆漕レースの開催と継続を契機とした帆掛けサバニへの取り組み事例から，取り組む者や居住地域への様々な影響について考察することができた．

今日，多くの木造船は，博物館で展示されるものとなっている．その一方で，帆掛けサバニは伝統的な海洋文化財として，地域の自然や歴史と一体になった地域づくりに有用な資源として活用されていると判断でき，取り組む人々やコミュニティに様々な影響を及ぼしていることが示された．また，帆掛けサバニが活用されることによって造船技術や操船技術の伝承などが示されるなどの現代的な意義を認めることができると考えられた．

6．メディアへの露出・出版やサバニの利活用の広がり・地域での取り組み

サバニ帆漕レース開始後には，新聞や雑誌，テレビ放送など様々なメディアへの露出が増加したことが確認された．書籍では，船大工の活躍（安本千夏，2003）[39]，舟の建造（ダグラス・ブルックス，2014）[40]及び，サバニを用いた舟旅に関する書籍（村山嘉昭，2016）[41]が著されている．この他，動画配信チャンネルなどへの掲載等が増加している．

レース以外の利活用では，荒木らが“海人 EXPEDITION サバニ帆漕2004”と題して，沖縄県座間味島から宮崎県日南市までを19日間で航海した記録が残されている[42]．その後，栗本・荒木らは，「海人丸 Expedition 2005 帆漕航海」と称し，サバニを用いて沖縄から愛知までの約2000kmを，伝統航海術を用いて航海し，サバニを愛・地球博の会場に展示したことが報告されている[43]．また，サバニ帆漕レースにも参加している森らが南西諸島を帆掛けサバニで巡る旅を実施したドキュメンタリーに関する出版も行われている[44]．

この他，エンジン付きのサバニではあるが，石垣島においてサバニクルーズとして文化の振興並びに漁業への活用も行われていた．サバニクルーズは，海業の１つとして石垣島の漁業者が2000年から始めた活動で，個人でできる資源管理として「魚を獲らない漁業（観光ツアー業）」の導入を計画したものである．既存の漁船や漁業資材を利用したウミンチュ（漁業者）らしい仕事として，

写真５　糸満帆掛サバニ振興会によるサバニを組船にして糸満から久米島を目指すツアーチラシ

資料：糸満帆掛サバニ振興会提供.

サバニ・漁法やサンゴ礁の海を体験し，知ってもらうことにも意義を持っている[45]と記述されている.

糸満地域では，高等学校や中学校の体験教育の教材としても用いられるようになっている．石垣市では，サバニに乗船して体験的漁業を実施するツーリズムが行われていることも報告されている[46]．糸満市では，帆掛けサバニ振興会が組織され，様々な地域での活動を展開し，組船で久米島までの海路を旅したことも報告されている（写真５）.

2020東京オリンピックの聖火リレーでは，座間味村において，座間味の人々と座間味村の中学生がサバニを用いた海上での聖火リレーが実施され，新聞等でも報道されている（写真６）.

写真6　トーチを掲げたランナーをサバニに乗せて海上にて聖火をつないだ

資料：座間味村在住宮里祐司氏提供.

以上のように，サバニ帆漕レース開催を契機として，参加者を中心に伝統的な木造帆掛けサバニの価値に気づき，様々な利活用を行ってきたことが確認できた.

本章では，伝統的な木造帆掛けサバニが，エンジンの登場や船体の大型化を伴うFRP化など，時代の流れの中で変化してきた中，サバニ大工も減少して，伝統的な木造帆掛けサバニの造船技術の伝承が途絶えそうになってきた中での，造船技術が伝承されている事実の背景及び伝統的漁船がレジャーボートへ変化した背景について考察するための資料を整理するとともに調査を実施した結果を考察した. 著書や雑誌記事，新聞記事などにサバニの記述を残してきた人々は，サバニの美しさに着目し，無形文化財ともいえる船大工の造船技術を残したいと考えていたことが明らかになった. また，船大工も自分たちの造船技術を継承したいと考えていたことが明らかとなった. これらが，新聞や雑誌，書籍などに記録されるとともに，ラジオ放送なども貢献していたことが考えられた. そして，木造帆掛けサバニの造船技術とともに，操船技術を残そうとしたことが実際に木造の帆掛けサバニが活用されるようになるための非常に重要なきっかけであったと考えられた.

注

[1] 黒田源太郎「刳舟の話」『土の鈴』，第７輯，pp. 1-14，土の鈴會，長崎市，1921年．
[2] 上田不二夫「漁具」『糸満市史資料編12』，民俗資料，p. 91，糸満市役所，1991年．
[3] 白石勝彦『沖縄の舟 サバニ』，海想，pp. 20-24，1985年．
[4] 板井英伸「沖縄の準構造船・サバニ―その登場から代替・消滅・継承まで―」『民具研究』，pp. 27-44，2005年．
[5] 前掲４．
[6] 質疑応答（特集 シンポジウム サバニの伝統と未来）『沖縄民族研究』，第24号，pp. 35-42，2006年．
[7] 沖縄県座間味村 サバニ帆走レース実行委員会「事例紹介『サバニ帆漕レース』が生み出したもの（特集 スポーツと地域振興）」『人と国土21』，第39巻４号，pp. 43-46，2013年．
[8] 荒城康弘・宮城公子「サバニ大工 木を接ぐように人と人を繋げていくサバニ，森の“聞き書き甲子園”」『聞き書き作品集』，第８巻，pp. 480-486，2009年．
[9] ダグラスブルックス『沖縄の舟サバニを作る』，ビレッジプレス，東京，2014年．
[10] 板井英伸「フィールドから見えるもの―近世沖縄の舟艇の消滅・変化・継承の実態―」『周縁の文化交渉学シリーズ５』，pp. 49-60，2012年．
[11] 沖縄タイムス「この道この人　くり舟づくり20余年の大城松助さん」，1967年（７月13日掲載記事）．
[12] 漁船台帳，糸満市役所所蔵，1971年12月31日．
[13] 竹鼻三雄『サバニ考』，（糸満市在住船大工，大城清氏所蔵）発行年不詳．
[14] 藤原覚一「八重山のサバニ」『日本民俗学会　第26回年会研究発表』，pp. 36-39，1975年．
[15] 玉城利則「沖縄の舟・サバニ考―とくに語源とデザインをめぐって」『月刊青い海』，第６巻第３号，pp. 4-51，1976年．
[16] 織本憲資「黒潮が育てた糸満の刳り船」『旅』，通巻第580号，pp. 116-126，1975年．
[17]「沖縄に古式サバニを訪ねて」『KAZI』，通巻421号，pp. 71-73，1976年．
[18] 織本憲資，『日本土人南方探訪記』，舵社（海洋文庫），pp. 192-266，1983年．
[19] 前掲11，pp. 249-253.
[20] 横山晃「素晴らしき哉「サバニ」」『KAZI』，通巻421号，p74，1976年．
[21] 横山晃「素晴らしき哉「サバニ」（第２回）」『KAZI』，通巻422号，pp. 160-165，1976年．
[22] 横山晃「素晴らしき哉「サバニ」（第３回）」『KAZI』，通巻423号，pp. 86-90，1977年．
[23] 横山晃『ヨットの設計（上巻）』，1980年に記載あり．
[24] マセンギアレックス・高山久明・西田英明・林田滋「沖縄サバニの船型と船体抵抗について」『日本航海学会論文集』，第83号，pp. 213-220，1990年．
[25] マセンギアレックス・柴田恵司「東南アジヤ諸島部の在来型漁船」『日本航海学会論文集』，第83号，pp. 203-211，1990年．
[26] マセンギアレックス・藤田伸二・西ノ首英之「小型漁船の耐航性に関する研究―Ｉ：「サバニ」の船型及び復原力特性」『日本航海学会論文集』，第86号，pp. 199-204，1992年．
[27] マセンギアレックス・藤田伸二・西ノ首英之「小型漁船の耐航性に関する研究(2)：「サバニ」の動揺特性について」『水産工学』，第29巻第３号，pp. 139-146，1993年．

[28] 前掲３，p. 7.
[29] 塩野米松「手業に学べ　技」『沖縄　糸満の船大工』，筑摩書房，pp. 47-62，2011年.
[30] 千足耕一・蓬郷尚代「伝統的な木造帆掛けサバニの継承に関する史的研究―サバニ帆漕レースの開催までの期間に着目して―」『日本野外教育学会第24回大会抄録集』，2021年.
[31] サバニ帆漕レース公式ウェブサイト，https://www.photowave.jp/sabani_s/（閲覧日：2023年１月25日）.
[32] 前掲31.
[33] 千足耕一・蓬郷尚代「サバニによる海洋文化復興運動に関する調査研究」『日本野外教育学会第22回大会抄録集』，2019年.
[34] 蓬郷尚代・中原尚知・千足耕一「海洋スポーツイベントと海洋文化復興―サバニ帆漕レースを例に―」『日本海洋人間学会第８回大会抄録集』，2019年.
[35] 三宅啓一「こういうレースもありだよね 第６回帆漕サバニレース」『ラメール』，日本海事広報協会，第30巻第６号，pp. 78-81，2005年.
[36] 蓬郷尚代・千足耕一「サバニ復興運動としてのサバニレースの背景と経緯」『日本海洋人間学会第７回大会抄録集』，2018年.
[37] 山田理恵「地域開発からみた伝統的運動文化の意義：桑名の打毬戯の展開と現代における価値考察」『体育学研究』，第60巻第２号，pp. 415-428，2015年.
[38] 千足耕一・蓬郷尚代「帆掛けサバニの現代的な意義に関する事例研究 ―サバニ帆漕レース参加者に対する調査の質的分析―」『沿岸域学会誌』，第33巻第４号，pp. 51-59，2021年.
[39] 安本千夏『潮を開く舟サバニ ―舟大工・新城康弘の世界―』，南山舎，2003年.
[40] 前掲９.
[41] 村山嘉昭『サバニ 旅をする舟』，林檎プロモーション，2016年.
[42] 荒木汰久治「“サバニ帆漕航海2004” 海人のメッセージを風にのせて伝える」『環境会議・秋号』，pp. 276-279，2004年.
[43] 栗本宣和・吉田章「「生きる力」を伝承するためのプロモーション方法とその効果―サバニ・プロジェクト―を通して」『日本スポーツ方法学会第20回大会号』，p. 47，2009年.
[44] 前掲41.
[45] 関いずみ「地域システムを支える海業の可能性―「獲る漁業」から「見せる漁業」サバニクルーズが目指すもの（特集 エコツーリズム必要論＆慎重論）」『しま』，通巻第203号，pp. 52-55，日本離島センター，2005年.
[46] 大日本水産会「都市漁村交流活動の事例（10）沖縄県石垣市 サバニクルーズで漁業と海体験」『水産界』，第1446号，pp. 41-44，2005年.

謝辞

本稿に掲載したデータ及び内容については，JSPS 科研費18K10922の助成を受け，得られたものです．糸満市在住の船大工，大城清氏には貴重な資料を拝見させていただくとともに，多大なる調査協力を賜りました．糸満市教育委員会生涯学習課文化振興係，（株）舵社においても貴重な資料を収集させていただきました．ここに記して深謝いたします．

第6章　小規模漁業者による海業への取り組みと共同体バイアビリティ

―静岡県伊豆半島「稲取漁港稲荷丸漁船観光クルーズ」の挑戦―

李　銀姫

1．はじめに

いつしか「海業（うみぎょう）」という言葉をよく耳にするようになった．その勢いは，行政会議や民間セミナー，学会のセッションなど，官民学をあげての盛り上がりを見せている．そして今年2023年は，「海業元年」として掲げられている（『水産経済新聞』2023年1月10日）．海業研究の礎を築いた『海業の時代―漁村活性化に向けた地域の挑戦』（婁，2013）が出版された当時や，筆者が本書を大学の教材として用い，学生達とともに繰り返して読んできたその後10年ほどの間は，少なくともこのような盛り上がりを見ることはなかった[1]．小規模漁業・漁村の研究に携わってきた一人として，これから始まろうとする海業の新時代を迎える期待は高く，また不十分ながらも海業の研究と教育に携わってきた一人として感じる懸念もまた大きい．そんな中，本章は，海業の「科学」と「想い」をタイムリーに伝える貴重な機会として捉えたい．

海業とは，国民の「心の豊かさ」の実現への小規模漁業・漁村が果たし得る社会的貢献であり，担うべき社会的責任でもあると言うことができよう．日本で，人々の「モノの豊かさ」の追求から「心の豊かさ」の追求へとその転換が見られ始めたのは1980年代頃である．その後1990年代では，農山漁村地域に滞在しながら食，自然，文化などを楽しむ，いわゆるグリーンツーリズム，ブルーツーリズムなどが顕在化するようになった．さらに，2000年代ではエコツーリズムなどの新たなツーリズムやコンセプトが続々と登場し，「食べる」「遊ぶ」だけではなく，「知る」「学ぶ」などの要素を加える形で「楽しむ」ようになるなど，農山漁村観光へのニーズは従来にも増して高まってきた[2]．

しかし，それにもかかわらず，高度経済成長期以降，急速に進むようになった農山漁村地域の過疎化や高齢化などによる地域経済や地域活力の低下という問題は，いまだに止まることを知らない．このような状況を少しでも緩和し，地域の有する様々な資源を生かした地域活性化の取組みを後押しするための行政支援策が施されてきた．特に，漁村地域においては，資源減少・魚価低迷・コスト上昇のような漁業経営の「三重苦」を解消するために，漁業外所得の向上による漁家所得の改善と漁村地域の活力を高めるための多様な活性化支援策が打ち出されてきている．2010年頃からの「６次産業化」や2017年からの「渚泊」，そして今般の海業がそれである．これらは一見似通った概念に見えるが，６次産業化は生産物の価値創造への取組みに，渚泊は通過型の観光から滞在型の観光への転換を図ることに政策の中心をおいており，婁（2013）[3]が「海業なるキーワードは兼業よりも積極的な意味を有し，漁業の６次産業化よりも，より漁村活性化という現実の課題に即応した広がりをもった総合的な地域産業の姿を映すことができる」と指摘するように，海業はこれらより広い概念であることに，まずその相違点を見出すことができる．

海業の定義をのぞいてみると，婁（2013）[4]は「国民の海への多様なニーズに応えて，水産資源のみならず，海・景観・伝統・文化などの多様な地域資源をフルに活用して展開される，漁業者を中心とした地域の人々の生産からサービスにいたるまでの一連の経済活動の総称」としているのに対し，水産庁では「海や漁村の地域資源の価値や魅力を活用する事業であって，国内外からの多様なニーズに応えることにより，地域のにぎわいや所得と雇用を生み出すことが期待されるものをいう」[5]としている．「誰が，何を持って，何を」の部分が明確になっている前者に比べ，後者は「誰が」の部分がはっきりしておらず，海の「改革」が進められ，民間資本が勢いよく参入されようとするこの大変化の時代[6]では，１つの懸念事項であるように思われる．しかし，紙幅の関係でこれらを深堀することはさておき，ここでは国の政策と地域における実践との間のギャップに注目してみたい．

残念ながら，現在ではまだ，漁村地域が有する資源条件をフルに活用できている地域，すなわち，漁村観光へのニーズを上手に掴むと同時に，行政支援を効率的・効果的に利用し，戦略的な地域活性化が図られている地域は少ないのが現状である．いうまでもなく，これまでの行政支援対策が十分な政策的効果を挙げるためには，地域の実状や条件あるいは地域のもつ受容力に見合った細やかな政策支援が求められている．その意味で，水産庁が「海業支援パッケージ」（水産庁，2022）[7]を公表するとともに，海業振興総合相談窓口（海業振興コンシェルジュ）を開設したことは大きく評価できよう．しかし，これらはまだスタートの段階であり，今後いかにしてその機能を果たして行くかが課題である．例えば，漁村地域の中でも真に海業の取組みが必要と思われる，いわゆる活力が低下している小規模な漁村地域であるほど，海業概念へのなじみが薄く，情報集収能力をはじめとする様々なキャパシティーの欠如により，海業とは縁の遠い世界になるというアイロニックなことをも念頭に置かなければならない．漁協などの組織レベルではなく，漁家レベルにおいてはなおさらであり，行政に置く窓口だけではなく，「水産業普及指導員制度」[8]にちなむ「海業普及指導員制度」たる仕組みなどによる，より地域目線に立ったサポートが必要であろう．

そこで，本章では，このような行政政策と地域間のギャップを埋めることに資するべく，静岡県伊豆半島の稲取（いなとり）地域において，キンメダイ漁業の漁家レベルで展開されている観光漁業の取組み「稲取漁港稲荷丸漁船観光クルーズ（以下，「漁船観光クルーズ」と呼ぶ）」を事例に，漁村地域共同体バイアビリティの視点を念頭に，漁業者サイド，中でも特に漁家が中心となって取り組む場合の実態について解明する．これを通して，漁家レベルでの海業の実践に向けてたヒントを提供したい．

2．地域漁業の概要

稲取は，人口5229人（2020年）の伝統的な漁村である．静岡県伊豆半島の東側に位置しており，賀茂郡東伊豆町の町役場の所在地である（図１，写真１）．相模灘の海が広がる本地域は，かつてから温泉郷の漁村として栄えてきた．キンメダイ（以下，キンメ）は，町の生業を育んできた重要な水産資源であるとともに，町の繁栄を支えてきた大切な観光資源でもある．「稲取では，キンメはめでたい魚として，祝い事に頭付きの姿煮で膳にのり，この魚がないと正月は越せないとまで言われ，祝言の時には座敷の中央にキンメ二枚が腹合わせにして膳に並べられ，式が終わり宴会に入ると各自の小皿に取り分けていただく

図１　事例地の地理位置

資料：Li (2022), p. 280より作成[9].

ことが慣習となっている」と，金指（2010)[10]が述べているのもキンメと本地域の深いかかわりの表れである．

街中には，あらゆるところにキンメのオブジェがあり，漁協の直売所を含めキンメを目玉にしている売店やレストランも数多く見かけることができる．毎年５月に漁協の主催で開催される水産祭りでは，キンメをはじめとする水産物の格安販売や，稲取伝統料理であるキンメの「げんなり寿司」の販売，キンメ汁の無料サービス，キンメの水槽展示，キンメ踊りなどでにぎわう．また，築

写真1　事例地の全景
資料：伊豆漁協稲取支所.

地市場を舞台とし，魚介の食材を題材としたグルメ漫画「築地魚河岸三代目」[11]に稲取キンメが登場したことや，地域の市町村と共同で特産品をPRするために企画された地域プロモーション電車として，キンメ電車が登場したこともキンメと地域の密接な関係を物語っている．そして，稲取漁港で毎週土・日・祝日の午前中に開かれ，農産物・水産物や加工品が販売される「港の朝市」で，キンメの釜めしが人気を誇っていることや，漁協と農協の連携で2019年に稲取漁港にオープンした直売所「こらっしぇ（どうぞ来てくださいの意味)」のキンメが目玉商品になっていることも特筆すべきところである[12].

地域漁業を覗いてみると，2019年現在，計135の漁業経営体がある．うち，潜水器漁業が12経営体，小型定置網漁業が１経営体，しらす１艘引網漁業が１経営体となっており，これらは静岡県知事の許可を得て行う漁業，いわゆる知事許可漁業である．それから，はご釣り漁業が４経営体，浮きはえ縄漁業が２経営体，かご漁業が１経営体あり，これらは「静岡海区漁業調整委員会」の承認を得て行う漁業である．地区内の漁業権漁業としては，大型定置網漁業が３経営体，イセエビ，アワビ，テングサ等の共同漁業権漁業が70経営体，こんぶ・わかめ養殖の区画漁業権漁業が２経営体ある．そして，自由漁業として立縄漁法を用いたキンメ漁業が39経営体存在している．キンメ漁業の立縄漁法は，一本釣りの一種とされており，稲取は静岡県においてキンメ立縄漁業のメイン地域となっている[13]．

このような地域漁業を支える漁協，伊豆漁協稲取支所には125名の正組合員がおり，うち女性組合員が１名，漁業を営む法人が３法人となっている．役員組織として，組合員から構成される運営委員会が，職員組織として，支所長の下に総務課，購買課，販売課などがあり，職員10名及びアルバイト３名が雇用されている．他に，組合員組織として，稲取支所生産者組合と稲取支所青壮年部があり，前者は80名の構成員数，後者は25名の構成員数となっている[14]．

漁協のリードの下で行われてきた一連の「稲取キンメ」のブランド化の取組みは，キンメの文化資源的価値，観光資源的価値を一層高めている．ブランド化の取り組みとしてまず，2013年に地域団体商標[15]の登録に成功したことが挙げられる．それから，静岡県の水産物認定制度「しずおか食セレクション」にも，キンメが制度スタートの初年度（2010）に認定されたことも記しておきたい．これらの努力により，稲取はますますキンメの町として定着し，名声を上げている．

３．「稲取漁港稲荷丸漁船観光クルーズ」の挑戦

3.1　キンメ資源の減少

静岡県におけるキンメ漁業は，伊豆半島にある伊東地域，稲取地域，下田地域において，伊豆半島近海や東京都の伊豆諸島を漁場として行われている．稲取におけるキンメ漁業は，明治時期から始まっていたとされている．その後，漁船構造の完備や漁法の進歩等漁業が発達するにつれて，1955年頃から稲取の主流の漁業となり，今日まで地域経済を支えてきている[16]．しかし，キンメ資源の動向をみると，１都３県（東京都，千葉県，神奈川県，静岡県）における2005～2009年の漁獲量が7000トン弱で安定していたものが，2010年以降は減少傾向で，2020年には3797トンとなり，資源評価において「資源水準は低位，資源動向は減少」と判断されている．うち，静岡県のキンメ漁獲量は10年前と比較して35％まで減少している（水産庁，2022）[17]．図２が示すように，稲取においても漁獲量が減少の道をたどっており，1990年代において300トン～200ト

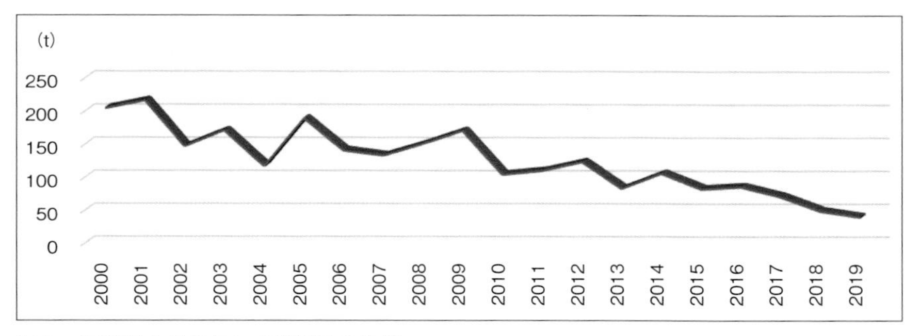

図２　稲取におけるキンメ漁獲量の推移

資料：稲取支所におけるヒアリング調査データを基に著者作成.

ン台で推移していたのが，2000年代では100トン台となり，2015年以降は100トンを切る状況である．これら漁獲量減少の原因・背景としては，海洋環境の変化や，小型魚の加入が少ないこと，漁業者が自主的に操業時間を短縮したこと，漁況の悪化，漁業者の高齢化に伴う操業隻数の減少したこと，サメ類，鯨類による食害などに合わせ，近年ではプレジャーボートによる遊漁問題などが指摘されながらも[18]，キンメの再生産構造や資源変動要因についてはまだ明らかになっていないのが現状である[19]．言うまでもなく，このような資源減少は，漁家経営に大きな打撃をもたらしている．

3.2　漁船観光クルーズの展開

このような状況の中で，2020年から漁船観光クルーズを始めているのが漁家Ｕである．漁家Ｕは，キンメ漁師３代目で2023年現在漁師歴38年目のUN氏（57歳），妻UA氏（54歳），及び漁師歴９年目の息子UY氏（29歳）の３人家族構成となっている．キンメ漁業に使用されるのは12トンの漁船「稲荷丸（いなりまる）」であり，現在ではクルージングにも活用されている．季節によって操業時間は多少異なるものの，キンメ漁業の一般的な操業時間は，日の出から出港・操業し，漁業者の自主的な資源管理の取り決めにより，午後４時までには入港することになっており，漁の様子などによっては昼頃の入港などまちまちである．よって，帰港してから次の出港までの時間が空いており，その時間を何とか有効利用できないかと悩んでいたことや，一般客を乗せられないかと地域から声が上がったことなどが，上記の資源状況による漁家所得の減少に併せて，漁家Uが漁船観光クルーズのスタートを切ったきっかけとなる．最初のステップは，遊漁船の許可申請を行ったことである．それから，漁船を観光業としての事業展開に用いるには，安全第一の確保が最優先課題であったため，乗船客の様子を伺いながら手探りで様々な工夫を凝らしたという．例えば，乗船中に座る場所の確保のための椅子や，乗り降りをしやすくするための階段や梯子の設置，飲み物が転がらないためのボトルホルダーの設置，手すりの設置等々である．船内には，水洗トイレも完備されている．

クルージングは表1が示す通り，40分ほどの行程となっている．船長であるUN氏が船を操縦し，UA氏またはUY氏，または両氏が乗船客の案内や世話係，乗船客とのコミュニケーションなどを担当している（写真2）．運航は，1日5回としており，定刻以外の場合や貸し切り希望の場合などは，問い合わせベースによる運航となっている．予約の受付は，漁家Uが直接行う以外，ホテル銀水荘など地元の旅館やホテル，観光協会などが協力している．クルージングの内容としては，伊豆半島ジオパークならではの奇石ハサミ石をはじめとする風景を楽しむとともに，音声解説による地域の歴史や文化などの学習，地元ではジュウゴンサンと呼ばれている龍宮神社の八大龍王様に祈りを捧げる漁師の大漁祈願を体験することなどである（写真3）．天候や波の状況次第では，船長の許可によりスリル満点の船尾「タイタニック席」を体験することができる．地元漁師の一品を飲み物とともに配るなどの工夫もある．

また，このような漁船観光クルーズの挑戦は，ほかの挑戦にもつながっている．まず，水産製品の製造業資格の取得が挙げられる．先述の地元旅館やホテルは，予約の受付のみではなく，漁船観光クルーズをプランとして提供しているが，天候や海の状況によって欠航となることが課題だったと言う．そのために，これらのプランに限っては，欠航時に持ち帰り可能な代替品を渡すことで対応していたが，それらの代替品を仕入れなどに頼るのではなく自分たちで作ってみたい，品物のより充実化を図りたいなどの思いで，上記の資格の取得まで至ったのである．漁船観光クルーズ事業の開始3年目の2022年に当該資格を取得するとともに，工場を新設し，本格的に加工業を始めている．「稲荷丸おさかなセット（写真4）」などを製造し，上記の代替品として提供するほか，町のふるさと納税の返礼品の製造や，ウェブサイト（https://www.inari-maru.

表1　漁船観光クルーズの概要

所要時間	約40分
出発時間	10：00，11：00，12：00，14：00，15：00（定刻外は問い合わせ）
集合場所	稲取漁港直売所・こらっしぇ前
最小催行人数	2名（最大12名まで．貸切運航は問い合わせ）
内容	伊豆半島ジオパークならではの奇岩ハサミ石を眺め，稲取温泉を海から周遊．稲取岬の断崖の風景などを楽しみ，漁師の大漁祈願を体験．地元漁師の一品サービスと飲み物，解説音声付き．（夏と冬に花火が上がるため，海から見れるナイトクルーズも実施）
料金	3630円（税・保険料込み，小学生以上一律．ナイトクルージングは5000円）
予約	ホテル銀水荘など各旅館やホテル，東伊豆町観光協会，または船長
キャンセル	乗船客の都合による場合は100％キャンセル料が発生．
備考	悪天候や催行条件に満たない場合は不催行の可能性あり．

資料：元稲取温泉観光合同会社のチラシ及び稲荷丸ヒアリングを基に著者作成．

写真2　稲取漁港稲荷丸漁船観光クルーズの様子（左：息子 UY 氏，右：妻 UA 氏）

資料：稲荷丸．

写真３　乗船客がクルージング中に大漁祈願を体験する様子

資料：著者撮影.

写真４　稲荷丸漁師めしセット（上から稲取キンメあら汁セット，稲取キンメ味噌煮，粕煮稲取郷土料理さんが焼き）

資料：稲荷丸.

写真５　稲荷丸の露店販売の様子（左：UA 氏，右：UN 氏）

資料：稲荷丸提供.

com/）などによる通販も行うようになっている．ほかには，露天商の資格も取得しており，地元のお祭りなどで「稲取キンメ」のみそ汁や，郷土料理サバのさんが焼き，サバの唐揚げ串などの販売も行っている（写真５）.

3.3　取り組みの効果

婁（2013）[20]は，海業の価値的合理性として，「海業は国民生活の一大重要テーマとなっている余暇ニーズ（なかでも特に海へのニーズ）に応えることによって福祉の最大化に寄与できること，それによって漁家を中心とした地域経営体の所得向上につながること，さらには漁村社会環境や沿岸域環境価値の維持・保護に寄与できること」を挙げており，これらの価値的合理性は，「水産物自給力や供給力の維持，漁村地域社会に一定規模の地域経済の担い手（漁業の担い手）の確保，漁家経営の持続性に寄与」[21]など，漁業と漁村地域社会の維持に重要な機能を果たす契機となるとしている．事業をスタートして３ヵ年という短い期間で，成果・効果を語るにはやや時期尚早ということを念頭に置きつつも，ここでは，海業理論の視点から漁船観光クルーズを覗いてみること

表２　漁船観光クルーズの客数及び売上

（単位：人，万円）

年度	客数	売上	備考
2020	350	100	コロナ休業あり
2021	220	60	コロナ影響あり
2022	180	50	コロナ影響あり
平均	250	70	

資料：稲荷丸ヒアリングデータにより作成.

にする.

まずは，漁船観光クルーズ事業展開の第１義的な成果・効果として，漁家所得向上への寄与及びそれによる漁家経営への寄与が挙げられる．表２は，漁船観光クルーズのこれまでの乗船客数及び売上を見たものである．2020年４月に開業早々，新型コロナウイルス感染症の発生により休業を繰り返すも，年間350人の乗船客が利用しており，約100万円の売上を上げている．その後，コロナ禍が続く中，次年度の2021年においては，220人の乗船客に約60万円の売上，３年目の2022年には，180人の乗船客に約50万の売上を見せており，３カ年平均では，250人の乗船客と70万円の売上となっている．これらは一見，小さな数字に見えるが，図３に照らし合わせてみると，決してそうでないことが分かる．すなわち，図３は2015年から2021までにおける全国の沿岸漁家の漁労所得状況を見たものであるが，沿岸漁家平均（漁船漁家と海面養殖漁家の平均）を見ると，2016年までは300万円台だったのが，それ以降は200万円台に減少し，コロナ元年の2020年以降は100万円台に落ちている．うち漁船漁家は，2017年までは200万円台，それ以降は100万円台へと減少している．このような状況の中で，上述の漁船観光クルーズにかかわる小さな数字は，無視するには大きすぎると言えよう．

言うに及ばず，数字ベースの尺度だけを用いて物事を見ることは避けなければならない．漁船観光クルーズの展開は，また若手漁業者のやる気・やりがいの醸成や，女性の活躍の場の創造などにおいて大きな役割を果たしていることが伺える．漁業の後継者不足・担い手不足が叫ばれて久しい中，如何にして若手漁業者の元気・やる気を見いだせるか，及びそのための環境づくり，そしてそれを通した漁業の魅力の発信などは，後継者不足問題の改善において極めて

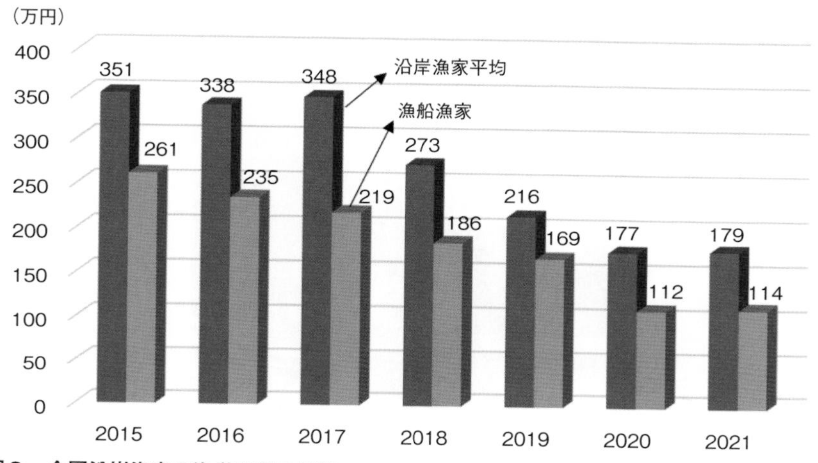

図３　全国沿岸漁家の漁労所得の推移

資料：水産庁ウェブサイト「漁業経営に関する統計」データより作成.

重要であると言えよう．UY氏は，漁船観光クルーズ事業の展開について「一番嬉しいことは，海から眺める伊豆の素晴らしい景色をお客さんに見てもらえることです．初めて漁船に乗られる方も多くて，それを楽しんでいただけることが何より嬉しいです．漁師は魚を釣るだけではないですよと，他にもいろいろできるんだよということをみんなに知ってもらうことにやりがいを感じますし，漁をしない時間を生かして仕事ができるのはとてもプラスだと思っています（2023年２月１日）」と語っており，プライドと夢に溢れた姿を見せている（写真６）．特に，静岡県においては，2018年現在，沿岸漁業層のうち後継者のいる個人経営体の割合は，海面養殖業が33.9％，漁船漁業が14.1％と厳しい状況であり（静岡県，2020）[22]，このような現役漁業者のケアにより，間接的に新規漁業者の増加につなげることも重要であることを認識する必要があろう．

それから，「キンメの漁獲の減少の中，船が停滞している時間を利用して少しでも収入につなげることができ，不安も多くありましたが，実行してよかったです．漁業から観光に携わることになり，直接お客様の喜ぶ声を聞き，お馴染み様も増えて逆に元気をもらって，お客様に感謝の気持ちを持ってお世話をさせてもらえることが嬉しいです．非日常で解放感や海の景色，かもめを近くで見られるなどの感動を実感してもらえるように願っていますので，そこにや

写真６　クルージング乗船客にキンメ漁業の説明を行っている稲荷丸４代目のUY氏

資料：稲荷丸提供.

りがいを感じて日々やらせていただいています（2023年１月30日）」と語るのは，UA氏である．女性としてUA氏の漁業へのかかわり方は，キンメ船の帰港時に港で待機し，船が帰ってきた際のロープの受け取りやキンメの選別，セリ場に持って行く作業など，全国でよく見られるいわゆる漁業者の妻たちの，ある意味ルーティンが決まった単調な陸上作業である．それに対して，漁船観光クルーズ事業やそれがきっかけで携わるようになった水産製品製造業においては，日々の創意工夫を楽しむ様子があふれ出ており，生き生きとした漁村女性像を思い浮かばせる．これは，すなわち，海業という新たな生業の基となっている漁業への，UA氏のみならず，漁家Uの元気な参画を意味するものであり，漁船観光クルーズによる漁家の持続性，漁家経営の持続性への寄与を意味するものでもあろう．

最後に，漁船観光クルーズは，通過型観光及び滞在型観光の両方において，地域経済活性化への貢献を果たしていることが確認できる．前者については，漁船観光クルーズの乗船客に，地元料理を楽しめる食堂や地元の海の幸，山の幸を購入できる直売所などの案内を直接にまたはチラシ等を通して行うことを通して，観光客の地元における購買意欲や消費を促している．とくに，先述した稲取漁港直売所の「こらっしぇ」は，漁協と農協がコラボした全国的にも珍しい直売所であり，地元で水揚げされたばかりの水産物や採れたての農産物などをリーズナブルな価格で入手することができるところである．稲荷丸によれば，多くの漁船観光クルーズ利用客がこらっしぇに訪れるという．漁船観光クルーズ，地元食堂での食事，直売所での買い物という行程で，東京等近隣の地域であれば，日帰りコースを満喫することが可能である．後者の滞在型観光については，「ホテル銀水荘」や「東海ホテル湯苑」など地元のホテル・旅館が，漁船観光クルーズをプラン化しており，充実化を図っている．特に，夏や冬の間は花火の打ち上げを船上で堪能できるナイトクルージングができることや，クルージングの港まで送迎バスサービスを提供していることなどの工夫が施されており，漁船観光クルーズとホテル・旅館業の間の連携による相乗効果を生み出している．

4．稲取地域の漁村共同体バイアビリティ

稲荷丸の漁船観光クルーズは，クルージング中やその前後の行程におけるプランのさらなる充実化や，さらなるPR，連携の強化などの課題を抱えながらも，これまでに見てきたように，現段階では健全な事業経営が展開されていると言えよう．ここでは，それらをなす背景や成立要件を，稲取地域の漁村共同体バイアビリティ（Fishing Community Viability）との関係から探ってみたい．

「バイアビリティ」とは，一般的に「可能性，実行可能性，生存能力」などに訳され，総合的な力を意味する言葉である．よって，漁村共同体バイアビリティとは，漁村共同体の総合的な力や可能性を意味するものであり，経済的のみではなく，社会的，政治的，生態系などの側面をすべて含めた総合的な力・可能性のことであると捉えられている[23]．稲取の漁村共同体バイアビリティを検証するために，ここでは，関連先行研究[24]を踏まえ，「漁業権を中心とする漁業権利構造，漁協及びその他の漁業者組織，自治会や町内会等の村組織，NPO等の中間支援組織，リーダーシップ，漁業者や村民の共同体意識及び海・

資源に関する意識，自然資源の利用・管理に関するローカルルール，自然資源，伝統・文化資源，資源活用に関するノウハウ，コンフリクトマネジメント，女性の参画，地域内連携状況」など14項目を検証要素として用いて，課題にアプローチする．

具体的に見てみると，表3が示すように，①地域資源をめぐる主体的権利については，漁業権や漁業を営む伝統的・慣習的な権利が認められている．②地域資源利用の組織としては，伊豆漁協稲取支所や，キンメダイの自主的管理組織，漁協青壮年部などが挙げられる．③村組織・住民組織としては町内会などの組織，④中間支援組織としては，地域資源の有効活用や地域のPR等に努めている地域起こし協力隊や，エコツーリズム協議会，地元観光協会などが挙げられる．⑤リーダーシップについては，組織としてのリーダーシップとして伊豆漁協稲取支所，及びそれを率いる支所運営委員長が挙げられる．とくに，現運営委員長のSK氏は，静岡海区漁業調整委員会会長及び全国海区漁業調整委員会連合会会長などを務めるとともに，「漁協系統功労者表彰・漁業振興功労者表彰（2019年度）」の受賞歴もある人物であり，地元の人々から頼られている存在となっている．⑥漁民・村民の共同体意識については，地元の人々が持つキンメの町・伝統漁村としての誇り，プライド，愛着などから確認できる．また，漁業という生業の共同意識や，信仰，祭り，日常生活などにおける暮らしの共同体意識も確認できる．⑦海・資源に関しては，みんなのものである，共有資源を守る必要がある等の認識が確認でき，⑧資源利用に関するルールとしては，キンメやイセエビなどに関する自主的な漁獲制限ルール，資源管理ルールなどから見ることができる．⑨自然資源としては，キンメ，サザエ，イセエビ，テングサなど魚介類を中心として資源が挙げられ，⑩伝統・文化資源としては，伝統漁法や稲取水産祭り，ひなのつるし飾り祭り，キンメの歌・踊り，キンメの漫画，げんなり寿司などが挙げられる．⑪資源活用に関するノウハウとしては，前述のキンメのブランド化，直売所こらっしぇ，及び「世界で一番楽しい地獄！」をキャッチフレーズに毎年6月に開催されるご当地マラソン大会のキンメマラソンなどが挙げられる．⑫コンフリクト調整においては，キンメ資源が減少する中，プレジャーボートによる遊漁問題が顕在化しており，漁業とレジャーとの調整が難航していることが挙げられる．⑬女性の参画においては，前述した陸揚げや選別などの陸上作業に加え，稲荷丸のような海業への

表３　稲取地域の漁村共同体バイアビリティの概要

検証要素項目		稲取地域
①	地域資源をめぐる主体的権利	漁業権，漁業を営む伝統的・慣習的権利
②	地域資源利用者の組織	伊豆漁協稲取支所，キンメ資源管理組織，漁協青壮年部など
③	村組織・住民組織	町内会など
④	中間支援組織	地域起こし協力隊，エコツーリズム協議会，観光協会など
⑤	リーダーシップ	伊豆漁協稲取支所，稲取支所運営委員長
⑥	漁民，村民の共同体意識	キンメ漁村・伝統漁村としての誇り，プライド，愛着．漁業という生業の共同意識，暮らしの共同意識（信仰や祭り，日常生活など）
⑦	海・資源に関する意識	みんなのもの，共有資源，みんなで守る必要性への認識
⑧	資源利用に関するルール	キンメ，イセエビなどに関する自主的な漁獲制限ルールなど
⑨	自然資源	キンメ，サザエ，イセエビ，テングサなど
⑩	伝統・文化資源	伝統漁法，げんなり寿司，朝市，水産祭り，ひなのつるし飾り祭り，キンメの歌・踊り，キンメ漫画など
⑪	資源活用に関するノウハウ	キンメブランド化，直売所こらっしぇ，キンメマラソン
⑫	コンフリクト調整	プレジャーボートによる遊漁問題，漁業とレジャーとの調整
⑬	女性の参画	陸揚げ，選別等の漁業陸上の作業，海業
⑭	地域内連携	農業との連携，他市（岡谷市）との姉妹提携など

資料：伊豆漁協稲取支所及び稲荷丸におけるヒアリング情報・資料を基に作成．

参画が挙げられ，⑭地域内連携については，漁業と農業との連携，長野県岡谷市との姉妹提携による地域活性化の取組みなどが挙げられる．

そして，上述のそれぞれの項目について，地域の聞き取り対象者８名による主観的評価の平均得点をまとめてみた結果が図４である．具体的には，非常によい（または高い）状態を５点，よい（または高い）状態を４点，普通を３点，悪い（または低い）状態を２点，非常に悪い（または低い）状態を１点としての５段階評価を試みた．その結果，稲取地域は，地域資源をめぐる主体的権利，地域資源利用者の組織，リーダーシップ，漁村・村民の共同体意識，海・資源に関する意識，伝統・文化資源，資源活用に関するノウハウなどを中心に，漁村共同体バイアビリティが比較的に高いことが判った．漁船観光クルーズの展開の背景には，このような漁村共同体バイアビリティの存在があると言えよう．そして，図５が示すように，高い漁村共同体バイアビリティを有していればいるほど，既存の海業のさらなる発展や新たな海業の生成が高まることになる．

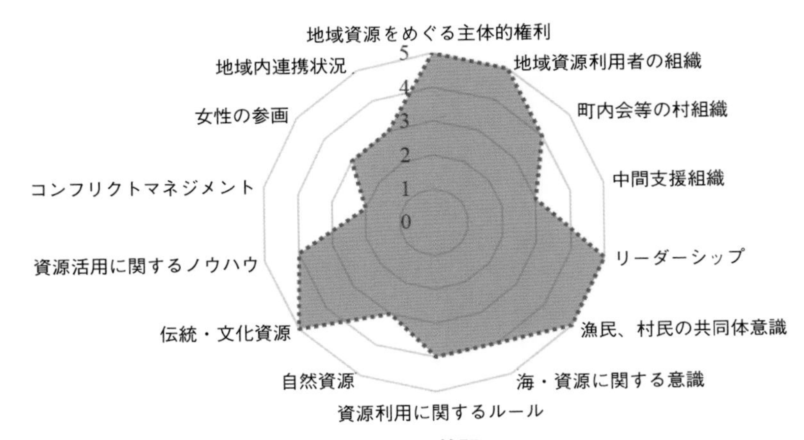

図4　稲取地域の漁村共同体バイアビリティの検証

資料：著者作成.

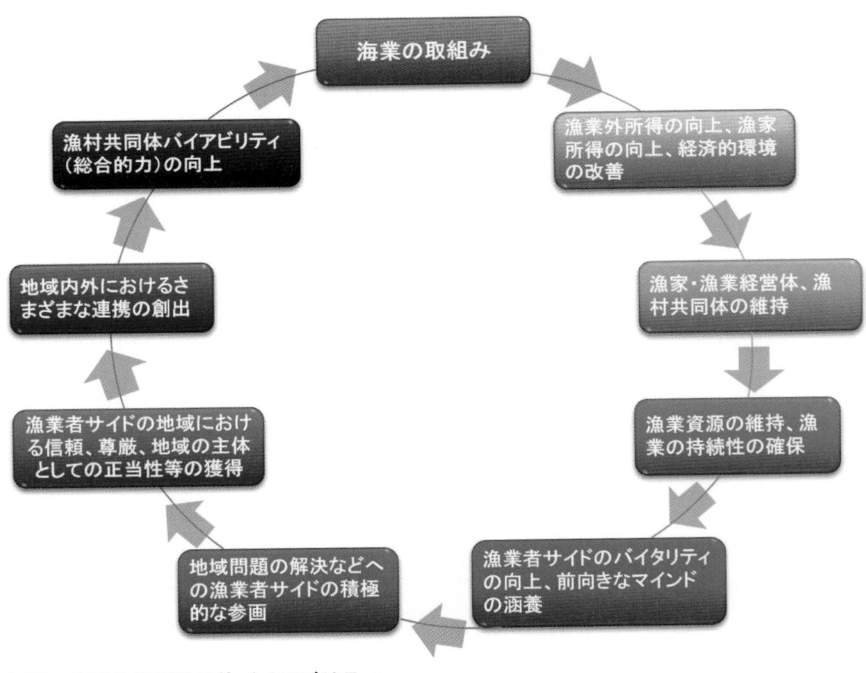

図5　海業と漁村共同体バイアビリティ

資料：筆者作成.

従って，漁船観光クルーズのような海業の推進を図るには，実施主体への支援のみではなく，その主体が属する漁村共同体へのケアや支援も必要である．「何かを成し遂げるには，村１つが必要である（It takes a village）」と言われるように，漁家の新たな生業としての海業を進めるにも地域をあげた取り組みが求められると言うことができよう．そして，各々の海業の発展は漁村共同体バイアビリティの向上に寄与することができ，好循環が形成されることになる．なお，ここでは，予備的結論を述べたものであり，海業の評価指標や方法，漁村共同体バイアビリティの構成要素や評価指標・方法等への考え方や分析手法，及びより多くの事例研究を重ねたより高度な分析については，別の機会に譲りたい．

５．おわりに

本章では，静岡県伊豆半島の稲取地域において展開されている観光漁業「稲取漁港稲荷丸漁船観光クルーズ」を事例に，漁家レベルにおける海業の展開実態を把握するとともに，その背景にある漁村共同体バイアビリティとの関係について分析を試みた．ここでは，「今なぜ海業なのか」について，及びそのための重要な視点について再確認し，本章の締めくくりとしたい．

日本の小規模漁業は，漁業の持続可能性を確保するための大きな役割と重要性を持ちながらも，前述したように，今日に至るまで漁業者の高齢化や後継者不足・担い手不足，漁家経営の不安定，地域活力の低下など様々な課題を抱えてきた．近年は，これらの状況に加え，ブルーエコノミーや成長産業化などが叫ばれており，民間資本による沿岸漁業への参入を促す政策が打ち出され，ジャスティス関連の懸念も生じている[25]．海業は，このような既存の課題と新しい課題の両方に応えることができる有効かつ不可欠な手段であると言えよう[26]．イェントフトは，水面下の生命（SDG14）を守るためには，水面上の生命，すなわち水面下の生命と密接に関わり合いながら，それらとともに生きている人々・コミュニティ・社会を守ることが必要不可欠であると訴えている[27]．この文脈から考えると，海業こそが，水面上の生命と水面下の生命を守ることができる最強の戦略であると言っても過言ではない．

今後は，言うまでもなく，より多くの漁村においてより多くの海業が展開されるように促すことである．その際，海業の実施主体はあくまでも「漁業者サイドを中心とする地域の人々」でなければならないことを改めて確認しておこう．そのためには，漁業者サイドの海・沿岸域資源の管理者，地域資源管理者などとしての正当性の確保や，様々な連携のさらなる推進などが必須となる[28]．そして，漁村共同体バイアビリティの視点を持ち合わせながら，それぞれの地域の実情に見合った海業のあり方を探ることも必要である．そのためには，行政支援のあり方や研究推進のあり方の再考も深く問われることになる．前者については，「来てもらう行政」から「地域に出ていく行政」への転換，後者については，とくに漁業経済学や水産社会学分野を中心に，「地域とともに進める研究」―トランスディシプリナリティ（Transdisciplinarity）視点の導入などが急務となる[29]．これらが実現されて始めて，真の海業の時代を迎えることになろう．

謝辞

本稿の執筆にあたり，ヒアリング調査への対応，データ・資料・写真の提供，漁業・海業現場への案内などにおいて多大なご協力をくださった稲荷丸の皆様，運営委員長をはじめとする伊豆漁協稲取支所の皆様，稲取地域の皆様に深く御礼申し上げます．また，本研究の一部は，Vulnerability to Viability (V2V) Global Partnership (Grant number 895-2020-1021) の助成を受けたものです．

注

1 婁小波『海業の時代―漁村活性化に向けた地域の挑戦』，農文協，2013年．

2 敷田麻実・森重昌之『地域資源を守っていかすエコツーリズム 人と自然の共生システム』，講談社，2011年．

3 前掲１，p. 3.

4 同上，p. 51.

5 水産庁「海業（うみぎょう）支援パッケージを作成しました！」，2022年，https://www.jfa.maff.go.jp/j/press/bousai/221222.html.

6 Li, Y., & Namikawa, T. *In the Era of Big Change: Essays About Japanese Small-Scale Fisheries*. TBTI Global Publication Series, St. John's, NL, Canada. (2020).

7 水産庁「海業支援パッケージ」，2022年，https://www.jfa.maff.go.jp/j/bousai/umigyo_shinko.html（閲覧日：2023年２月７日）．

8 柳田洋一「東日本大震災から考える水産業普及指導員の役割」，2014年，https://www.

jichiro.gr.jp/jichiken_kako/report/rep_saga35/05/0509_jre/index.htm（閲覧日：2023年２月７日）.

[9] Li, Y. Adopting a Blue Justice Lens for Japanese Small-Scale Fisheries: Important Insights from the Case of the Inatori Kinme Fishery. In: Jentoft, S., Chuenpagdee, R., Bugeja Said, A., Isaacs, M. (eds) *Blue Justice*. MARE Publication Series, vol 26. (2022) Springer, Cham.

[10] 金指徹『稲取風土記：漁師の村の変遷とその発展』，東伊豆町，p. 344，2010年.

[11] 『ビッグコミック』で2000年10号から2013年22号まで連載された漫画.

[12] 前掲９，p. 282.

[13] 伊豆漁協稲取支所『業務報告書』，2020年.

[14] 前掲13.

[15] 李銀姫「『由比桜えび』ブランド化戦略の実態と課題」多田稔・婁小波ら編著『変わりゆく日本漁業—その可能性と持続性を求めて』，pp. 81-94，北斗書房，2014年.

[16] 前掲10.

[17] 水産庁「キンメダイ太平洋系群令和３年度資源評価結果」，2022年，https://www.jfa.maff.go.jp/j/suisin/s_kouiki/taiheiyo/attach/pdf/index-165.pdf（閲覧日：2023年２月７日）.

[18] 亘真吾・米沢純爾・武内啓明・加藤正人・山川正巳・萩原快次・越智洋介・米崎史郎・藤田薫・酒井猛・猪原亮・宍道弘敏・田中栄次「キンメダイの資源生態と資源管理」『水研機構研報』，第44号，pp. 1-46，2017年．吉川康夫「キンメダイ一本釣り漁業における食害による被害状況」『静岡県水産技術研究所報告』，2018年．堀井善弘「八丈島周辺海域におけるサメ類と鯨類による食害の現状把握」『日本水産学会誌』，ミニシンポジウム記録，77巻１号，p. 123，2011年．前掲９.

[19] 武内啓明「キンメダイの生物学的特徴ならびに神奈川県における漁業および資源管理」『神奈川県水産技術センター研究報告』，第７号，pp. 17-35，2014年.

[20] 前掲１，p. 333.

[21] 同上，pp. 334-335.

[22] 静岡県『2018年漁業センサス結果報告書（海面漁業調査）』，2020年.

[23] Nayak, P. K. Vulnerability to Viability (V2V) Global Partnership for building strong small-scale fisheries communities. *Journal of the Inland Fisheries Society of India*, 52(2), 121–122. (2021)，Li, Y., Namikawa, T., Harada, S., Seki, I., and Kato, R.. A Situational Analysis of Small-Scale Fisheries in Japan: From Vulnerability to Viability. V2V Working Paper 2021-1. V2V Global Partnership, University of Waterloo, Canada (2021), Chuenpagdee, R., Salas, S., Barragán-Paladines, M.J. (2019). Big Questions About Sustainability and Viability in Small-Scale Fisheries. In: Salas, S., Barragán-Paladines, M., Chuenpagdee, R. (eds) *Viability and Sustainability of Small-Scale Fisheries in Latin America and The Caribbean*. MARE Publication Series, vol 19. Springer, Cham.

[24] 婁小波「漁業管理組織の組織特性と組織手法」『地域漁業研究』，第39巻第１号，1998年．李銀姫「志津川湾における地域資源管理と漁村共同体総合的ケイパビリティ」『S13-4-(2) 沿岸海域管理三段階管理法提案2018年度報告書（環境省環境研究総合推進費 S-13プロジェクト）』，2019年.

[25] Li,Y., Daly, J., Chuenpagdee, R. Blue Justice: A Just Space for Small-Scale Fisheries in Seichosangyoka. In: Li, Y & Namikawa, T. (Eds.) *In the Era of Big Change*. TBTI Global Publication Series, St. John's, NL, Canada. (2020).

[26] 婁小波「ブルーエコノミーとしての海業：日本の経験」『東アジア海洋問題研究：日本と中国の新たな協調に向けて』，東海大学出版部，2020年.

[27] 李銀姫・浪川珠乃編訳『水面上の生命（スウェイン・イェントフト著，2019）』，TBTI Global，セントジョンズ，カナダ，pp. 1-287，2022年.

[28] Li, Y., & Lou, X. A new role for the fishers: fisheries to Umigyo, fisheries governance to coastal governance, *Proceedings for the 3rd World Small-Scale Fisheries Congress* (2018) 260-267.

[29] Li, Y., Chuenpagdee, R. Governing in an uncertain time: the case of Sakura shrimp fishery, Japan. *Maritime Studies* 20, 115-126 (2021).

第７章　渚泊の政策的展開とビジネスモデル
―ブルーパーク阿納を事例として―

浪川　珠乃

１．はじめに

「渚泊（なぎさはく）」とは，漁村地域における滞在型旅行のことを指す[1]．農林水産省は，農山漁村における滞在型旅行を「農泊」として推進しており，その中で特に，漁村地域におけるものを「渚泊」と呼んでいる[2]．農山漁村において日本ならではの伝統的な生活体験と農村地域の人々との交流を楽しみ，農家民宿，古民家を活用した宿泊施設など，多様な宿泊手段により旅行者にその土地の魅力を味わってもらう[3]ことにより，農山漁村地域の振興を図ることが意図されている．このような農泊を，農林水産省は「農山漁村の所得向上を実現する上での重要な柱」と位置づけ，「インバウンドを含む観光客を農山漁村にも呼び込み，活性化を図る」ため，「地域一丸となって，農山漁村滞在型旅行をビジネスとして実施できる体制を整備すること」を急務としている[4]．農山漁村滞在型旅行は，2017年３月に閣議決定された「観光立国推進基本計画」において，「農山漁村の所得向上を実現するため，平成32年度までに，農山漁村滞在型旅行をビジネスとして実施できる体制を持った地域を500地域創出する」[5]と位置づけられた．これを受け，農林水産省は2017年度から「農泊（漁村地域においては「渚泊」と言う）」を推進することとし，農山漁村の所得向上と地域の活性化を図るためのソフト・ハード対策の一体的な支援（農泊推進対策）を実施している．

このように，農山漁村への滞在型旅行をビジネスとして展開，すなわち，一定の利益を得つつ継続的に事業を実施することが求められているが，古くから，農山漁村においては，民宿という形態で，農山漁村がもつ地域資源を活用した滞在型旅行が存在していた．戦前から海水浴場の近くには，貸家・貸間から発展した民宿が存在した[6]が，戦後は，観光産業の拡大とともに民宿の需要も高まり，農山漁村にいくつもの民宿ができ，観光客の受け皿として機能し，今も農山漁村において重要な観光産業として機能している[7].

漁村地域においても，漁業との兼業により，漁家経営を補填しつつ，海産物を活用する形で，民宿が営まれてきている．例えば，伊豆急行線（静岡県の伊豆東海岸を走るリゾート鉄道）の開通（1961年）に伴い下田市須崎で民宿が開業されており，伊豆の民宿発祥の地と言われているが，現在でも“漁師が経営する”をうたい文句にした温泉民宿や割烹民宿があり，景観，釣り，海産物などを売りにしている．

本章では，古くから営まれている漁家民宿を含め，漁村地域における滞在型旅行の動向，政策的対応について概観するとともに，渚泊の事例を示すこととする．

2．漁家民宿の現状

『漁業センサス』では，個人経営体の兼業種類を調査しており，その１つを「民宿」としている．民宿を兼業している個人経営体を「漁家民宿」としてとらえるならば，2013年には，我が国に835軒の漁家民宿があったと言うことができる．

民宿は1960年以降の社会的・経済的条件の変化に伴う観光の構造的変化を背景に急激に成長した[8]．民宿は大衆的な宿泊施設として急速に全国に展開し，第一次産業を基軸とする地域の観光地化を推進する中心的役割を演じた[9]．石井（1986）[10]は，山地型民宿地域と海浜型民宿地域の２つの地域類型に分け，海浜型民宿地域は，戦後のモータリゼーションや鉄道の延伸による海水浴客の増加を契機に発達したとしたが，鶴田（1991）[11]は，岡山県日生町頭島の事例研究より，その後の産業構造の変化による家計補填という動機，魚料理が観光資源としてのウェイトを拡大したことや漁業の転換による季節的な余剰人員がでたことなど，外的要因と内的要因の変化による経営体判断により民宿が発展してきたことを分析している．

ただし，現在，民宿という宿泊形態自体は宿泊形態の主流ではない．『旅行年報2021』では，ビジネスホテル・リゾートホテル・シティホテルを含めたホテルでの宿泊が56.8％を占め，民宿・ペンション・ロッジの宿泊割合は4.6％に

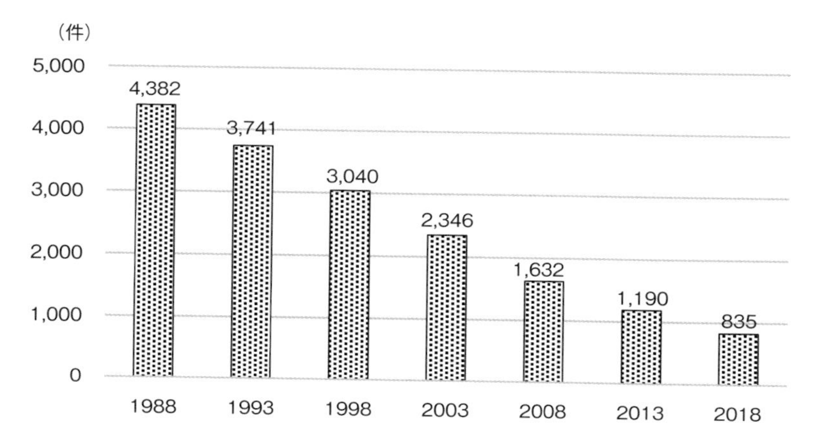

図１　兼業として民宿を営んだ個人経営体数
資料：農林水産省『漁業センサス』より作成.

すぎない[12].

漁家民宿数の推移を『漁業センサス』から拾ってみると，兼業として民宿を営んだ個人経営体数は，1988年には4382であったが，徐々に減少し，2018年には835となっており，この30年間で約２割にまで減少している（図１）．これらの変化は，国土開発政策，農山漁村振興政策，リゾート開発の機運とその衰退といった社会状況と密接な関係がある.

次節では，農山漁村における宿泊滞在の変容について政策的変化とともに，見ていく.

３．漁村地域における滞在型旅行の変遷

3.1　農林漁業体験民宿の政策的推進

高度経済成長期における製造業の生産性向上は，同時に農山漁村部からの人口流出を招き，それまで１世紀近くほぼ不変の数値を維持してきた農業就業人口が減少傾向へと転じ，農業は縮小産業としての性格を強めていくことになった[13]．その後の低成長期には農山漁村から都市部への人口移動は沈静化したが，大都市一極集中への批判もあり，地方の自立が促される時代となった．1979年には田園都市構想が発表され，また，一村一品運動なども始まっている．1987

年には「総合保養地域整備法」（リゾート法）が成立し，1988年には「多極分散型国土形成促進法」が制定され，地方の開発がすすめられた．バブル崩壊後は，民間企業が撤退し，農山漁村はより厳しい環境に直面し，内発的発展論・内発的地域づくりの必要性が唱えられた[14]．

このような状況を背景に，「農山漁村滞在型余暇活動のための基盤整備の促進に関する法律」（農山漁村余暇法）が1994年に成立し，グリーンツーリズムが推奨されるようになった．グリーンツーリズムとは，農山漁村に滞在し農漁業体験を楽しみ，地域の人々との交流を図る余暇活動のことである．グリーンツーリズムは農山漁村の活性化や新たな産業の創出に役立つとされ，その振興に向け「農山漁村余暇法」により「農林漁業体験民宿」が法的に位置づけられ，農林漁業体験民宿の開業の促進のために様々な規制改革が進められた．農山漁村宿泊体験の施策が本格的に展開されたのである．

このグリーンツーリズムの漁村版が1998年頃に国土交通省（旧国土庁）と水産庁が共同で提唱したブルーツーリズム（漁村滞在型余暇活動）である．ブルーツーリズムは，島や沿海部の漁村に滞在し，漁村や島の生活体験や漁業体験などを通じて地域との交流を深めながら，海辺の資源を活用したマリンレジャーやエコトレッキングなど様々な体験メニューを旅行者自ら選択し，オリジナルのツーリズムを創り上げていくことができるものであった．この施策の狙いは，①国民のニーズにこたえる新しい余暇活動の提案，②離島・漁村地域の活性化（交流・体験事業による効果），③漁業と海洋性レクリエーションの調和，とされ，各地でブルーツーリズムのプログラムづくりが進められた．

3.2　漁村地域における教育旅行の受入れ

同時期の「農政改革大綱」（1998年）は，「小中学校における農業体験学習への取り組みを促進」という方向性を打ち出し，1998年12月に，農林水産省と文部省（当時）は，農業体験学習を推進するために「文部省・農林水産省連携の基本的方針」に合意し，2002年度から子ども農山漁村体験の施策が本格的に推進された[15]．

2008年には子ども農山漁村交流プロジェクトが農林水産省，文部科学省，総務省の連携で始まった．この事業は，小学生を対象とする農山漁村における宿泊体験活動に対して助成を行い，５年間で全国約２万3000校の小学校へ展開することが目指されたもので，対象を子どもに絞り込んでいる点で，それまでの一般客をターゲットとしたグリーンツーリズムの体験民宿とは異なるものであった[16]．これら一連の施策により，農山漁村における教育旅行が急速に広がり，交流人口の増加という点で成果をあげることができた．

しかし，農山漁村の担い手の高齢化に伴い，これらの取組みに息切れを訴える地域も出始めた．

3.3 農泊推進事業の誕生とその施策

2016年に発表された「明日の日本を支える観光ビジョン」では「滞在型農山漁村の確立・形成」が施策の１つとなっているが，この頃よりグリーンツーリズムに変わり「農泊」が「農山漁村滞在型旅行」を指す形で使われるようになった．前述の「観光立国推進基本計画」が2017年に閣議決定され，農山漁村滞在型旅行をビジネスとして実施できる体制をもった地域の創出が施策となった．そして，農山漁村滞在型旅行のうち，漁村に滞在するものを「渚泊」と呼び，水産庁が施策を推進しているのである．

農山漁村における地域振興策は，高度経済成長以降，続けて実施されているが，2017年から展開された農泊の施策については，「ビジネスとして実施できる」ことが重視されている．農泊がこれまでの施策とどう違うのか．農林水産省では，従来の取組みと今後の取組みの違いを，次のように説明している．すなわち，従来は，地域の目標として「生きがいづくり」に重点を置いていたが，今後は持続的な産業とすることを地域の目標とすること，事業の資金としては公費依存から自立的な運営へ，ということである．また，体制としても責任が不明確な任意協議会ではなく，責任を明確化できるよう法人格をもった推進機構とすること，等である[17]．

「農泊」では，宿泊を提供することで旅行者の地域内での滞在時間を延ばし，滞在中に食事や体験など地域資源を活用した様々な観光コンテンツを提供して消費を促すことにより，地域から得られる利益を最大化することを目指している．そのため，法人化された中核法人を中心として，多様な関係者がプレイヤーとして地域協議会に参画し，地域が一丸となって，「農泊」をビジネスとして取り組むことが重要であるとしている[18]．地域協議会や地方公共団体を支援対象としていたそれまでの支援と異なり，中核を担う法人も支援対象となって

表1　令和4年度における農泊推進対策の支援内容

	事業名	支援内容	実施主体	交付率（上限額）	事業期間
ソフト対策	1．農泊推進事業	農泊をビジネスとして実施できる体制の構築，観光コンテンツの磨き上げ等に要する経費※1	・地域協議会※2 ・地域協議会以外の団体※3	定額 （上限：1年目，2年目ともに500万円）	2年
	2．人材活用事業 （農泊推進事業と併せて実施）	新たな取組に必要となる人材の雇用，専門家の招聘に要する経費	農泊推進事業を実施している者	定額 （上限：250万円）	2年
	3．農泊地域高度化促進事業 (1) インバウンド対応 (2) 高付加価値化対応（食・景観） ア 食 イ 景観 (3) ワーケーション対応	(1) インバウンド対応の高度化に直接的に資する追加的な取組に要する経費※4 (2) コンテンツの高付加価値化に対応する追加的な取組に要する経費 ア 食を活用したコンテンツの高付加価値化に資する取組※5 イ 地域の景観を活用したコンテンツの高付加価値化に資する取組※6 (3) ワーケーション受入対応の高度化に資する取組※7	地域協議会 農泊推進事業（2年間）を実施し，完了したものに限る	(1) 定額 （助成額の上限：200万円）トイレの洋式化は1/2 (2)(3) 1/2 （助成額の上限有※8）	上限 2年間
	4．農家民宿転換促進費	農家民泊から旅館業法の営業許可を取得した農家民宿に転換するために要する経費	地域協議会と地域内の農家民泊経営者等との連携体 （5-1の(2)のアを行う場合のみ）	定額 （上限：1経営者あたり100万円又は5-1の(2)のアの事業費の1/2のいずれか低い額）	1年
ハード対策	5．施設整備事業 (1) 市町村・中核法人実施型 (2) 農家民泊経営者等実施型 ア 旅館業法に基づく営業許可取得に最低限必要な整備 イ 宿泊施設の質の向上のために必要な整備	(1) 古民家等を活用した滞在施設，体験交流施設，農林漁家レストランの整備に要する経費 (2) 農家民泊経営者等が営む宿泊施設の改修に要する経費（(2)の事業は1施設でアとイを併せ行うことが可能）	(1) 市町村，農泊の中核を担う法人等（(2)を実施していないこと） (2) 地域協議会と地域内の農家民泊経営者等との連携体（(1)を実施していないこと）	(1) 1/2 （上限：2500万円）※9 (2) 1/2 （上限：1地域あたり5000万円かつ1経営者あたり1000万円）	(1) 原則 2年以内 (2) 原則 1年以内

※1ワークショップの開催，地域協議会の設立・運営，地域資源を活用した体験プログラム・食事メニューの開発，情報発信・プロモーション，インバウンド対応のための環境整備（Wi-Fi，キャッシュレス，多言語対応 等）
※2農泊の中核を担う法人又は当該法人となる見込みの団体が協議会の構成員であること
※3地域協議会以外の団体は，次の団体：農業協同組合，農業協同組合連合会，森林組合，森林組合連合会，漁業協同組合，漁業協同組合連合会，農林漁業者の組織する団体，地方公共団体が出資する団体，地域再生推進法人，PFI事業者，NPO法人
※4ストレスフリーな環境整備（Wi-Fi，キャッシュレス，多言語対応，トイレの洋式化 等），観光コンテンツの高付加価値化（インバウンド向け食事メニュー，体験プログラムの開発 等）
※5地元食材を活用した商品開発，地元生産者との供給・連携体制の構築 等
※6地域の景観等を活用した体験プログラムの開発，案内看板の設置 等
※7Wi-Fi環境の整備，オフィス環境（机，椅子，アクリル板等）の整備，企業等への情報発信 等
※8助成額の上限：「食」，「景観」，「ワーケーション」のいずれか1つを実施する場合は100万円，複数を同時に実施する場合は150万円）
ただし事業と併せて行う簡易な施設整備に係る助成額の上限は，併せ行うソフト対策に対する助成額よりも低い額とする
※9古民家等の遊休施設を活用した施設整備で一定の要件を満たす場合は，上限5000万円
市町村所有の廃校等の遊休施設を活用した大規模宿泊施設整備で一定の要件を満たす場合は，上限1億円

資料：農林水産省ウェブサイト「「農泊」の推進について」より作成．
https://www.maff.go.jp/j/nousin/kouryu/nouhakusuishin/nouhaku_top.html#support.

いる．

支援策には，ハード対策・ソフト対策がある．現時点での具体的な支援策は表1に示す通りであるが，①農泊をビジネスとして実施する体制の構築，②観光コンテンツの磨き上げ，③農泊を推進するために必要な施設整備が支援の基本となっている．

4．渚泊ビジネスモデルの事例

4.1　渚泊の様々な事例

「渚泊」は「農泊」の漁村版であるが，水産庁では渚泊に特化した「渚泊推進対策取組参考書」「渚泊取組み事例集」を作成して，漁村地域における渚泊の推進に努めている．「渚泊取組み事例集」では，25の事例を取り上げている．

「渚泊」は宿泊に加え様々な体験プログラムを楽しめるものであるが，これらのターゲットが団体であるか，個人であるかによって大別できるだろう．例えば，NPO 法人小値賀アイランドツーリズム協会は長崎県小値賀町で自然と教育を連携した教育旅行を開始したが，後に古民家改修等による施設整備を行い，高価格商品の個人旅行にターゲットを転換している．一方，北海道寿都町水産業産地協議会では，修学旅行生を中心とした教育旅行の受入を行っており，豊富な体験プログラムを提供している．

また，宿泊施設のタイプや提供するサービスによっても分けることができる．京都府伊根町の舟宿のように伝統的な家屋等を改修して高質な宿泊施設を提供するケースが，渚泊事業として取り上げられることが多いが，ほかにも，民泊，民宿，ホテル等，様々な形態があり得る．特に，教育旅行等の団体をターゲットとする場合には，宿泊場所の確保が問題となるし，民泊の場合は協力者を集めること，維持すること，サービス水準を合わせること等が問題となってくる．また，高齢化により民宿等が維持できなくなってきている事例も報告されつつあり，地域振興を狙った渚泊としては，ビジネスとして持続的に取り組んでいく必要があり，小規模な集落や高齢化が進む集落において，渚泊を推進するためには，様々な工夫が必要である．

次項では，20世帯ほどの小さな集落において，年間6000人の教育旅行を受け入れている福井県の阿納（あの）を事例にする．17年の長きにわたり教育旅行を受け入れ，受け入れ人数も順調に伸ばし，地域内に利益を確保するために，様々な工夫を凝らしている地域である．

4.2　ブルーパーク阿納の取り組み

4.2.1　取り組み概要

ブルーパーク阿納は，福井県小浜市阿納に位置する内外海漁港の阿納地区にある体験施設である．阿納で養殖したタイを釣ることができる釣り体験施設（海上釣堀），バーベキュー施設，魚のさばき体験ができる調理場を備えた交流施設がある．

運営は小浜市阿納体験民宿組合であり，主に教育旅行を受け入れている．ブルーパーク阿納の前面の生簀でタイを釣り，さばき，食べる「食育体験」を提供し，民宿の女将や漁師が釣・さばき・調理等をサポートする．１泊２日の体験が多いので，集落の人との語り合い，梅ジュースづくり，シーカヤック体験等，様々なメニューを取り揃えている．

利用者は岐阜県を中心に，近畿，関東圏からも訪れる．リピーター率は90％以上，最大で年間6000人ほどを受け入れている（図２）．２年後までの予約を受け付けているが，人気があり，断らざるを得なくなることもある．

4.2.2　活動の経緯

阿納の集落は，漁業及び民宿を営む世帯が20世帯余り[19]あった．養殖を含む漁業と民宿を兼ねる「漁家民宿」が多く，大阪万博以降の1970年代[20]から平成初期までは順調に利用客が伸びていたが，レジャーニーズの変遷に伴う海水浴客の減少や漁業不振，少子高齢化に伴う後継者不足等の要因が重なり，年々民宿を廃業する軒数が増えつつあった．1987年にはフグ養殖を開始するなど，集落に仕事をつくるため，様々な工夫がなされてきたが，春と秋に行われることが多い教育旅行に着目し，民宿の新たな宿泊層の開拓と，漁業を活かした地域活性化を図るため，漁港施設を活用した教育旅行の取組を開始した[21]．

2006年，20世帯のうちの14世帯（現在は12世帯）で阿納体験民宿組合を設立した．翌年に漁港を活用したブルーパーク阿納を開業[22]し，教育旅行の受け入れを始めた．2007年には観光に配慮した防波堤が整備された[23]．

初めて体験を受け入れて15年が経過するが，その間，学校側の要望などを受

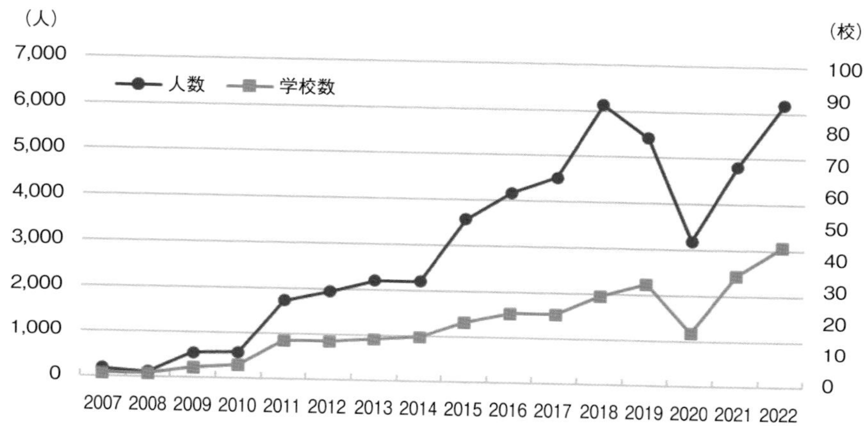

図２　ブルーパーク阿納における教育旅行受入人数・学校数の推移
資料：ブルーパーク阿納提供資料により筆者が作成.

け入れて体験メニューを拡大してきている．学校の要望に応えてシーカヤックの艇数を増やしたり，雨天時にも活動可能な屋内型の体験も組み合わせるなど，工夫を加えてきた．2018年にはFBCかがやき基金大賞[24]を受賞したが，賞金の500万円は調理施設に冷房を設置するために活用したり，トイレを増設したり，組合として施設整備への投資も行っている．

4.2.3　活動の推進

ブルーパーク阿納は漁港を活用した施設であり，漁港内に設置した教育体験用の釣堀で養殖したタイを釣ることができる（写真１）．タイを釣るための釣竿はリール付の立派なもので，クーラーボックスの中に名札をつけて釣った魚を保管する（写真２）．

釣った魚は調理体験施設で生徒自らが調理を行う．調理台の排水溝は塩ビ管を半分に割ったものを使う等，手作り感のある施設だが，試行錯誤の末，使い勝手がよいように工夫されている（写真３，４）．各生徒が使用する用具は事前にセットされており，さばき方は紙芝居形式で教える．各列に支援者がつき，必ずすべての生徒が体験できるようにしている．

調理した魚は，半分は刺身で，半分はバーベキュー施設で焼いて食べること

写真１　釣堀
資料：筆者撮影.

写真２　釣竿
資料：筆者撮影.

写真３　調理場
資料：筆者撮影.

写真４　手作り感のある調理台
資料：筆者撮影.

で，一連の体験が終了となる．

4.2.4　事業継続のための工夫

ブルーパーク阿納では，受け入れ人数の拡大，事業の安定継続のために様々な工夫をしている．これらは，体験者の満足のための工夫，事業の継続のための営業活動の工夫，地域内の利益プールのための工夫に大別できる．

まず，体験活動者の満足のための工夫としては，利用者目線のプログラムの開発が挙げられる．ブルーパーク阿納では，体験者は自分で釣った魚を自分でさばき，食べることができる．一見当たり前のようなことではあるが，多くの生徒に魚を釣らせ，その魚を管理することは相応の手間がかかる．釣り体験，調理体験と分けてしまう方が楽ではあるが，自らが釣った魚を自らでさばき，食べるということの教育的効果，生徒の満足度という点から，名札を付けて魚を管理するなどの工夫を行っている．また，調理体験では，民宿の女将や漁業者等が支援スタッフとして調理をサポートするが，あまり手をださず，生徒に調理させるようにしている．これも教育的効果と生徒の満足度向上につながる．左利きの生徒は１つの調理台に集め，支援スタッフも左利きのスタッフを充てるという細やかな対応も実施している．

ブルーパーク阿納は運営に関わる経営体数からしても，体験施設の広さからしても，大きな規模ではない．そのため，体験者は数班に分かれ，食育体験（釣り，さばき，食事）以外の体験（農業見学等）も含めて，ゾーンごとに順繰りに体験をしてもらうようなシステムを構築しており，スムーズな運営により，複数クラスを受け入れることが可能となっている．

次に，事業の継続のための営業活動の工夫としては，海なし県かつ近県である岐阜県に営業対象を絞っていることが挙げられる．その結果，現在は９割程度が岐阜県内の学校になっている．

また，ブルーパーク阿納では，PDCA サイクルのように顧客満足の確認と改善という作業を日常的に行っている．教育旅行は，引率する学校の先生との信頼関係が重要である．ブルーパーク阿納では，集落内の梅農家の協力を得て，梅ジュースづくりなども実施しており，生徒が生産したものを後日学校に届けている．その際，引率の先生等と話をする中で，教育旅行の振り返り，要望把握を行い，プログラムの改善に生かしている．改善はプログラムだけではなく，不足していたというトイレの増設や，食育体験施設内に冷房を設置するなどの施設整備にまで及んでいる．このように，学校の要望を把握して改善し，学校側との信頼関係を構築することで，リピーター率を挙げているのである．このような一連の作業には，事業の立ち上げ時から関わっている観光の専門家（旅行会社出身の敦賀観光協会職員）の協力も欠かせない．専門家との協力体制の構築も，成功要因の１つであると考えられる．

３つ目の地域の利益のための工夫としては，体験スタッフの内部調達が挙げられれる．体験に関わるスタッフは民宿組合に所属している民宿の女将や主人，スタッフである．シーカヤック体験のインストラクター資格も，民宿経営者の息子世代が取得し，スタッフとなっている．このように，ブルーパーク阿納が受け取る体験料金はすべてブルーパーク阿納の内部に留保される仕組みとなっているのである．

4.3　ブルーパーク阿納の課題

ブルーパーク阿納の今後の課題としては，まず後継者の確保が挙げられる．ブルーパーク阿納の立ち上げに携わった世代を第一世代とすれば，立ち上げから20年近くたった現在，第一線の活動は第一世代の子，第二世代に移っていくことが望ましい．集落に仕事をつくることが目標であったため，民宿の主人，女将，子など，世帯総出でブルーパーク阿納の運営に携わっているが，その次の世代，次の次の世代と，うまく世代交代が果たせるかが課題となろう．

また，ブルーパーク阿納は非常に人気のある施設であるため，シーズン中は無休で教育旅行を受け入れてきたが，スタッフは，民宿業を営んでいるため，民宿業も含めると休みなく働いているのが現状であり，過剰労働ともいえる状況が続いている．近年は教育体験を受け入れない休日を設定しているが，スムーズな世代交代という面でも，適切な労働環境を整えていくことが重要である．

現状，人気のある施設ではあるが，社会情勢の変化による不安もある．少子化が進む中，来訪する学校数は変わらないが，生徒数が減少しつつあり，１校当たりの売上は減少傾向にある．生徒数減少の傾向が続くようであれば，料金体系の見直しなども必要になってくる可能性がある．

5．おわりに：渚泊の展望と課題

漁家民宿は，漁家経営を補完するための手段として，また，戦後の海水浴をはじめとする農山漁村における観光の受け皿として機能してきた．近年は渚泊という形で，地域振興の１つの手段として位置づけられ，様々な政策的支援を受けられるようになっている．これらの施策は渚泊をビジネスとして成功させることを念頭に置くもので，漁家経営の補完的な役割から地域振興のメインストリームとするという流れである．

渚泊をビジネスとして成立させるためには，安定した利用者数の確保が重要であり，リピーターの獲得策，プログラムの多様化による顧客満足度の向上等が重要である．ブルーパーク阿納の事例は，小規模な集落の取組みであっても，顧客満足度を向上させること，ニーズをくみ取り改善を施すこと，適切なターゲット層へのPR，必要な施設整備の実施により，事業を拡大することが可能であることを示す好例だと考える．

一方，小規模な地域のビジネスである場合，労働投入量の限界も想定しておく必要がある．事業の維持に必要な労働力を見極め，その維持のために何をしていくかが重要である．そして，社会状況の変化を見極め，対応すること，そのための準備をしていくことが重要である．

現在の少子高齢化，人口縮小社会において，漁村における人口縮小は加速していくと考えられる．地域振興の担い手として期待されている渚泊をはじめとする新たな取組，持続可能なビジネスを成立させていくためには，不足する労働力，設備，資金，情報をどこから調達するか，専門人材との連携や，民間企業との連携も踏まえ，検討していく必要があるだろう．

注

1　水産庁ウェブサイト「渚泊（なぎさはく）の推進」．
https://www.jfa.maff.go.jp/j/bousai/nagisahaku（閲覧日：2023年1月16日）．

2　同上．

3　農林水産省ウェブサイト「農泊を中心とした都市と農山漁村の共生・対流」．
https://www.maff.go.jp/j/nousin/kouryu/170203.html（閲覧日：2023年1月16日）．

4　前掲3において農泊に取り組む目的を「農山漁村の所得向上を実現する上での重要な柱として農泊を位置づけ，インバウンドを含む観光客を農山漁村にも呼び込み，活性化を図ることが重要です．このため，地域一丸となって，農山漁村滞在型旅行をビジネスとして実施できる体制を整備することが急務です．」としている．

5　観光庁「観光立国推進基本計画」(2017年3月28日閣議決定)．
https://www.mlit.go.jp/kankocho/kankorikkoku/kihonkeikaku.html（閲覧日：2023年1月16日）．

6　石井英也「わが国における民宿地域形成についての予察的考察」『地理学評論』，Vol. 43 No.10，pp. 607-622，1970年．

[7] 鶴田英一「岡山県日生町頭島における民宿の展開過程」『観光研究』, Vol. 4, No. 1・2, pp. 1-9, 1991年.

[8] 前掲6.

[9] 前掲7.

[10] 石井英也「日本における民宿地域の形成とその地理学的意味」『筑波大学人文地理学研究』, 第10号, pp. 43-60, 1986年.

[11] 前掲7.

[12] 公益財団法人日本交通公社『旅行年報2021』, p. 21, 2021年10月.

[13] 香月敏孝「高度経済成長期の人口移動と農業・農民―「愛媛の農業・農村を考える」①」『調査研究情報誌 ECPR』, Vol.45 (2020 No.1), pp. 70-80, 2020年.

[14] 鶴見和子「内発的発展の理論をめぐって」『社会・経済システム』, 第10巻, pp. 1-11, 1991年.

[15] 小野智昭「農山漁村宿泊体験をめぐる背景と近年の動向」農村活性化プロジェクト研究資料 第6号『子供農山漁村宿泊体験の現状と課題―宿泊体験受入者の意向調査及び実態調査結果』, 第1章, pp. 3-8, 2015年.
https://www.maff.go.jp/primaff/kanko/project/27kassei6.html (閲覧日：2023年2月7日).

[16] 前掲14.

[17] 農林水産省資料「農泊の推進について」p. 2.
https://www.mlit.go.jp/common/001172878.pdf (閲覧日：2023年2月7日).

[18] 前掲16.

[19] 平成27年国勢調査によれば阿納の集落の人口は男性42人, 女性44名の計86名で, 世帯数は19.

[20] 大阪万博が開かれた1970年には福井にも多くの客が来たという.

[21] 水産庁漁港漁場整備部「30.【陸域, 水域・体験交流施設】教育旅行実施のための漁業体験施設の整備：内外海漁港（福井県小浜市）」『漁港施設の有効活用ガイドブック 有効活用事例集』.
https://www.jfa.maff.go.jp/j/gyoko_gyozyo/g_gideline/attach/pdf/index-77.pdf (閲覧日：2023年2月7日).

[22] 「地域の民宿・漁業関係者が連携 ブルーパーク阿納が育む子どもたちの成長」小浜・若狭地域みっちゃく生活情報誌『るりいろくらぶ』, 2018年5月号 Vol. 14, 巻頭特集より.
https://chuco.co.jp/modules/special/index.php?cid=157

[23] 福井県 HP にある「福井県各地の漁港（小浜市）」を見ると, 第1種漁港内外海漁港（漁港管理者：小浜市）阿納地区に関する整備としては, 1986～1989年（昭和61～平成元年）に漁業集落排水施設整備（志積, 犬熊, 阿納地区), 1988～2000年（昭和63～平成12年）に防波堤延長（泊), 防波堤整備（宇久, 阿納), 物揚等整備（宇久, 矢代等）が行われている.
https://www.pref.fukui.lg.jp/doc/suisan/gyokou/0109obamasi.html (閲覧日：2023年2月7日).
なお, 2007年の防波堤整備については記載がないため, 一部の改良ではないかと考えられる.

[24] 福井県の将来のために各分野で活動し，目覚ましい活躍や実績を挙げた皆さんの更なる発展を期待して応援することを目的に2012年，福井放送創立60周年記念事業として設立されたもの.

第8章　魚食レストランの政策的展開と課題
―静岡県初島と沼津市を事例として―

浪川　珠乃

1．はじめに

食はツーリズムにおける基本的なサービスの1つであるとともに，近年ではフード・ツーリズムやガストロノミー・ツーリズム[1]というように，観光の主目的ともなってきた．日本でも昔から紀行文等には各地の名産が記されており，食が旅の重要な要素であったことがうかがえる．例えば，近世の東海道での旅の様子を滑稽本にしたてた十返舎一九の『東海道中膝栗毛』でも，各地の名物が示されており，水産物という点では，桑名で名物の焼き蛤を食す描写がある．また，その他の書籍でも江戸からほど近い相模にはカツオのたたき[2]，江の島には江の島煮[3]等の名物が記されており，食が地域の重要な観光資源となっていることがうかがえる．

尾家（2020）[4]は，食によるまちづくりのルーツは1980年代に大分県で始まった特産物の開発のための「一村一品運動」と考えられ，さらにさかのぼると，江戸時代中期に諸藩の財政的困窮を打開する方法として始まった幕府の国産奨励策の特産物に源を求めることができる，とし，さらにその後，B級グルメブーム（1985年）による大衆料理を使ったまちづくりの活発化，地域の農水産物の直売所と加工・販売を行う道の駅の発足（1993年）と拡大，農家レストラン（1994年）の増加と交流拠点化へと展開し，「ご当地グルメ」開発とプロモーションは，地域の活性化や観光振興等の重要な手法となっていったとしている．

1994年のグリーンツーリズムの推進により農家レストランが増加し，水産分野においてはブルーツーリズムが推進される中で，魚食レストランが生み出されている．例えば，首都圏で最も有名な魚食レストランといえる千葉県鋸南町保田漁港の食事処「ばんや」は1995年に開業している．同じく首都圏にある神奈川県三崎漁港にある三浦市漁協女性部連絡協議会が運営するレストラン「はまゆう」は「ばんや」より古く1993年に開業している．そして，現在もなお，次々に新たな魚食レストランがオープンしている．
本章では，魚食レストランについて，その動向と政策的対応について概観するとともに，魚食レストランの事例を詳述し，地域における位置づけと課題を検討する．
なお，本章では婁（2013）に倣い魚食レストランを「地元の魚介類を提供してくれる，漁業者や漁業者グループや女性部あるいは漁協が経営する食堂や料理店など」とする[5]．これは，地域振興の視点で魚食レストランをとらえるためである．

2．魚食レストランの魅力：旅の目的としての食

公益財団法人日本交通公社『旅行年報』[6]によれば，日本人の国内旅行における楽しみのトップ２つは，「おいしいものを食べること」，「温泉に入ること」である（表１）．2015年～2019年は「おいしいものをたべること」がトップとなっており，旅行先での食体験は旅行の主目的となっていることがうかがえる．
平成30年度（2018年）の「食と農林漁業に関する世論調査」[7]では，農山漁村に滞在するような旅行に関する意識調査を行っているが，「農山漁村に滞在するような旅行で興味があること」の回答として「自然・風景（山，川，海，棚田など）」（58.7％），「温泉での休養」（53.5％），「地域の特産品を使った食事」（52.0％）が高く，食は大きな魅力となっていることが分かる．また，農山漁村に関しては，前述の『旅行年報』よりも「自然・風景」に対する期待が高いこともうかがえる．
風光明媚な場所で地域の特産品である魚介類を食すことが，魚食レストランの魅力となり，旅行の目的地として，多くの人を呼ぶ要素となる可能性がある．

3．魚食レストランの動向と政策的対応

3.1　魚食レストラン数の推移

歴史の長い魚食レストランとしては，北海道斜里町ウトロ漁港にあるウトロ

表1　旅行で最も楽しみにしていること（単位：%）

	おいしいものを食べること	温泉に入ること	自然景観を見ること	文化的な名所※1を見ること	観光・文化施設※2を訪れること	スポーツやアウトドア活動を楽しむこと	目当ての宿泊施設に泊まること	帰省・冠婚葬祭・親族や知人訪問	自然の豊かさを体験すること	街や都市を訪れること	芸術・音楽・スポーツなどの観劇・鑑賞・観戦	買い物をすること	地域の祭りやイベント	地域の文化を体験すること	その他
2014	15.9	16.9	11.3	12.3	10.3	8.1	1.7	5.1	3.2	4.0	—	2.9	3.2	0.8	4.4
2015	18.1	15.0	11.6	12.3	9.2	7.1	2.4	4.4	3.2	3.8	5.1	3.0	2.1	0.6	2.2
2016	17.1	15.0	12.4	12.4	9.2	6.2	2.7	4.2	2.9	4.6	5.3	3.0	2.0	0.8	2.2
2017	17.9	14.5	12.2	11.7	9.7	7.0	2.7	4.2	3.3	4.1	4.5	2.9	2.2	0.8	2.3
2018	19.2	15.6	12.8	11.1	9.0	6.3	2.4	3.7	3.4	4.3	4.9	2.5	1.9	0.7	2.3
2019	18.7	15.4	12.2	11.7	9.3	6.2	2.5	4.0	3.2	4.0	5.0	2.9	1.9	1.0	2.1
2020	20.8	20.9	11.1	8.2	6.7	6.0	5.7	4.3	3.7	3.6	2.6	2.5	0.9	0.4	2.4

資料：公益財団法人日本交通公社の各年の『旅行年報』より筆者が作成.
※1　史跡，寺社仏閣など.
※2　水族館や美術館，テーマパークなど.

漁協婦人部食堂が挙げられるだろう．買い物や飲食が不便な土地だったため，漁協の依頼により販売活動を始め（1965年），1970年から食堂も開業している．活動メンバーが集まらずに一時休止した時期もあったが，50年前から営業している食堂である．

このように，古くから魚食レストランはあるものの，『漁業センサス』に漁業者の兼業形態として分類されるのは2018年であり，それまでは，兼業種類として，養殖，水産加工業，遊漁案内業，旅館・民宿，その他しかなかった．そのため，魚食レストラン数の推移について，『漁業センサス』から把握することは難しい．

一方，農林水産省の「６次産業化総合調査」では，2015年より魚食レストラン（調査項目名は漁家レストラン）の経営体数等を調査している．それによる

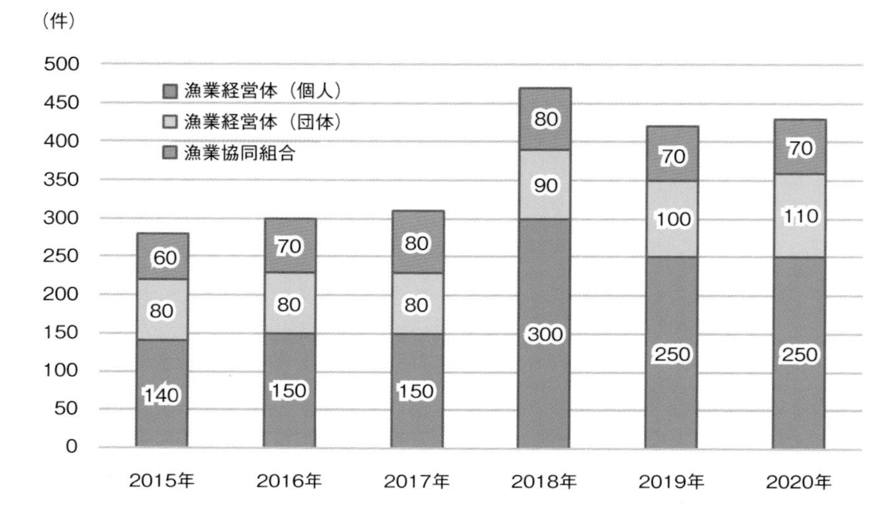

図１　魚食レストラン（漁家レストラン）数の推移

資料：６次産業化総合調査より筆者が作成．
※６次産業化総合調査は政府統計で，その中の「漁家レストラン（漁業経営体・漁業協同組合等）」の“年間売上金額及び年間売上金額規模別事業体数割合”の結果から作成している．

と，2015年に全体で280の経営体が魚食レストラン（漁家レストラン）を経営していたが，2020年には430に増えている．内訳をみると個人経営は2015年には140だったが，2020年には250，団体経営は2015年に80だったが，2020年には110へ伸びている．漁協経営は2015年に60から2020年には70となっている（図１）．全体として，個人経営の魚食レストラン（漁家レストラン）が増えていることがうかがえる．

3.2　魚食レストランに対する政策的対応：６次産業化事業による推進

６次産業化とは「一次産業としての農林漁業と，二次産業としての製造業，三次産業としての小売業等の事業との総合的かつ一体的な推進を図り，地域資源を活用した新たな付加価値を生み出す取組」[8]である．平成22年12月（2010年）に公布された「地域資源を活用した農林漁業者等による新事業の創出等及び地域の農林水産物の利用促進に関する法律（６次産業化・地産地消法）」は，①農林漁業者による加工・販売への進出等の「６次産業化」に関する施策，②

地域の農林水産物の利用を促進する「地産地消」に関する施策，を総合的に推進することにより，農林漁業の振興等を図ることを目指すものである．具体的には，農林漁業者など（農林漁業者またはこれらの者の組織する団体（これらの者が主たる構成員または出資者となっている法人を含む））が主体的に行う新事業の創出等の取り組みに対して支援を行うもので，農林漁業者等は単独または共同して総合化事業計画（農林漁業経営の改善を図るため，農林漁業者等が農林漁業及び関連事業の総合化を行う事業）[9]を作成し，農林水産大臣の認定を受ける．認定された総合計画は，各種法律の特性の対象となることで，支援を受けるという仕組みである．

認定には農林漁業の経営基盤の強化及び農林漁業の生産力の増強が図られることが必要であり，要件は次の２点である．①事業の実施により，農林水産物など及び新商品の売上高の合計が，事業実施期間の終了時点までに，計画期間が５年間の場合は５％以上，計画期間が４年間の場合は４％以上，計画期間が３年間の場合は３％以上増加すること，②農林漁業及び関連事業の所得が実施期間の開始時点から終了時点までの間に向上しており，かつ，実施期間終了時点の単年度において売上高が経営費を上回っている（黒字となっている）こと，である[10]．

主な支援策は，各種法律の特例措置，中央・都道府県に設置した６次産業化サポートセンターにて相談や助言及び経営改善の取組みへの支援の実施，食料産業・６次産業化交付金の支給，である．

2022年12月末日の認定状況は2621件，内訳は農畜産物関係が2319，林産物関係が105，水産物関係が197であり，圧倒的に農畜産物関係が多い．県別にみると，北海道が163件でトップであり，次いで兵庫県（116），宮崎県（112）となっている．事業内容の大半が加工・直売（68.8％）であり，レストラン関係は7.5％（加工・直売・レストランで7.1％，レストランのみで0.4％）[11]であることから，魚食レストラン事業が認定事業となっているケースは多くない．2022年12月28日時点の６次産業化・地産地消法認定総合化事業計画一覧で見ても，魚食レストランとして数えられるのは，兵庫県南あわじ市，岩手県大船渡市，北海道枝幸町，静岡県御前崎市，兵庫県たつの市，長崎県平戸市等の取組みで，民間の事業者が申請者となっている．既に温泉等の観光施設や卸売市場などがある場所が多い．

一方，総合化事業計画の認定以外にも，６次産業化に取り組む農林漁業者などの事業を総合的にサポートするため，６次産業化プランナーによる個別相談，プランナーに対する研修，農林漁業者と流通業者等との商談会を開催する６次産業化サポート事業もある．農林漁業者等の支援希望者は，都道府県サポートセンターに相談・支援申請をすることで地域の６次産業化プランナーが派遣され，支援を受けることができる．実際，魚食レストラン開業にあたって，ターゲット，メニュー開発，内装等について相談することで，人気店になった事例もある．

現在，海業の推進が水産基本計画に盛り込まれたため，６次産業化の推進という視点に加え，海業の推進という政策課題のもと，魚食レストラン事業が推進されていくことが考えられる．

４．魚食レストランの実践事例

4.1　多様な魚食レストラン

魚食レストランには，様々な形態がある．前述の６次産業化調査でも示されているように，経営主体の観点からは，個人経営，団体経営，漁協経営があり得る．材料の調達手段についても，漁協から仕入れる，自ら釣る，養殖等がある．多くの魚食レストランは地元の新鮮な魚を売りにしているが，それに加えて，未利用魚や低利用魚を積極的に利用することをコンセプトとしているレストランもある．

魚食レストランに関する成功事例として有名なのは，先述した千葉県鋸南町保田漁協の経営する食事処「ばんや」で，2010年度の来客数は52.6万人，総売上高は7.5億円の規模である[12]．「ばんや」の事例は，様々な媒体に幾度も取り上げられているため，本章では，漁業者個人が兼業としての営む事例（個人経営の事例）として，静岡県初島の食堂を，そして，６次産業化アドバイザーの支援を得て開業した漁協経営の事例として，静岡県沼津市の「いけすや」を取り上げる．

4.2　初島の食堂[13]

4.2.1　初島の概要

初島は静岡県熱海市南東約10kmの相模湾上に浮かぶ静岡県唯一の有人離島である．熱海港より富士急マリンリゾートが運航する高速船で約25分の位置にある首都圏に最も近い離島でもある．周囲約4kmの小さな島で，人口は333人（平成27年国勢調査）である[14]．主要産業は漁業及び観光であるが，観光の比重が大きい．

初島内の戸数は江戸時代から現在まで41戸前後を維持している[15]．限られた耕作地や共同で実施する漁業によって得られた利益等はこれら41戸で等分に分けられており，共同体としての関係の深さがうかがえる．初島には，初島漁業協同組合，観光・民宿案内等で大きな役割を果たしている初島区事業協同組合，法人格を持つ地縁団体としての初島区，という3つの組織があるが，これらの組織の役員は原則同じ人物であり，区長がこれらの組織の長を兼務しているという点からも，41戸の島民の関係の深さをうかがうことができる．

4.2.2　初島の産業の変化

観光地化が進む前の初島は，家族労働を基本として，漁業の傍ら農業を営んできた．棒受網が導入された1920年頃より共同漁労形態をとるようになり，収益の各戸均等分配制度が導入された．テングサ漁も盛んで，磯売りや漁協の直営事業で得た利益もやはり各戸均等に分配されてきた．このように，耕地の乏しい初島では沿岸域でとれる水産物が地域の貴重な資源であり，共同利用により利益を確保し島民に均等分配してきたのである．

一方，初島は戦前から観光地としても注目されていた．島内では1945年以降，土地譲渡禁止の申し合わせがあったため，大規模開発は行われなかったものの，航路運航業者の開発は土地を賃貸する形で行われていた．定期航路の開設（1949年）により初島へ観光客が流入するようになり，その後の離島振興法の適用による港湾機能の拡充（1964年）[16]，海底ケーブルによる本土からの送電（1967年）や海底送水管による本土からの送水（1980年）など，様々な基盤整備も行われ，島の観光地化が進んだ．1994年には島の面積の1/3以上を占めるリゾートホテル「初島クラブ」[17]の開発が島民の参加を条件として進められ，島の観光地化は加速していった．

島民は民宿業・食堂経営を主な生業とするようになった．共同で実施されていた網もテングサ漁も営まれなくなり，商業的に営まれる漁業は古くから各戸で操業されてきたエビ刺網漁（イセエビ）と潜水漁（サザエ）が主となった．それ以外の漁業による漁獲物は主に漁業者自らが経営する民宿や食堂で用いられている．1993年の『漁業センサス』によると初島地区は兼業漁家のみとなっていることから，この頃には漁業が観光の副次的産業となっていたことがわかる．2018年の『漁業センサス』では，初島の21の漁業経営体のうち，販売金額1位の漁業種類別経営体数をみると，その他刺網が13，その他の釣が1，採貝・採藻が7という構成となっている．また，営んだ漁業種類別経営体数（複数回答）をみても，その他刺網が20，沿岸いか釣が2，ひき縄釣が20，その他の釣が21，採貝・採藻が8である．兼業種類別経営体数をみると，いずれも第2種兼業で，民宿が3，魚食レストラン（漁家レストラン）が17，農業が12，小売業が1，その他が1，漁業以外の仕事に雇われが2となっている．これらより，初島の漁業は島の観光地化により，魚食レストラン（漁家レストラン）などを主とし，それらに水産物を提供する従としての漁業となったことがわかる．

4.2.3　初島地域における魚食レストランの位置づけ

熱海－初島の航路は年間約26万人[18]の乗客があり，多くが観光客と考えられる．初島でリゾート施設（エクシブ初島倶楽部，PICA 初島）及びフィッシャリーナに付属するレストラン以外に観光客に食を提供するのは，漁業者（島民）が経営する食堂（魚食レストラン）のみであり，これらのレストランで年間26万人の食の需要を賄うことになる．

漁業者の経営する食堂の多くは島内の初島区有地に位置しており，初島を訪れる観光客が最初に目にするレストランだといえるだろう．メニューには新鮮な地魚が並び，丼ぶりものや刺身，煮魚などの定食が味わえる．1泊2日の行程の2～3食のうち，1つはこの食堂（魚食レストラン）に，となることは想像に難くない．実際，食堂は午前11時頃から夜まで開いており，食堂で昼食，夕食を食べることができる．ただし，食堂で夕食を取るためには予約が必要であり，予約が無い場合には食堂は閉めてしまう．そのため，観光客の昼食需要に応えることが主となっていると考えられる．

前述のように，食堂の経営は漁業者（島民）の生業の主流となっている．漁業は民宿や食堂に材料を提供するものであり，民宿あるいは食堂の経営が漁家の家計を支えている．食堂が生業となったとはいえ，島内の利益の公平分配の精神は健在で，食堂の立地により利用客数の差が生じることに配慮し，店の権利は３年単位の入札で定められるなど公平性に配慮したルールで運営されている点が，一般的な個人経営とは異なる点であろう．

また，漁協も漁業者の重要な生業である食堂の存続に便宜を図っている．初島の漁業者は，エビ刺網漁（イセエビ）と潜水漁（サザエ）以外による漁獲物は，魚食レストラン（漁家レストラン）等で使用することとなっている．イセエビ，サザエについては，漁協を通じて，島内で販売する．各自が営む漁で得られた水産物は，生簀に入れて港内に沈めてあり，必要に応じて使用するが，漁家レストンランを営むにあたっては，原材料の不足への対応，多様な魚種の確保が必要である．島の食堂経営者は，前日までに漁協に注文することにより，漁協を通じて，水産物を仕入れることができる．例えば2021年は漁協として活アジを6469尾，締めアジを8500尾，仕入れている．また養殖カンパチや養殖タイ等も仕入れている．漁業者がすなわち食堂経営者であり，食堂経営者のための仕入機能を漁協が果たしているのである．

また，初島の食堂は，オフシーズンとなる２月に，丼合戦というイベントを開催し，観光コンテンツとして機能している．島の漁師が営む食堂を中心とした島内の17店舗が，獲れたての地魚やイカ，エビ，サザエ，伊豆の名産野菜アシタバといった地元食材をふんだんに使った丼ぶりを提供し，その人気を競い合う，島を挙げてのグルメイベントで，船舶の往復乗車券と好きな丼ぶりを特別価格で食べることのできるミールクーポンをつけたセット券が売られており，人気を博している．

4.2.4　初島の食堂の課題

以上のように，観光客の食のニーズに応え，漁業者（島民）の主要な生業であり，島の観光コンテンツとしても機能している魚食レストランであるが，個人経営であるがゆえの課題も持っている．

食堂経営者は食堂で自ら調理するだけではなく，漁業との兼業であることから，１日の労働はかなり忙しい．ある食堂の１日のスケジュールは，早朝の漁

表2　ある食堂兼業漁家の1日のスケジュール

時間	内容
5：00	起床
5：15	出漁
6：30〜7：00	帰港
7：00〜8：30	食堂しこみ
8：30〜9：30	休憩
9：30〜19：00	食堂営業 （営業時間は11：00〜16：00）
22：00頃	就寝

資料：筆者作成.
※オフシーズンの１日の例であり，オンシーズンであれば出漁が3：00或いは4：00から6：00となる.

(5：00〜7：00)，9：30〜19：00の食堂業務と，10時間を超える労働時間である．オンシーズンはさらに２時間ほど労働時間が延びる（表２）．現状では労働力として限界に近く，営業時間を延ばす等の展開は望めない状況と考えられる．

初島では，少子高齢化の進行により，小中学校をはじめとする地域全体の文化・社会活動の維持に影響が出始めていることから，県内外からの移住・定住を促進することが求められており，また，本土への通勤は不可能な状況の中，島における新たな就労先の検討が必要とされている[19]が，食堂がその新たな就業先となりえるか，慎重な検討が必要となるだろう．

4.3　いけすや

4.3.1　内浦漁協直営「いけすや」の概要

内浦漁業協同組合は静岡県伊豆半島の入口に位置しており，中・小型旋網，船びき網，刺し網，小型定置，アジ・タイの養殖が主の漁協である．魚価の低迷や燃油の高騰，高齢化と後継者不足という厳しい状況の中，漁業者の生活を守り，地域存続の危機を打開するため，漁協では出荷量が日本一である内浦の養殖アジを使った新たな取り組みを始め，イベント，日曜限定の食堂の営業から，常設の食堂「いけすや」をつくった．

メニューは「いけすやの活アジ」を使ったメニューが中心で，価格帯は1000円～1500円であり，手ごろでおいしい店として，昼食時には長蛇の列となる人気店である．

4.3.2 「いけすや」の取り組みと展開

「いけすや」の開業のきっかけとなったのは，2009年の「活アジ祭」である．出荷量日本一の養殖アジの天然ものに負けない美味しさを知り，口コミで伝えてもらうことを狙って実施したイベントである．このイベントによって，内浦の養殖アジが元気に泳いでいる，すなわち活きの良い魚を食べることができることや，なぜおいしいのかという理由を知ってもらうことができ，また食べてみたい，という声をもらったことから，次のステップに進むこととなったのである．

この経験を経て，2013年には，活アジを提供する日曜日限定の食堂，市場食堂「いけすや」を始めることとなった．漁協の荷さばき所を使用した食堂であるため，天候に左右されることはあったが，平均20人が利用し，運営に携わった女性達は食堂事業に対する自信を得ることができた．

同時期に，国，県，市の補助金と漁協が費用を負担する新しい食事施設建設の話が持ち上がり，2013年に漁協理事，コンサル，行政で作戦会議を開催，食堂設計デザイン，収支予算，メニュー，コンセプト，入客方向などを協議した．2014年度には，静岡県６次産業化アドバイザーや行政の連携と協力[20]の下，いけすや繁盛の仕組みづくりの会議を開催．地域の状況を分析し，利用者の客層を想定，ターゲットを設定した（休日；伊豆に来訪する首都圏の観光客，平日：地元客）．また，地元メディアの活用（準備段階から多くの情報発信），調理チームの結成（会いにいけるお母さん；チーム IKS の結成），メニュー開発（平日の利用者を意識した千円以下のメニュー）等を行い，2015年５月に「いけすや」をオープンした．来場者数の想定は，平日50名，土日祝日100名だったが，実際は，平日170名，土日休日270名の来場者が訪れ，行列のできる有名店となった[21]．

新型コロナウイルス感染症の影響で，アジの供給先が減少し，生簀のアジが過多になった際には，冷凍アジの通販を始めたり，地域のスーパーマーケットに販売したりと，様々な工夫を実施[22]した．さらに，県外からの稚魚の仕入れが滞り，気象の影響で給餌が困難な状況が重なり，アジ不足になった際には，タイを活用した定食を提供したこともあった[23].

4.3.3 「いけすや」の位置づけ

いけすやは，地域外から地域に「外貨」を呼び込む仕掛けとなっている．現在，いけすやは年間1億円の売り上げがある．これらの多くは地域外からの観光客によるものである．材料費や人件費等の支出も多いため，利益率は高くないが，材料費は地域の養殖業者に支払われている．また，従業員も地域での雇用である．すなわち，いけすやの売上の多くが，地域に還元されているのである．

また，地域のPRにも役立っている．いけすやの人気が高まり，テレビや雑誌などの様々な媒体で人気店として紹介されているが，これにより，沼津市の内浦地区という場所の宣伝に寄与している．もちろん，いけすや目当ての来訪客により交流人口の増加にも寄与している．

さらに，いけすやは地域振興にも貢献している．地元小学生の総合学習を兼ねた地域の情報を基に，地域の飲食店，カフェ，干物販売店，地元の情報を掲載したお散歩マップの発行をしている．その他，農協の商品の取り扱い，食事施設のない観光施設との協力や飲食店と定休日をずらすなどの配慮・協力体制を敷くことで，地域全体での成長を狙っているのである．

4.3.4 「いけすや」の課題

いけすやの当面の課題としては，原材料の安定確保が挙げられる．いけすやで取り扱っている活アジは，内浦漁協の管内で飼育されている養殖マアジの中から，組合が厳選したものであるが，基準を満たすものを確保することが困難になりつつある．一定の大きさにするためには，養殖の年数がかかるが，その際のリスクは養殖業者が負っているためである．いけすやが資源を安定的に確保するためには，養殖業者との連携が不可欠であり，漁協と養殖業者との間での話し合いも始まっているという．

また，いけすやの活動は地域振興につながるものであり，人との連携，地域との連携を継続していくことが重要である．事業として継続していくための人材育成，人材確保，社会情勢に応じたマーケティングを引き続き実践していくことが求められている.

5. おわりに：魚食レストラン（漁家レストラン）の展望と課題

魚食レストランは観光客の食のニーズを満たすだけではなく，旅行の目的として，重要な観光コンテンツとしても機能する．地元で漁業者がとった新鮮な魚は，その地域独特の食文化とも重なり，他の地域との差別化を生み出すことができる優位性の高いコンテンツである．

ただし，ビジネスとしての軌道に乗せるためには客単価を上げつつ来客数を確保することが重要であることは，他のレストラン事業と変わりない．ターゲットの明確化，適切な座席数・内装，スムーズな運営システム，適切な価格と品質が，顧客満足度に影響し，リピーターの確保につながる．いけすやが人気店になったのは，これらの点で６次産業化アドバイザーの支援を受けた結果でもあろう．

また，固定費を如何に削減するかも重要である．昼食時の営業が主流の初島の食堂は，漁業者が必要な水産物を必要なだけ水揚げし，漁業者自らが食堂の経営者として包丁を握る点で，仕入れのロスや板前の人件費の削減につながっている．もちろん，漁業者自らが腕を振るうという点が差別化の１つとなっていることは言うまでもない．

一方，材料確保，資源管理の点からの懸念もある．需要を満たすために小さな魚まで漁獲してしまわないか，天候等の理由で地元の魚が確保できない時にはどうするか，十分な対策が必要である．平塚漁港の食堂[24]では，その日とれた地魚にこだわるため，魚種を特定せず“地魚”とした定食メニューを設けている．このような工夫も一案であろう．

６次産業化，そして海業振興の施策が展開する中，今後も増加することが期待される魚食レストランであるが，経営者には，経営規模やターゲットを明確にし，戦略を練ることが必須となる．様々な政策支援を受けつつ，地域の特性，経営主体の特性に応じた魚食レストランの展開が望まれる．

注

1　フードツーリズムとは「地域ならではの食・食文化をその地域（土地）で楽しむことを

目的とした旅」，ガストロノミーツーリズムとは，「その土地の気候風土が生んだ食材・習慣・伝統・歴史などによって育まれた食を楽しみ，その土地の食文化に触れることを目的としたツーリズム」とされている．

2 『諸国名物往来』（1727年）や『名産諸色往来』（1760年）では，相模の名物として鰹扣（かつおたたき）をあげている．たたきは醢（しおから）のことで『和漢三才図会』（1712年）では，紀州の熊野，勢州の桑名，遠州の荒井，相州の小田原のものを良品としている．（松下幸子「相模の鰹」『江戸食文化紀行—江戸の美味探訪—』，No. 274，歌舞伎座メールマガジン）．
https://www.kabuki-za.com/syoku/2/no274.html（閲覧日：2023年２月７日）．

3 江の島煮は『料理早指南』初編（1801）によると，アワビのわた（肝臓）をよくすり濃いみそ汁に加えた煮汁で，薄くそぎ切りにしたアワビの肉を煮る料理である，名前の由来は，アワビが江の島の名産だったためとされている．（松下幸子「江の島と江の島煮」『江戸食文化紀行—江戸の美味探訪—』，No. 251，歌舞伎座メールマガジン）．
https://www.kabuki-za.com/syoku/2/no251.html（閲覧日：2023年２月７日）．

4 尾家建生「フードツーリズムからガストロノミーへのパラダイムシフト」『平安女学院大学研究年報』，第21号，2020Ⅱ．
なお，尾家によれば，ご当地グルメとは，庶民に親しまれた郷土料理や食べ方，戦後の下町文化から生まれた食べ物，市民による名物料理の開発，地場産調味料を使用した料理など様々であり，総省して「ご当地グルメ」と呼ぶことができる．

5 婁小波『海業の時代—漁村活性化に向けた地域の挑戦』農文協，2013年．

6 公益財団法人日本交通公社『旅行年報』．

7 内閣府『世論調査』平成30年「食と農林漁業に関する世論調査」．
https://survey.gov-online.go.jp/h30/h30-shoku/2-3.html（閲覧日：2023年２月７日）．

8 「地域資源を活用した農林漁業者等による新事業の創出等及び地域の農林水産物の利用促進に関する法律」（６次産業化・地産地消法）の前文より．

9 総合化事業とは６次産業化・地産地消法の第三条４に以下のように定義されている．
この章において「総合化事業」とは，農林漁業経営の改善を図るため，農林漁業者等が農林漁業及び関連事業の総合化を行う事業であって，次に掲げる措置を行うものをいう．
一　自らの生産に係る農林水産物等（当該農林漁業者等が団体である場合にあっては，その構成員等の生産に係る農林水産物等を含む．次号において同じ．）をその不可欠な原材料として用いて行う新商品の開発，生産又は需要の開拓
二　自らの生産に係る農林水産物等について行う新たな販売の方式の導入又は販売の方式の改善
三　前二号に掲げる措置を行うために必要な農業用施設，林業用施設又は漁業用施設の改良又は取得，新規の作物又は家畜の導入，地域に存在する土地，水その他の資源を有効に活用した生産の方式の導入その他の生産の方式の改善

10 「農林漁業者等による農林漁業及び関連事業の総合化並びに地域の農林水産物の利用の促進に関する基本方針」（平成23年３月14日農林水産省告示第607号）．

11 農林水産業「６次産業化・地産地消法に基づく事業計画の認定の概要（累計：令和４年

12月末日現在).

https://www.maff.go.jp/j/nousin/inobe/6jika/attach/pdf/nintei-14.pdf（閲覧日：2023年２月７日).

12 前掲５.

13 初島に関する記載は，浪川珠乃「沿岸域のレクリエーション管理における漁業者の適性」（多田稔，婁小波，有路昌彦，松井隆宏，原田幸子編著『変わりゆく日本漁業―その可能性と持続性を求めて』，北斗書房，第８章，pp. 116–132，2014年）を基に加筆した.

14 なお，平成27年末の初島の住民基本台帳人口は202人であり，常住地を把握する国勢調査による人口とは大きな差がある．これは，初島内にあるリゾート施設等に勤務者の影響ではないかと推察される.

15 戸数の維持のため，長男以外は島に残れなかった．近年は高齢化も進み，後継ぎもいないという家もあり，41戸以下となっている.

16 根岸正美「静岡県初島における民宿集落の形成」『学芸地理』，東京学芸大学，第33巻，pp. 1–20，1972年.

初島にあるのは地方港湾ではなく，第１種漁港の初島漁港であるが，離島航路のための整備であることから，上記論文に倣い，「港湾機能の拡充」とした.

17 現在，ホテル「初島クラブ」はバブル破壊とともに経営が行き詰まり，会社更生法の適用を受け，現在ではリゾートトラストによる「エクシブ初島」として経営されている.

18 令和３年版（2021年）熱海市統計書によると，初島航路における熱海港の乗客は平成28年（2016年）から令和元年（2019年）まで26万人前後で推移している．初島へは伊東―初島の航路もあり，平成28年（2016年）～平成30年（2018年）までは４千人内外で推移していたが，令和元年（2019年）に1000人を切り，令和２年（2020年）からは運行が終了している.

19 静岡県「静岡県離島振興計画（平成25年度～34年度）」平成25年４月.

20 いけすや店長の前職が沼津市職員であったため相談，連携が容易であった.

21 Google 検索で「沼津　いけすや」で検索すると４万1800件,「沼津　いけすや　行列」で検索すると3570件が表示される．トリップアドバイザーや静岡なびっちなどの情報系サイトでも行列ができることが記載されている.

22 株式会社沼津通信が運営するサイト「ぬまつー（仮）」の2021年01月25日の記事「実はちょっとマザコンなもので．沼津市内浦のいけすやのおかあさん達の七転び八起きのチャレンジに，ウルウルがとまらない・・・.」より.

https://www.numa2.jp/gourmet/ikesuya-20210125（閲覧日：2023年２月７日).

23 前掲21の記事より.

また，いけすやの Facebook でも，2022年11月７日からメニューをマアジからマダイに変更することが告知されている．https://www.facebook.com/ikesuya（閲覧日：2023年２月７日).

24 神奈川県の平塚市漁業協同組合と民間とのコラボ事業として農林水産省の６次産業認定を受けて誕生した食堂.

第9章　海洋レジャーをめぐる調整と環境管理
—沖縄県座間味村の取り組みを事例として—

婁　小波・蘭　亦青・原田　幸子

1．はじめに

日本では1970年代に入ってから海のダイビング利用が活発化しており，1972年時点で全国に191のダイビングショップがあったと言われている[1]．スキューバダイビングはサンゴ礁や海底地形，海中の魚類相や生き物を観察し，それを楽しむレジャー行為である．一般的にダイバーがダイビングを行うためには，ダイビングショップを訪れ，ショップに所属するインストラクターのガイドの下で，決められたダイビングスポットに潜ることになる．魅力的な海中景観を有する地域は，全国からダイバーが訪れ，多くのダイビングショップが立地し，ダイビング案内業が地域において中核産業として存立している．

ダイビング人口が増えた1980年代以降は，他の海洋レジャー利用も高まり，海の利用をめぐって各地でトラブルが頻発するようになり，地域において海の利用をめぐるコンフリクトが発生するようになった（第2，3，4章を参照）．ダイビングは，潜水時にダイビングスポットが設置されている海域を独占的に利用する必要があり，海にアクセスするための船・ボートを係留する港や，ダイビングサービスを提供する休憩所・脱衣所・トイレや駐車場などの陸上関連施設が必要となる．ダイビングスポットの周辺や航路は漁業操業のエリアと重なることが多く，沿岸域の先発的な利用者である漁業者との間でしばしば利用競合が生じている．ダイビング行為は鑑賞対象となる海の資源を減耗させたり，採取することはないが，海の中で行われていることは見えないため，かつては漁業者から密漁を疑われることもあった．また，陸上では迷惑駐車やゴミのポイ捨て，地域住民の生活空間への侵入など一部のダイバーの迷惑行為も問題となった．加えて，スキルの低いダイバーがフィンでサンゴ礁を傷つけたり，海洋環境を損なうケースも見られ，ダイバー人口の増加により，海や地域の環境収容力を超えた過剰利用も無視できない問題として指摘できる．

このように，主要な海洋レジャーとなったダイビングによる海の利用を持続可能とするためには，沿岸域の利用者間の調整を図り，環境への負荷を軽減することが重要な課題となる．本章では，ダイビングのメッカとして知られる沖縄県座間味村を事例として取り上げて，ダイビングをめぐる海面の利用調整の取り組みを検証することによって，持続可能な海洋レジャー利用の実現に寄与しうる経験を抽出したい．座間味村は静岡県富戸地域とともに早い段階でダイビング事業を導入した地域であり（富戸のダイビングについては第２章参照），結論を先に言ってしまえば，当該地域において展開される環境管理への対応は日本においてひとつの到達点を示していると言える．

２．座間味村の概要

座間味村は沖縄本島那覇から南西へ約40kmに位置し，座間味島，阿嘉島，慶良間島の有人島を含む大小20余の島々で構成される．座間味村の周辺海域はすぐれた海中景観を有し，美しいサンゴ礁や熱帯の魚が全国のダイバーを惹きつけている．1978年に沖縄海岸国定公園に指定され，2014年には新たに慶良間諸島国立公園に指定されている（図１）．

人口は1950年頃には2000人を超えていたが，1970年の『国勢調査』では761人にまで減少している．1980年代に入ると，緩やかではあるが増加傾向で推移し，1995年以降の人口は1000人を超えるようになった．しかし，2005年から再び減少しはじめ，2020年には892人となっている．1990年代後半からの人口増加の理由は，ダイビング事業の定着を背景とした若者のＵターン，内地からの嫁ラッシュ，その後の出産，ダイビングをはじめとするマリンスポーツ事業の増加に伴う外からの転入などがある．また，2020年の村の高齢化率は21％となっており，日本全体のそれが28.8％，全国の離島は39％（2015年）であったことを考えると，座間味村はきわめて例外的な存在と言える．

座間味村の産業は，平坦地が少ないこともあって農業や林業は発達せず，大正初期や昭和戦前期の一部期間で銅鉱業が栄えたことを除けば，漁業が長い間島の暮らしを支えてきた中核産業であった．1900年代初頭に沖縄で初めてカツオ漁業を手掛けたことをきっかけに，カツオ漁業が島の一大産業として成長し，

図１　座間味島の位置

資料：Google-地図データ

島の女性もカツオ節加工に従事するなど，明治末期から昭和初期にかけて島全体が「カチューモーキー（鰹儲け）」といわれるカツオ景気に沸き，鰹節は砂糖に次ぐ沖縄県の重要な特産品となった[2]．しかし，1970年代中頃にカツオ漁業が途絶え，その後，ダイビング案内業を核とした海洋レジャーが島の経済を支えてきた．特に，1990年代に入ってから島へのレジャー客が急増しており，1985年に６万958人であった入込客数は，2003年には９万6294人になり，さらに2019年は９万8985人となっている．特にハイシーズンの７～８月には海水浴，釣り，ダイビング，シュノーケリング，カヤック，さらには無人島体験を行うために，月３万人の入域客を数える．また，２～３月にはホエール・ウォッチング目的の観光客も多く入島し，10～11月には体験漁業などをメインとした修学旅行が実施されている．

漁業から観光業への産業構造の変化は，産業別従事者数の推移からも確認できる．『沖縄県統計年鑑』によれば，1960年に88％を占めていた第一次産業の従事者が1975年には43％に低下し，1995年にはわずか２％，2020年には1.6％へと低下している．逆に第三次産業の従事者数はというと，1995年は83％，2020年には91.6％へと増えている．全国的に第一次産業の従事者数は減少しているものの，座間味村の変化はとくに大きい．なお，座間味村の第三次産業の主力はサービス業であり，ほとんどは旅館・民宿・飲食・ダイビング案内業である．

こうした産業構造の変化を背景に，一人当たり村民所得の推移をみてみると，2007年は210.8万円で県平均の200.4万円を上回り，2015年には278.6万円となって県平均の127％に達している．このことから，座間味村はダイビングなどの海洋レジャー業への転換によって，地域経済が高いパフォーマンスを達成していることがわかる．

３．座間味村における海洋観光の展開と利用調整の諸問題

3.1　漁業からダイビング観光業への転換：漁家民宿の展開による漁業と観光業との「融合」

座間味の海は透明度が高く，サンゴ礁も豊富で魚類の宝庫であることは地元の者は知っていたが，海洋レジャーが発展する前は漁業の場としか捉えられていなかった．座間味の海中景観を最初に評価したのかは定かではないが，1955年にダイバーの舘石昭氏が地元の潜り漁師をガイドにして座間味の海に潜り，その素晴らしさが世に知られるようになった[3]．座間味村のダイビングサービス業は1971年に沖縄県外出身者によって開始されたという．その後，海の案内を頼まれた島の漁業者がダイビングサービスを開始し，彼らが島外出身者やダイバーたちとともに地元住民，特に漁業者との協調関係を保ちながら，周辺海域のダイビングポイントを開発していった．沖縄の本土復帰を契機に，1970年代には村内に４つのダイビングショップが開設された．ただ，このような海中ガイドサービスはビジネスとしては全国的にもまだ確立されておらず，座間味村の経営者も自らダイビングポイントを開発しながら試行錯誤を繰り返し，訪れるダイバーが少ないことから経営は不安定であった．

1980年代になると，全国的にダイビングが普及し，座間味村にダイビング目的で訪れるダイバーも増加してきた．それに伴いダイビングショップも次々と

開設され，1989年には19事業所となった．また，この頃座間味近海では絶滅したと思われていたザトウクジラが回遊しているのが確認され，地元では1991年にホエールウォッチング協会を設立し，翌年からホエールウォッチングの観光客の受け入れを開始した．クジラが近海を回遊するのは冬季であり，ダイビングのオフシーズンでもあるため，ホエールウォッチングによって観光客数の季節変動が平準化され，ダイビングサービスの経営を安定させる効果があった．バブル経済崩壊後は，年間の観光入込客数は落ち込んだが，1993年から再びダイビングショップの開設が相次いだ．1998年にはダイビングショップ34事業所が立地しており，人口が1000人規模の村であることを考慮すると，全国で稀にみるダイビングショップの立地密度となった．その後も新規設立がつづき，2000年から2007年にかけて，座間味ダイビング協会加盟店，非加盟独立店，季節営業も含めると約50軒に達した．2022年１月現在，協会に加盟しているショップは減少したものの，ショップの数は全体としては60軒を超えるといわれている．

こうした観光業の発展を支えてきたのは，豊かなサンゴ礁に代表される美しい海の他に，次の２点が挙げられる．１つは，本島の那覇市との交通網の整備である．村と那覇との定期航路は航行時間の短縮と増便が繰り返され，現在，高速船であれば那覇から座間味島まで最速50分で到着する．この交通手段の利便性の向上は，観光業の発展の基礎的な要件であるインフラ整備に当たる．

もう１つは，地元住民による宿泊体制の整備とダイビング側との連携関係の構築である．1959年当時，村内には簡易旅館が２軒しかなかった．1960年代に入ってから増えつづける観光客需要に対して，旅館もオープンしたが，村の宿泊体制の整備はダイビング事業が軌道に乗り始めた1970年代以降に入ってからであった．ダイビング客の入島増加に伴い，島内での宿泊需要が増加するようになると，外から入ってきたダイビングショップ事業者は，島内住民と協議しながら島内住民による民宿経営の要請や連携の強化を進めるようになった．その結果，1980年代になると，島内の宿泊施設は43軒，一日当たりの収容力も800名近くに達し，2000年代には1300名を超えるようになった．

かつて座間味村の不文律なローカルルールとして，ダイビング客が島でダイビングをするためには，島内の民宿に宿泊すること，という暗黙のルールがあった．さらに，座間味島では住民が古くから所有する土地を島外の業者や個人に売却するためには，地域コミュニティの総意を得るという決まりも存在していた．つまり，外部への土地所有権の譲渡には厳しい制約が課せられ，島外からの移住者が土地を購入し，民宿を営むことはきわめて難しく，地元外の民宿経営者はわずか数件で，そのほとんどは地元住民の手によって営まれている．

本来，漁場であったエリアに新たな利用が加われば，トラブルやコンフリクトが起きる可能性が高いが，座間味村のダイビング事業の参入は漁業との摩擦なくスムーズに行われ，ダイビング的利用の増加による漁業とのトラブルがそれほど問題とはならなかった．

その理由として以下の諸点を挙げられる．第1に，1970年代に入ってから漁業部門が凋落し，多くの漁業者や漁家子弟が生活のために島を離れていった．漁業協同組合も組織としての体をなすのに精一杯であったために，沿岸漁場を管理する体力もまたその必要性も低かった．第2に，そもそもダイビング事業者や旅館・民宿業者の大半がもともと漁業者であり，漁協の組合員であったために，彼らによって行われるレジャーと漁業との調整問題はある意味暗黙裡のうちに行われていたともいえる．隣村の渡嘉敷に比べると，座間味のダイビングショップ経営者は島出身者ではない方が多い．しかし，彼らのほとんどは島のショップでインストラクターとして修行し，長年の島生活で地域社会に認められた存在であるゆえに，ショップを開設することができている．従って，漁業による海の利用ルールや地域社会のルールを尊重する意識はきわめて高いといわれている．第3に，1980年代中頃から，地域経済の好調を背景に島に戻ったかつての転出者や地域に根を下ろした方々も漁協の組合員として加入し，もしくは加入希望をもっているので，いまでは漁協組織が彼らによって支えられている側面もある．

このように，座間味村における漁業部門は海洋レジャーの展開によって却って強化されつつあると言ってもよい状態にある．もちろん，ダイビングによる海の利用は漁協組織との協定に基づいて行われており，両者間の関係は良好である．

3.2 域外業者の進出と調整：「レジャー対レジャー」をめぐる調整

1980年代は「バブルの時代」であり，余暇を如何に楽しむかが人々の最大の関心事であった．そうした時代的な雰囲気を背景に，ダイビングはスキーとともに最も注目されるレジャーの一つとなった．サンゴ礁に恵まれた沖縄の海には多くのダイビング愛好者が全国から押し寄せるようになり，空港に近い那覇市にも多くのダイビングショップが林立されるようになった．彼らは，営業当初は北谷や恩納村などの沖縄本島からアクセスしやすいポイントにお客さんを案内し，ダイビングサービスを提供していた．ところが，1980年代後半になると，海洋開発や環境悪化，さらにはダイビングの過剰利用や白化現象などを背景とした本島周辺海域でのサンゴ礁の荒廃が始まった．そこで，編み出された事業形態は大型化・高速化した乗合船による離島ツアーである．那覇市にショップを構えているダイビング業者は小規模規模経営が多いので，単独で大型船経営を行う業者は多くはない．そこで，複数の業者で大型船に乗り合わせて座間味などの離島で潜るツアー・プランが誕生した．

このことによって，座間味の海のダイビング利用は大きく２つの形態に分けられるようになった．すなわち，１つは地元のショップによる利用（以下それを「地元利用」という）であり，もう１つは那覇市などの本島の業者による利用（以下それを「外部利用」という）である．

1980年代末頃に見られるようになった外部利用は，当初は少数の業者による小規模な利用に限られていた．しかし，90年代の中頃になると，この利用形態が急増するようになった．その頃，200人以上が乗客できる大型クルーザー船が，多いときには10隻以上も入域し，１つのポイントで30～40人のダイバーを同時に潜らせ，座間味周辺海域の海をめぐる利用圧は一気に高まった．一度の入海人数が増え，なおかつ初心者のダイバーが多くなれば，インストラクターのケアも行き届かなくなり，フィンがサンゴに触れてしまったり，流されないようにサンゴにつかまったりして，サンゴを壊してしまうケースが頻発するようになった．また，大型船のアンカリングによって，ブロックが引きずられてサンゴに大きな損傷を与えてしまうこともしばしば発生するようになった．さらには，指定のポイントを守らない業者や，生態系への影響や環境汚染を引き起こす恐れのあるソーセージを使った魚の餌付けを行う島外業者も見られるなど，サンゴの海をめぐる利用は無秩序化するようになった．こうした無秩序な過剰利用により，ポイントによっては自然収容力を超え，サンゴや生態系への悪影響が危惧されるようになった．

また，外部利用の業者は安いパック料金を売りにして低価格サービスを展開し，島内業者の顧客を奪いはじめ，地元利用と外部利用の間の利用競合は海と市場の両方で起きるようになった．座間味村では，周辺海域で利用できるダイビングポイントの数が限られているために，業者数が増えると，ダイビング業者同士によるポイントの利用をめぐる競合が起きるだけでなく，ポイントの適正利用をめぐる管理も難しくなることが予想された．さらに，これまで先発業者によって形作られてきた海の利用秩序も維持しにくくなる恐れが生じた．

ここにきて，同じダイビング利用であっても，海の持続的利用を図るために島内業者と島外業者間における，いわば「レジャー対レジャー」の利用調整が必要となった．この問題に対処するために，座間味村は1993年1月15日に座間味村漁業協同組合長の名義で，沖縄本島のダイビングショップオーナーやダイビング船オーナーらに対して，「座間味地先（安室漁礁・西浜・ウフタマ・ぶつぶつサンゴ）でのダイビング行為について」という文書を送付した．その趣旨は，地先海での座間味ショップの優先的利用，アンカリングの方法，餌付けやポイントでのトイレやちり紙の投げ捨て等の禁止，連絡協議会の設置，ポイント海域での保全活動の協力，休憩時（ランチタイム）におけるポイントでの停泊の禁止，漁礁のあるポイントでのダイビング行為の禁止，連絡協議会が設置されるまでの座間味村でのダイビング行為の自粛などを求めるものであった．それに対して，沖縄県ダイビング安全対策協議会会長を含めたオーナー有志ら30数名が協議に応じ，上記の趣旨への協力を約束することとなった．

しかし，この約束は一部のダイビング船のオーナーとダイビングショップのオーナー有志および沖縄県ダイビング安全対策協議会に加盟するメンバーに対してしか効力がなかったために，その他大勢のショップ業者は従来のまま座間味海域での催行を続けた[4]．座間味側にしてみれば，地先の共同漁業権をもつ座間味村漁業協同組合長の名義での要請であれば，いくばくかの抑制力が働くと見込んでいたが，レジャー側は「海はだれのものか？」というそもそも論を主張し，魚介類を採捕しないダイビングというレジャー行為に対して，漁業権という権限の限界が露呈してしまった．1990年代に入ってから沖縄海域同様に，座間味村沿岸でもオニヒトデの大量発生やサンゴの白化現象が頻発し，ダイビングポイントの荒廃が顕著になり，特にキンメモドキの生息場所等が壊滅的な状況となっていた．そこで，島内業者側は座間味村漁協にダイビングポイントの休息及びアンカリングの制限の協力を依頼し，1996年に実施した．さらに

1998年にはダイバーやダイビング船による環境破壊が見受けられるポイントを，3年間を目安として休息及び禁漁することを漁協協力のもとで実施した．

その後，座間味村では2002年にダイビングショップの有志により「座間味村ダイビング協会」を結成した．協会には一部のホテル・旅館・民宿などのレジャー関連業者もメンバーとして参加している．このダイビング組織と漁協が協力する形で，2002年に「座間味村安全潜水ガイドライン」が策定されて，ダイビングポイントの利用，安全管理，環境保全などに関して詳細なルールを定めた．そして，この組織を核として，漁協とも連携を図りながら島外業者の問題に対処することとなった[5]．まずは，座間味内海の主要ポイントから島外ショップへの利用制限を求め，島外船が来るたびに，海上での警告や勧告を実施した．自分たちの努力によって維持してきた美しい海を，島外業者がただ乗りする形で利用することは看過できず，利用するのであれば義務も果たすように島外業者に要求したのである．

そうした環境保護の必要性をめぐる主張に正統性を与えたのが，2005年11月8日に認定された慶良間海域を国際的に重要な湿地とするラムサール条約への登録であった．この登録を受けて，2006年3月に座間味村はこの海域を共同利用してきた渡嘉敷村とタッグを組み，官民一体となって「慶良間海域保全会議」(2007年5月に「慶良間自然環境保全会議」に名称変更）を発足させた．この協議会の下で，座間味の海の環境保全に一層力を入れるようになり，海域保全という義務を果たす実践的な取り組みを通じて，座間味の内海での優先的利用を目指したのである．その結果として，内海から島外のショップの利用を規制することに成功している．その後，座間味村と渡嘉敷村では合同で，2008年4月に施行された「エコツーリズム推進法」に基づく，より厳格なダイビングポイントの利用ルールづくりを目指すようになったが，現状では業界団体の自主的な取り組みに留まっている．

3.3　環境問題への対応：「環境目的税」の導入

(1)　環境目的税

観光には必ずと言って良いほど「観光公害」という問題がついてまわる．2000年代に入ってから，海洋レジャーを中心とした座間味村の観光業の発展に伴い，「観光公害」が課題として意識されるようになった．急増する観光客によるごみ問題，騒音問題，さらにはトイレの問題，生活排水の処理の問題が浮上し，地域の魅力を演出するための環境美化活動や景観整備，あるいは道路などのインフラの維持・補修なども大きな課題として指摘されるようになった．そうした問題を解決するためには資金がどうしても必要となるが，小さな自治体では自前の予算が限られているために，何らかの対策を講じる必要があった．そこで考えられたのが，「美ら島税」と呼ばれる環境目的税の導入である．入島する人に対して一律課税する，いわゆる「入島税」である．座間味では，海洋レジャーの進展によって，地域の環境に及ぼすさまざまな影響を緩和するための諸対策に用いる財源を確保することを目的として，入島する人々に対して一律課金する制度を設けたのである．徴税された収入は環境保護の目的にのみ用いられることになっており，環境税は法定外目的税として位置づけられている[6]．

⑵　導入の経緯

座間味村は以前からこうしたメリットをもつ環境目的税に着目して，その導入を模索してきた．2005年に村では「環境プロジェクト『楽園ZAMAMI』」を発足し，翌年には当該プロジェクトにおいて環境目的税の導入是非について検討を開始した．その検討を受けて，2007年に「環境目的税を考える座間味村住民会議」を発足し，当該会議は延べ13回開催されて協議が重ねられ，2008年３月には導入に向けた提言を村長に提出したものの，審議には至らなかった．その後，2011年12月にようやく村議会において「美ら島税条例」が提案されたが，採択とはならず継続審議となった．翌2012年３月の第１回村議会定例会に再度提案されたものの，否決された．そうしたことを受けて，村では2014年10月に「美ら島づくり条例」を制定して，自然豊かな環境を求めて，歩きタバコ，ごみのポイ捨て，廃車の放置などの行為を禁止し，住民が安心して暮らし，観光客が何度も訪れたくなる村づくりを進め，環境保全への村民の関心を高める意識改革を図ることとした．そして，2015年４月に新たなプロジェクトチームを村役場内に立ち上げて，環境保護のための財源確保策について検討を重ねた．その結果，今後も村が持続的に発展していくためには，座間味村の魅力向上に資する観光関連施設の整備や自然環境の保全・活用などの環境施策を積極的に実施するための財源が必要であり，自主財源となりうる「美ら島税」の創設が

表1　美ら島税の内容

項　目	内　容
課税団体	沖縄県座間味村
税目名	美ら島税（法定外目的税）
課税客体	旅客船，航空機等により座間味村へ入域する行為
使途	環境の美化，環境の保全及び観光施設の維持整備の費用
課税標準	旅客船，航空機等により座間味村へ入域する回数
納税義務者	旅客船，航空機等により座間味村へ入域する者
税率	1回の入域につき一人100円
徴収方法	特別徴収
収入見込額	1千万円
非課税事項	・中学生以下の者 ・地方税法第292条第1項第9号の適用を受ける障害者
徴税費用見込額	20万円
課税期間	条例施行後，必要に応じて見直しを行うこととする規定あり

資料：座間味村「美ら島税条例」，「新設法定外目的税総括表」より引用，一部改変.

必要であると結論づけた[7]．この検討結果を住民との意見交換会で説明するなどして住民の理解を深めた．そうした経緯を経て，2017年に定例議会に「美ら島税条例」が提案されて採択に至り，2018年4月1日より正式に施行された．

(3)　美ら島税の内容

検討開始から導入まで12年の歳月を要した「美ら島税」であるが，議論を長引かせたのは徴収の方法や免税の対象などに関する意見の相違であった．その詳細については割愛するが，導入された美ら島税の内容は表1の示す通りである．

まず，座間味村への入域者に毎回入域時に1人当たり100円を徴収する．ここでいう入域者とは，「村営の定期船，航空機及び海上運送法に基づく許可を得てまたは届出をして旅客を運送する船舶により，村外から本村へ入域する者」をいう[8]．ただし，地方税法第292条第1項第9号の適用を受ける障害者および中学生以下に該当する入域者は免税対象となる．また，村長が指定した特別徴収義務者が美ら島税を徴収する独自の徴収方法を採用している．徴収された税金は観光施設の清掃と保全，サンゴの保全活動，港湾およびビーチの清

表2　美ら島税の税収と使途

年　度	税収額(円)	使　途
2018（H30）	10,368,500	農道・林道・避難道草刈 公園清掃・環境美化助成金 神の浜展望台（老朽化施設）撤去工事
2019（R1）	10,065,800	農道・林道・避難道草刈　4,755,800円 公園清掃・環境美化助成金　1,144,000円 施設管理・道路清掃　4,166,000円
2020（R2）	3,035,300	村道草刈・清掃　1,035,330円 観光関連施設等清掃（公共トイレ，港湾等）1,144,000円 など
2021（R3）	2,820,700	村道草刈・清掃　1,070,700円 観光関連施設等清掃（公共トイレ，港湾等）1,750,000円

資料：座間味村のホームページより作成

掃に使用される．なお，美ら島税は協力金ではなく，税金という性格を有しているため，村民にも適用される．

(4)　美ら島税の使途

美ら島税の税収金額及び使途は表２に整理した．制度が導入されて，まだ５年しか経過しておらず，公表されているデータも少ないが，表２からその一端を確認できる．2018年度および2019年度は見込み通りの額を徴税でき，それらは主に農道・林道・避難道草刈，公園・道路清掃・環境美化助成金，施設管理・撤去工事に使われている．2020年度になると，新型コロナウイルス感染症（COVID-19）の影響を受けて座間味村への入域者数が激減したことから，美ら島税の税収額は303万4300円（前年比30.15％）に留まり，それらはすべて村道草刈・清掃，観光関連施設等清掃などに使われた．2021年度の徴収額は282万700円（前年比93％）となり，使途は前年度と同じである．この美ら島税は，現在，座間味村で表出している観光をめぐる課題を解決するため財源としては有効に働いていると考えられる．安定的な財源の確保により，村財政への負担もその分だけ軽減できたといえる．このように，環境目的税は１つの政策手段として，地域環境を改善することが期待される[9]．

4．海洋レジャーの展開に伴う利用調整のメカニズム

これまでの分析からわかるように，座間味村におけるダイビングの展開には大きく三つの利用調整過程があることがわかる．すなわち，①漁業と観光業の調整，②地元利用と外部利用との調整（レジャー対レジャーの調整），③環境収容力あるいは環境問題との調整，の三つである．本章において座間味村を事例として取り上げたのは，座間味村ではその時々の時代的背景のなかで，地域の人々が知恵を出し合い，適切な方法で課題を乗り越えてきたからに他ならない．それでは，この３つの調整過程が機能した本質的な理由とは何か．最後に，その調整のメカニズムについて考えてみたい．

まず，漁業と観光業との調整についてである．海洋レジャーの勃興の歴史は漁業との紛争の歴史であるといってよいほど，漁業と海洋レジャーとの相性は悪い．海面や水中などの海洋空間をめぐる競合や，航路や係留岸壁をめぐる利用競合などが常に存在している．にもかかわらず座間味村では漁業と観光業が共存共栄関係にあり，お互いを尊重しながら海の利用を続けてきた．それは漁家が，民宿やダイビングショップを営み，海洋レジャーから一定の利益を受けることができたからである．外部からの利益が地域内に循環する「域内利益循環システム」[10]が形成され，海洋レジャーのスムーズな定着を促したといえよう．

次に，地元利用と外部利用との調整については，当初，地元業者側は漁業権という法的な権限をもつ漁協を前面に押し出して対処を図ったものの，十分な効果が見られなかった．そこで，地元業者が漁協と連携を図りながら，オニヒトデの駆除やダイビングスポットの保護などに積極的に取り組み，環境を保護してきたことで，海域の正当な利用者であることを主張できるようになった．つまり，環境を守るという義務を果たしたことで，ただ利用するだけの島外の利用者とは異なる立場として，海域の利用に関する取り決め等の権限を持ち得たと言える．さらに，この「義務と権限のバランス」の主張を支えているのが，慶良間の海のラムサール条約への登録である．

最後に，環境問題との調整である．座間味村では紆余曲折を経て，観光の発展によってもたらされる「観光公害」を克服し，地域の環境収容能力を超えた過剰利用を回避する方法として，「美ら島税」と呼ばれる環境目的税を導入し

た．条例というローカルかつフォーマルなルールの形成によって，座間味村の環境を維持するための財源を確保し，当該問題の解決を図ったわけである．

このように座間味村では，社会情勢の変化に応じて，これまでに「域内利益循環システム」という経済システムの構築，「義務と権限のバランス」の形成，「ローカルなフォーマルルールづくり」といった調整メカニズムの装着によって，その時々の課題解決を図り，地域の持続的発展を追求してきた．もちろん，時として合意形成のために長年の歳月を要した背後に，それにかかわる地域リーダーたちの不断の努力があることを忘れてはならない．

注

1 圓田浩二「座間味村におけるスキューバ・ダイビングの歴史とその課題」『沖縄大学人文学部紀要』，第９号，pp. 33-42，2006年．

2 溝尾良隆「沖縄県座間味村におけるダイビング事業の進展と地域社会の変容」『漁村地域における交流と連携』，東京水産振興会，2004年．

3 宮内久光・宮崎大「沖縄県座間味島におけるマリンレジャー事業所の経営形態の変容」『沖縄地理』，第17巻，pp. 11-24，2017年．

4 前掲論文１．

5 前掲論文１．

6 山本栄一「目的税をめぐって」『経済学論究』，第24巻，第３号，p. 102，1970年．

7 宮里哲『条例第４号　座間味村美ら島税条例』，2018年．

8 「座間味村美ら島税条例」第２条．

9 諸富徹『環境税の理論と実際』，有斐閣，pp. 6-36，2000年．

10 婁小波『海業の時代』，農文協，2013年．

付記

本稿は，科学研究費助成事業（研究課題：21K12476）の成果の一部です．

第Ⅱ部
中国における海のレジャー的利用と管理

第10章　中国経済の構造転換と海のレジャー的利用の展開

包　特力根白乙

1．中国経済の発展

1.1　経済の高度成長

中国経済は急激な発展を続け，凄まじい成長を見せている．国家の経済規模を表す代表的な指標である国内総生産（GDP）の推移をみてみると，改革開放政策が打ち出された1978年から直近の2021年までの43年間で，名目 GDP は315倍以上も増加し，成長率は年平均で14.31％，最高の年には25.93％にも達した（図１）．こうした長期にわたる高度経済成長は，かつて日本やシンガポールでも経験したが，その期間は20ヵ年前後に止まっていた．世界一の人口を擁する中国で，こうした高度な経済成長が40年以上も持続しているのは，世界的にみても類を見ない稀な現象であろう．

世界経済の中でのポジションをみると，1978年に GDP は世界第11位にランクされていたが，国内の経済体制の改革と経済の積極的な対外開放によって，海外からの企業進出や工場移転の受け皿となって，中国は「世界の工場」と呼ばれる工業国としての地位を確立するようになった．2000年には GDP が初めて10兆元に達し，経済国としての順位もイタリアを追い越して第６位に上昇した．翌年12月に WTO への加盟を果たすと，国際分業と貿易活動がさらに活発化し，市場経済の徹底や競争の促進を図り，国際的競争力を急速に高めていった．その結果，2010年には GDP が41兆元を超え，日本を抜いて世界第２位の経済大国となった．

その後，国際環境の変化や高度経済成長からくるひずみの是正を図るために，2015年に「新常態（ニュー・ノーマル）[1]」方針を打ち出して，経済の持続可能な安定成長を目指す構造改革が図られるようになった．また，2017年からは，高水準な社会主義市場経済体制の構築，現代的な産業体系の建設，農村振興の全面的推進，地域の調和的な発展の促進，さらには高水準な対外開放の推進な

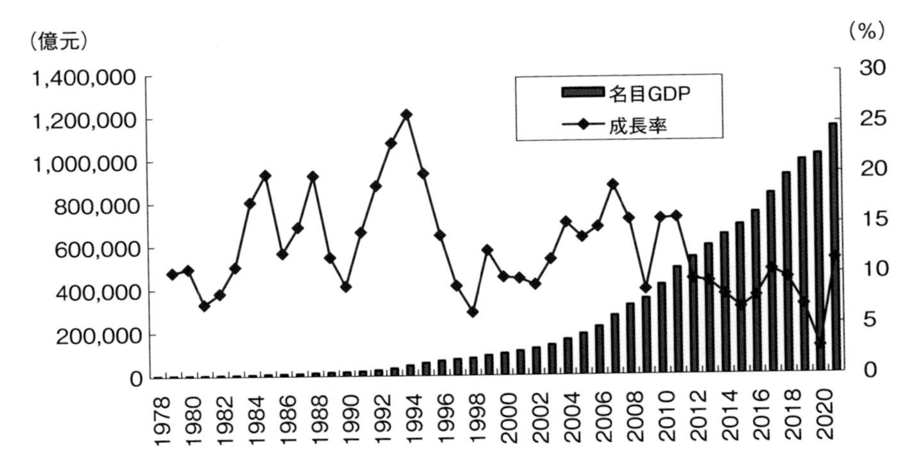

図1　中国のGDPと経済成長率の推移

資料：中国国家統計局ホームページ検索データより作成.

どを柱とした,「質の高い」経済振興方針を打ち出すようになった. つまり, これまでの成長一辺倒の政策を見直し, 社会の調和や持続可能な成長を求めることに主眼をおくようになった. さらに, その後トランプ政権の登場による中米貿易紛争の激化や, 新型コロナウイルス感染症の世界的な流行の影響による世界的不況が発生するなど, 中国経済を取り巻く国内外の社会・経済・政治的環境がますます厳しくなった. 2020年のGDP成長率は, この40年間で最低の2.67%に落ち込んだ. しかし, それでも2015年以降も中国経済は成長を続け, 2020年以降のGDPは「100兆元の大台」を突破している. 世界経済に占める中国のGDP割合[2]は, 1978年の1.73%から2021年の18.45%へと上昇し続けている.

このように, 中国経済の世界経済に占める地位は上昇し続けており, 2000年代に入ってからは世界経済の発展をけん引する機関車的な役割を担うようになっている. とはいえ, 中国は依然として世界最大の発展途上国であり, 1人当たりのGDPも未だに低い水準にあり, また地域間格差や所得格差などの様々な社会問題が未解決のままとなっている. 特に, ここ数年は国際情勢の複雑化や新型コロナウイルス感染症の影響を受けて需給双方の縮小がみられ, 中国経済は重大な局面を迎えている.

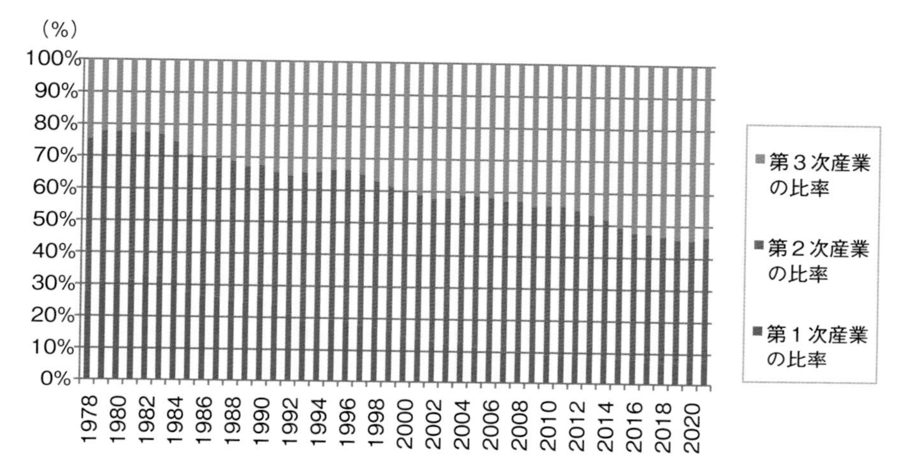

図２　中国経済の三次産業比率の推移

資料：中国国家統計局ホームページ検索データより作成.

1.2　産業構造の変化

次に，国家の経済レベルの１つの指標となる産業構造の変化の様子をみてみよう（図２）.

1978～1984年の間，中国の産業構造は常に第２次産業の割合が最も大きく，第１次産業と第３次産業と続く「カンラン型」構造[3]を見せ，中国の特色である工業化を特徴づけている．1985～2011年においても第２次産業の比重が最も大きいが，その後の順番は入れ替わり第３次産業，第１次産業の順となり，2002年に始まった「情報化を以て工業化を動かし，工業化を以て情報化を促す」という産業政策がこうした産業構造の変化を促している[4]．ただし，上述の第２次産業はいずれも製造業が中心である.

2012年になると，第３次産業が第２次産業を追い抜き，以降，第３次産業が１位，第２次産業が２位，最後に第１次産業という構図が出来上がり，さらに2015年からは第３次産業の比重が第２次産業と第１次産業を合わせたものを上回るに至った．こうした流れは，経済発展に伴って第１次産業，第２次産業の割合が低下し，第３次産業の比率が高まるという，いわゆる「ペティ＝クラークの法則」を貫くものであり，産業の高度化が果たされていることが伺える.

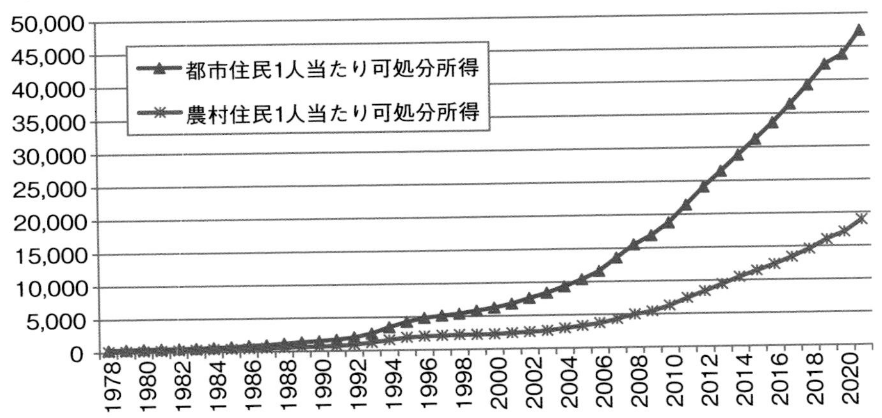

図３　中国における都市と農村住民1人当たり可処分所得の推移

資料：中国国家統計局ホームページ検索データより作成.

1.3　国民所得の上昇

さらに，国民の生活水準と福祉状況の基本的指標である可処分所得の推移を都市，農村別にみてみよう．経済の発展に伴って，中国における住民１人当たりの可処分所得は1978年から2021年までの43年間に都市では138倍増，年平均成長率12.14％，農村では141倍増，年平均成長率は12.20％に達した（図３）．

このように中国国民の可処分所得は急上昇しているが，図３からもわかるように，都市と農村の所得には大きな開きがある．このような所得格差は，工業・農業の二元構造，不完全な所得配分制度，教育受容度の差異などの複合的な要因が絡んでいる．

２．レジャー的ニーズの高まりと海洋レジャーの展開

「レジャー」という外来語は日本語では，「余暇」と「娯楽」の両方に解釈されるが，「余暇があってこそ，娯楽を楽しめる」ことから，「余暇」のほうが主意的であろう．一方，中国語では「休閑」と訳す．そもそも「休閑」は，「(土地を）遊ばせておく」，つまり「耕地を１年間あるいは１つの季節にわたって耕作せずに，土壌を回復させる」ことを意味していた．土地の所有者が暇な時

間を利用し，祝日慶賀や集会をしていたことが転じて，現在の「休閑」の意味へと変わっていった．関連する研究[5]によれば，「休閑」は広義には「自由な時間」，「個人の自由な意志による結果」，「1つの活動」，「良好な心理状態」の4つの基本的概念を包含しているとされる．

2.1　レジャー的ニーズの高まり

経済社会の発展と所得の上昇に伴い，都市農村を問わず多くの住民がゆとりのある生活を送るようになったことを背景に，中国では国民の需要が物質的欲求から物質・精神・時間の総合的欲求へと拡大するようになった．その結果，とくに2000年代に入ってからレジャーへのニーズが高まり，レジャー時代に加速度的に突入している．レジャー的ニーズの高まりの背景として，次の3つの要因が挙げられる．

第1に，国民の可処分所得の上昇である．前述したように，所得の上昇に従い，生活費などの日常的な支出以外にも回せる余剰金が増え，とりわけレジャー活動などに費やす金額が増えている．

第2に，レジャー産業の発展である．サービス業を含む第3次産業が急速に発展してきた．サービス業は第1次産業や第2次産業と連携することで，レジャー漁業やマリンスポーツといった海洋観光，いわゆるマリン・ツーリズム，あるいはブルー・ツーリズムといった新興レジャー産業が次々と生み出され，伝統的な意味合いを持つ観光業の外延を絶えず拡大していった．

第3に，余暇時間の増加である．中国では，1995年から「週休二日制」を導入し，また1999年より3つの長期休暇が導入されて，現在では国家法定の休日が年間で114日にも達している．また，多くの企業で定年が満50歳前後に繰り上げられ，多くの人々は定年退職後の余暇時間が大幅に増えている．一方，就業形態の多様化やワークスタイルやライフスタイルの変化などによって，フレックスタイムが導入されるなど勤務制度も弾力的に運用されるようになっており，多くの若者たちにとって余暇を楽しむための選択肢が拡大している．

2.2　海洋レジャーの展開

レジャー観光（中国語では「休閑旅游」）は，レジャーと観光の交差的概念として，レジャーと観光両方の特質を持つ．レジャー観光はこれまでの観光ス

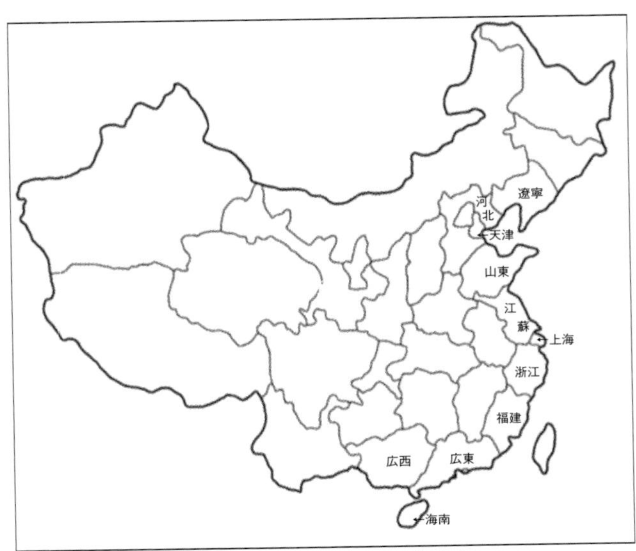

図４　中国沿岸域に位置する省・自治区・直轄市

タイルとは異なり，観光客の多様なニーズに応え，生活に彩りを与える役割を果たしている．

観光資源は，主に山や海などの自然資源，文化や技術などの人文資源が挙げられる．そのうち，海を対象とした観光資源は，海洋の自然環境や文化にかかわる多種多様な内容を含む．とりわけ，海水（Sea），砂浜（Sand），日光（Sun），海鮮料理（Sea food）からなる「4S」と呼ばれる資源で特色づけられた海洋観光は，レジャー的特質を有し，またその特色が海洋レジャー観光の形を作っている．こうした海洋レジャー観光は，海洋の自然環境を充分に利用し，漁業やスポーツなどに結びづけて，観光客が参加しやすいコンテンツを提供している．また，これ以外にも，中国には海洋レジャー観光に近い産業があり，それは「海浜観光業」と呼ばれている．海浜観光業は海洋観光に含まれ，海洋観光において最も基本的かつ最も魅力的な存在でもある[6]．

中国における海洋レジャー観光は，1980年代に沿海都市において登場した．その後，経済の発展と生活水準の上昇，休暇制度の充実によって，遼寧・河北・天津・山東・江蘇・上海・浙江・福建・広東・広西・海南の11省，直轄市，自治区まで広がり新興産業として位置づけられた（図４）．その活動の特徴を概観すると，中国における海洋レジャー観光は海浜観光業，海洋レジャー漁業，マリンスポーツの３つの分野に分けられる．また，分野ごとにさらに幾つかの形態に整理することもできる（表１）．ただし，海浜観光業，海洋レジャー漁業，マリンスポーツは，それぞれが個別に行われているのではなく，それらが融合しながら複合的に行われている場面も少なくはないことを指摘しておきたい．

2.2.1　海浜観光業

海浜観光業とは，海岸と海島及び海洋の各種の自然景観や人工的な景観に依拠した観光とサービス活動を指す[7]．その活動の目的は，観光遊覧型，休養型，慶祝行事型・文化芸術型，海浜保養型の５つに分けることができる（表１）．

中国では，海浜観光業は人々の物質的需要と精神的需要を満たすために生まれた観光形態であり，いまでは主要な海洋産業の１つとして位置づけられる．1990年代に入って，中国の海浜観光業は大きく伸長し，2006年からその生産額が海洋漁業，海洋原油，天然ガス業，海洋鉱業，海洋塩業，海洋船舶工業，海洋化学工業，海洋生物医薬業，海洋工程建築業，海洋電力業，海水利用業，海洋交通運輸業といったすべての主要な海洋産業部門を上回っている．また，主要な海洋産業総生産増額に占める割合は，2004年の26.11％から2019年の53.90％へと急激に上昇した．新型コロナウイルス感染症の影響により，2020年にその割合が46.02％まで下がったが，2021年から回復しつつある．

2.2.2　海洋レジャー漁業

1990年代に入って，中国の海洋漁業は資源の悪化や漁撈生産コストの上昇，水産物価格の低迷により苦境に陥った．そのため，漁家所得が減少し，一部の漁民は転業を余儀なくし，南東沿岸海域において海洋レジャー漁業が登場していくこととなった[8]．その後，政策的指導と海浜観光業の発展によって海洋レジャー漁業は徐々に新興産業として成長してきた[9]．

海洋レジャー漁業とは，海洋の漁業資源・自然資源・人文資源と，漁村における体験・娯楽・文化・教育・食を結び付けたサービスを指す．活動の目的は，海釣り型・漁業体験型・漁民生活体験型・漁村文化観賞型・漁業教育型・漁業慶祝行事型・魚市観光型・魚食型・「漁家楽」総合型・海洋牧場総合型の10の

表1　中国における海洋レジャー観光の分野と類型

分野	類型	活動内容
海浜観光業	観光遊覧型	海洋生態環境観光，沿岸域の観光，海洋都市の観光，海洋テーマパーク，海鳥観賞など
	休養型	島での休養，海洋漁村での休養，海洋都市での休養，海洋遊覧船での休養など
	慶祝行事型	海の祭り，媽祖（まそ）の祭り，中国航海記念日（毎年7月11日）の活動，世界海洋記念日（毎年6月8日）の活動など
	文化芸術型	海洋絵画，海洋撮影，砂浜彫塑，海洋文学，海洋映画・テレビの制作，海洋服装展示，海洋工芸美術品の制作など
	海浜保養型	海水浴，海風浴，日光浴，海水蒸気による按摩，砂浜エクササイズ，海泥による治療，海藻による治療など
海洋レジャー漁業	海釣り型	磯釣り，礁釣り，船釣りなど
	漁業体験型	漁船漁業の体験，漁業生産の体験など
	漁民生活体験型	漁民生活の体験，漁家信仰・禁忌民俗の体験，潮干狩りなど
	漁村文化観賞型	鵜飼漁・集魚灯を使った漁（すなどり）の文化，魚の絵・魚のお話・魚食の製法などの魚の文化など
	漁業教育型	漁撈の発展史，漁具と漁業技術の進化史，海洋文明史，海洋漁業博物館，海洋館，水族館，漁業博覧会など
	漁業慶祝行事型	漁撈の祭り（中国語では「開漁節」），「漁家楽」民俗風土人情観光祭りなど
	魚市観光型	魚市の見物，水産物直売の体験，食べ歩きなど
	魚食型	海鮮魚介炊事の腕くらべ，海鮮魚介料理の大会，海上花火大会，砂浜篝火の夜会など
	「漁家楽」総合型	漁民の日常的な漁業活動を観光者の「食べる」「住む」「歩く」「遊ぶ」「買う」「楽しむ」などの需要と結び付けた大衆活動
	海洋牧場総合型	養殖・観光・魚釣・宿泊・飲食・科学研究・サイエンスコミュニケーションなどを一体にした現代化的な海上総合施設
マリンスポーツ	海辺レクリエーション型	ビーチバレー，ビーチサッカー，ビーチオートバイ，島巡りの自転車レースなど
	海上運動型	水泳，丸木舟，ゴムボート，ボート，サーフィン，モーターボート，ボードセーリング，ヨットなど
	潜水型	潜水スポーツ，海底観光の潜水艇など
	空中飛翔型	牽引傘，海上飛龍など
	海岩運動型	岩登り，（水泳で）飛び込みなど

資料：筆者作成.

形態にわけることができよう（表１）.

2011年以来，中国における海洋レジャー漁業は，政府の方針によって飛躍的に発展している．その状況を見ると，地域的には山東・広東両省が海洋レジャー漁業の中心地となり，観光引率型と海釣り型が海洋レジャー漁業の主な活動になっている．また，海洋レジャー漁業の生産額は，2017年に184.13億元であったが，たった２年間で倍増し，2019年には397.79億元と史上最高を記録した．日本では漁業といえば海面漁業をイメージするが，中国の漁業は淡水（内水面）が大きな比重を占めていることから，淡水においてもレジャー漁業が存在する．淡水レジャー漁業の方が生産額は大きく，海洋レジャー漁業がレジャー漁業（海面，淡水の合計）に占める割合は2017年は25.99％であったが，2019年には42.17％に上昇し，淡水レジャー漁業の生産額に接近している．

2.2.3　マリンスポーツ

1983年に中国は「体育強国」という目標を打ち出した．それ以来，レジャースポーツ活動は，余暇時間を利用した健康増進の有効な方法として国民の興味関心を引いている．レジャースポーツの進展にしたがって，マリンスポーツも人々の選択肢に含まれ，普及していった．

マリンスポーツは，海洋自然環境をベースに運動することで，健康増進と精神的体験を獲得するスポーツを指し，経済的機能・文化的機能・トレーニング的機能・娯楽的機能という４つの機能を持つとされている[10]．マリンスポーツは，海辺レクリエーション型，海上運動型，潜水型，空中飛翔型，海岩運動型の５つの類型に分けることができる（表１）．

中国においてこうしたマリンスポーツは，主に３つの経営方式によって行われている．１つは観光会社が管理運営する直営方式である．この方式では専門的あるいは高性能・高価格な器械や装備を用いて活動するケースが多い．２つ目は観光会社が管理はするが，運営に直接関与しない方式である．観光会社は外部の会社あるいは個人に業務委託し，手数料を受け取る．３つ目は個人が直接運営する方式である．この方式では積極的な投資は控えられて，ハイシーズンのみの季節営業，あるいは流行時に一時的に参入するといった柔軟な経営のパターンがある．

3．漁業の発展と構造転換：「転産転業」政策の導入

3.1　中国漁業の変遷

中国の漁業発展は，回復期（1949～1957年），低迷期（1958～1965年），成長期（1966～1976年），急成長期（1977～1996年），安定成長期（1997年～現在）の５つの段階[11]を経ている．改革開放政策が導入された1978年以降の漁業生産量の推移をみると，1979年には495.19万トン，1999年には3570.15万トン，そして2019年には6480.36万トンへと急増していることがわかる．その年平均成長率をみると，急成長期の20年間では10.38％，安定成長期では3.02％となっている．1997年以降の安定成長期に入ると成長が鈍化するようになったが，改革開放後から今日にいたるまで全体として大きな成長を遂げていることに間違いはない．

中国漁業はかつては資源産業としての第１次産業に偏っていたが，水産物流通や水産加工技術の発達，レジャー漁業の進展により第３次産業としての役割が加わった．そして，2017年頃からは第１次産業であった漁業が第２次・第３次産業へと展開し，その産業構造や産業としての性質は大きく変貌した．

こうした変化をもたらしたのは，改革開放政策を受けての請負経営責任制の導入，1985年の水産物価格自由化政策，「養殖を主とする」漁業振興方針の確立，1996年の漁業産業化経営の推進，2007年の漁業現代化政策の導入，第12次「５ヵ年規画」（2011～2015年）での現代漁業産業体系の形成，2013年の海洋漁業の戦略産業への格上げ，さらには2017年の漁業供給サイドの構造改革などの諸政策の推進である．

3.2　「転産転業」の推進

1990年代に入ると，中国近海の漁業資源の悪化によって漁業収益が減り始めた．また，21世紀に入ると，中日・中韓・中越などの二国間漁業協定の相次ぐ発効によって中国の伝統的漁場が続々と縮小されるようになった．その結果，多くの沿海漁民が窮地に陥り，従来とは別の職業に就くことを余儀なくされた．いわゆる「転産転業」の始まりであるが，これは当初は受動的な立ち場からネガティブなニュアンスで使われた言葉であったが，後になって行政によって

「漁獲努力量削減の措置」の１つとしての意味が加えられて，積極的な意味合いで使われるようになった．積極的な意味合いでの漁民の「転産転業」とは，漁船及び漁民を減らすことを通して漁獲努力量を削減し，漁業資源の保護を促進するとともに漁業労働力の過剰供給を解決する政策的措置を指している．今のところ，「転産転業」は海面・内水面を問わず，漁民を漁労活動から撤退させる政策として導入されている．以下，海面漁業を営む漁民を対象とした「転産転業」の実態についてみてみよう．

中国政府は2001年から漁民に対して「転産転業」政策を実施し，漁船漁業から退出する漁業者に特別給付金を支給する経済的な支援制度を導入した．国家財政において「転産転業」専用基金を設立し，2002年から３年間，毎年2.7億元の基金を用意し，漁船の減船と漁民の転業のための補助の原資とした．同時に，農業部（2018年より「農業農村部」に改称）漁業漁政管理局（日本の農林水産省水産庁に相当）は国家財政資金から毎年6000万元を支出し，転産事業を支援した．これらの措置が「転産転業」を促進し，「転産転業」政策は一定の効果を上げた．

その後，漁民の「転産転業」に対しては，特別な政策的措置はなかったが，漁業管理の手段として，とりわけ漁撈許可と漁船管理の一環として組み込まれることとなった．実は，沿海漁撈漁民の「転産転業」と海洋漁撈漁船の「ダブル規制」（漁船隻数の規制・漁船馬力数の規制）は裏表の関係にある．具体的に言えば，前者が後者の制定と実行に有利な条件を与え，その逆に後者が前者の推進と効果を保障している．したがって，農業部の漁業漁政管理局は，「転産転業」と「ダブル規制」を統一的に管理し，その相乗効果を期待してきた．2003年，農業部は『2003～2010年における海洋漁撈漁船の規制制度の実施に関する意見』を策定し，全国海面漁業の漁船隻数とその馬力数を，2002年の22.23万隻・1269.66万 kW から，2010年の19.23万隻・1142.69万 kW へと減らすことを明確に打ち出した．こうした「ダブル規制」を通して，沿海漁撈漁民の「転産転業」を推進し，海洋漁業資源の漁獲可能量に相応しい海洋漁撈強度の実現を目指した．その後，全国漁業発展の第12～14次「５ヵ年規画」（2011～2015年，2016～2020年，2021～2025年）においても海洋漁撈漁船の規制[12]が書き込まれている．そのうち，第14次「５ヵ年規画」に至っては，12m 以上の海洋漁撈動力漁船[13]の隻数のみが規制され，2020年の５万隻から2025年にはマイナス成長することが約束されている．こうした海洋漁労漁船に対する規制指標の減少と規制範囲の縮小は，海洋漁撈漁船・漁民の減退に関する段階的目標にかなり接近している．ところが，漁撈漁民の「転産転業」において解決すべき課題は極めて難しいものといえる．転業した一部の漁民は今なお生活に困り，ひいては貧困への引き返しであるいわゆる「返貧」が起こる可能性さえある．そのため，漁民の中には「転産転業」に対して否定的な気持ちを持つ者もいた．

4．レジャー漁業の勃興と振興政策

4.1　レジャー漁業の勃興と発展

中国におけるレジャー漁業の始まりは，アメリカ，カナダ，ヨーロッパ，日本や台湾などの国・地域と比べると，かなり遅かったようである[14]．1980年代にレジャー漁業が登場し始め，1990年代に入って浸透していった[15]．21世紀に入ると，遼寧・河北・北京・山東・上海・浙江・福建・広東・四川などの省，直轄市において本格的に発展し，政府もレジャー漁業を重要視するようになった．その後，政策的な後推しを受けてレジャー漁業は急成長し，2006年にはレジャー漁業が新興産業として正式に認められ，第12次「５ヵ年規画」（2011～2015年）において，水産養殖業・漁業・水産加工流通業・増殖漁業と並んで現代漁業の５大産業の１つとして位置づけられるまでになった．このように中国におけるレジャー漁業は，30年もの年月を経て発展を遂げ，現在では，生産・生態系環境・生活の持続的発展（「三生」という）を推進する産業になりつつある．

中国におけるレジャー漁業の活動規模を表す生産額の推移を見たのが表２である．レジャー漁業総生産額は2003年の54.11億元から2011年の256.01億元を経て，2019年の963.67億元へと急増している．平均年成長率をみると，前半８年間では21.44％，後半８年間では18.02％といずれの期間においても高い成長を記録していることがわかる．また，レジャー漁業生産額の漁業流通とサービス業（すなわち漁業の第３次産業）の生産額に占める割合は，2003年の4.53％から2011年の7.12％へと上昇し，さらに2019年には12.73％に達している．ただし，新型コロナウイルス感染症の影響を受けて，2020年にはその生産額が825.71億元と，前年比－14.31％の減額となっている．

表2　中国におけるレジャー漁業の生産額と比重の推移

	漁業流通とサービス業の生産額（億元）	レジャー漁業の生産額（億元）	レジャー漁業生産額の比重（%）
2003	1,193.57	54.11	4.53
2004	1,445.58	76.42	5.29
2005	1,722.66	81.92	4.76
2006	1,969.77	101.63	5.16
2007	2,247.85	153.52	6.83
2008	2,315.41	174.48	7.54
2009	2,828.11	215.77	7.63
2010	3,088.87	211.24	6.84
2011	3,594.33	256.01	7.12
2012	4,145.93	297.87	7.18
2013	4,725.96	365.85	7.74
2014	5,122.25	431.85	8.43
2015	5,594.86	489.27	8.74
2016	6,248.85	664.53	10.63
2017	6,780.75	764.41	11.27
2018	7,373.96	902.25	12.24
2019	7,572.83	963.67	12.73
2020	8,091.15	825.71	10.21

資料：『中国漁業統計年鑑』（各年次）より作成.

4.2　レジャー漁業の振興政策

中国においてレジャー漁業が盛んになったのは，その振興政策に負うところが大きい．中国政府（国務院，農業農村部（農業部））による振興政策とその内容を年代順に追ってみてみよう．

1996年，第９次「５ヵ年計画」（1996～2000年）において「農業部門は農村集団と農民を奨励し，非農耕地と資源を積極的に開発・利用し，娯楽漁業を産業構造調整の範囲に含める」と示した．これがレジャー漁業に対する初めての政策的奨励策であった．

2001年，第10次「５ヵ年計画」（2001～2005年）では「条件を備えている地域では，技術・資金集約型の養殖団地を積極的に推進し，レジャー漁業を促進しよう」との方針が掲げられている．ここでは「レジャー漁業」という言葉が政府の文書において初めて明記されるようになった．

2003年，国務院は『全国海洋経済発展の基本方針』を公布し，「漁業資源の増殖とレジャー漁業の推進とを結合させ，異なる形態のレジャー漁業を積極的に発展させよう」と明示している．同年，当時の農業部は『海洋漁業従事者の転産転業専用資金の使用管理に関する暫定規定』も同時に公布し，「レジャー漁業を奨励し，漁民をサポートしながら転産転業を促進させよう」との方針を示している．

2004年，農業部では『渤海における生物資源保護の規定』を公布し，「政府はレジャー漁業の発展を促進させ，沿岸県以上の地方政府の漁業行政部門はレジャー漁業活動の監督と管理を強めるべきである」との通達が発出されている．

2006年，農業部は『中央の社会主義的新農村建設の戦略的配置を着実に遂行する実施意見』において，「優位にある輸出水産物の生産を強め，水産物加工業とレジャー漁業の発展を奨励し，遠洋漁業を積極的に発展させよう」との方針を提示している．同年，農業部は第11次「５ヵ年規画」（2006～2010年）において「条件を備えている地方は都市型レジャー漁業を導入し，それを積極的に推進しよう」と明示している．また，全国漁業発展のための第11次「５ヵ年規画」において，「レジャー漁業を優れたものにし，規模拡大を図る」ことを方針として示している．

2012年，農業部は『レジャー漁業の持続的発展の促進に関する意見』を発出し，初めてレジャー漁業を独立した政策カテゴリーとして位置付けた．同年，サービス業発展の第12次「５ヵ年規画」（2011～2015年）において，「レジャー農業，生態農業，レジャー漁業，農村の観光など住民の暮らしに基づいたサービス業を積極的に展開し，農民・漁民の所得向上を図ろう」と説いている．さらに，全国漁業発展の第12次「５ヵ年規画」において「文化多元的なレジャー漁業の発展を奨励する」という方針も示されている．

2013年，国務院は『海洋漁業の持続的発展の促進に関する意見書』において，「漁民の転産転業計画を策定し，海面養殖，水産物加工，レジャー漁業の発展を支援する」と説明している．

2016年，農業部は『漁業発展の転換と構造調整の推進に関する指導的意見書』において，「レジャー漁業を力強く推進し，（中略），レジャー漁業の管理規則を制定し，レジャー漁業の先進事例を創設していく」必要性を強調している．同年，農業部は厦門市で全国レジャー漁業の会議を開催し，レジャー漁業の発展と規範的管理を一層推進する方針を固めた．これがレジャー漁業をテーマとした初めての全国規模の会議であった．また，全国漁業発展の第13次「5ヵ年規画」(2016～2020年）においても「レジャー漁業を積極的に発展させよう」と明示している．

2017年，農業部はレジャー漁業のブランド育成を目指して，初めて「4つの一」プロジェクトを計画し実施した．「4つの一」工程とは，次の4つの作業を指している．すなわち，①美しい漁村づくり，②レジャー漁業の先進事例づくり（レジャー漁業テーマパークを含む)，③影響力あるイベント活動の創設，④レジャー漁業のリーダーと管理人材の育成及び認定，である．

2018年，農業農村部は大連市で全国漁業3次産業融合発展の会議を開催し，レジャー漁業施設の建設を進め，そのサービスと管理水準を高め，高度な管理体制を構築することを方針として打ち出している．

2019年，農業農村部・生態環境部・林草局は共同で『広域的な生態型漁業[16]の発展に関する指導意見書』を公布し，「広域漁業の特質と優位性を発揮し，高度加工とレジャー漁業を力強く推進し，3次産業の融合的発展を進めよう」と宣言している．

2020年，農業農村部は『全国郷村産業発展規画（2020～2025年)』を公布し，市町村のレジャー観光業を優れたものにし，養殖池・湖・ダムなどの水面及び海洋牧場を拠点に，釣りなどのレジャー漁業の推進を奨励している．

2021年，農業農村部は全国漁業発展のための第14次「5ヵ年規画」(2021～2025年）を公布し，「多種多様な業態を育成し，レジャー漁業を発展させることで，漁業文化を保護し受け継ごう」と定めている．

以上のように，中国のレジャー漁業は1980年代までは自生的な芽生えであったが，90年代中頃に入ってから政策的に推進するようになった．そして，2000年代に入ってからはレジャー漁業の推進それ自体が1つの産業政策として確立されるようになっている．もちろん，そうした政策的な推進に際して，研究側からの貢献も少なからずあったことはいうまでもない．

5．レジャー漁業の特徴と課題から見える今後の展望

5.1　レジャー漁業の特徴

中国においてレジャー漁業は外延の広がりが大きく，娯楽漁業，スポーツ漁業，体験漁業，観賞漁業，観光漁業などを包含している．レジャー漁業とは「海面・内水面水域及び漁村地域が有する漁業資源・自然資源・人文資源に依拠し，体験・娯楽・文化・教育・食と有機的に結合し，モノ・サービスとして提供される新型産業」と定義できる．

レジャー漁業は次の３つの特徴[17]を抽出できる．すなわち，第１に，水域にかかわるという特徴である．レジャー漁業は海洋・河川・湖・ダム・池などの水域を活動空間とする特色がある．第２に，漁業・漁村にかかわるという特徴である．レジャー漁業は漁業・漁村を実体あるいは媒介とし，産業自体を高度化させ，またそれを新たな経済形態とする特色がある．第３に，「商業性」（商業的特徴）である．レジャー漁業は商業的漁業の開発行為であり，その経営者が活動空間とサービスを提供し，消費者がその活動に費用を支払うことによって，商業的行為として成立している．

なお，レジャー漁業はレジャーを目的にした漁業の第３次産業である．中国において，レジャー漁業は現代漁業の１つの支柱として，新しいサービスに対する消費，豊かな余暇時間を送るために国民が選択できるレジャーの１つとして重要性を増している．また，漁村振興や漁民の所得向上の有効な手段としても，その産業的・社会的・経済的重要性が高まってきている．

5.2　レジャー漁業の課題

中国におけるレジャー漁業は良好な成長を見せてきたが，いくつかの課題が存在する．まず，経営面では，レジャー漁業の経営体は漁民と農家を主としているため，経営管理・サービス水準に限界があり，観光資源のメニュー開発が単一的で，観光・魚釣・遊覧船体験・料理屋などの初歩的なレジャーにとどまり，同質化してしまっていることが挙げられる．次に，政策を見ると，レジャー漁業の展開に対して指導が行き届かず，多部門間の政策の調和が取れていない．

それでは，中国におけるレジャー漁業は近い将来においてどのように発展していくのであろうか，この点について若干の考察をしておく．

2023年に入り，新型コロナウイルス感染症が沈静化したことを受けて，全国各地で経済活動が再開され，レジャー漁業の市場供給も次第に回復してきている．一方，政策環境の規範化により，住民の消費意識がさらに変化し，レジャー漁業をめぐる質的発展がより速くなる見込みである．今後，規範化による管理の強化，産業発展レベルの向上，内生的に生まれる経済の駆動力がレジャー漁業の高度な質的発展の必要条件となるだろう．

とりわけ，内陸部のレジャー漁業を取りまく環境が大きく変化しつつある．2021年より，長江全流域において10年を期限とした全面的禁漁が実施された．当面の「水域の生態文明の建設」の推進によって，今後，より多くの河川と湖沼に対して禁漁政策が実施される可能性が強くなっている．よって，中国のレジャー漁業において重要な位置づけにある内陸部のレジャー漁業の姿が新たに形作られることになろう．短期的なインパクトとしては，魚釣を主としたレジャー漁業に大きな影響を及ぼすことは必至であろう．長期的に見ると，レジャー漁業と釣り産業の質的発展に有益であろう．

なお，中国の『国民経済と社会発展の第14次５ヵ年規画（2021～2025年）及び2035年の見通し』において「社会主義の現代化を実現する」，「１人当たりの国内総生産額を中等発展国のレベルに到達させる」，「消費を全面的に促進する」，「祝日休日制度を定着させ，祝日休日の消費を拡大する」などを打ち出している．これらの政策に加えて，新型コロナウイルス感染症の影響からの脱却と生態系環境の改善及び国民消費水準の上昇によって，中国のレジャー漁業は将来にわたって発展していくと考えられる．

注

1　「新常態」とは経済発展を高度の成長から中高度の成長に転換させる状態のこと．

2　快易理財網 https://www.kylc.com/stats/global/yearly_per_country/g_gdp/chn.html.（閲覧日：2023年１月７日）．

3　「カンラン型」構造とは３次産業において第２次産業の生産額が第１次産業と第３次産業のそれを上回る状態のこと．

4　中国の工業化は４つの段階を経ており，同政策はその第４段階の新型工業化の道筋である．

5　郭魯芳『休閑経済学―休閑消費的経済分析』，浙江大学出版社，pp. 31-32，2005年．

[6] 海洋観光はレジャー的な目的だけではなく，その他の目的で行われる海洋に関する観光のすべてを含む，より総体的な概念である．なお，海洋レジャーは海洋観光の一部分である．海浜観光は海に隣接した陸地沿いの海洋観光である．

[7] 中国自然資源部『中国海洋経済統計年鑑2021』，海洋出版社，p. 41，2022年．

[8] 袁華栄ら「広東省海洋休閑漁業発展現状及SWOT分析」『中国漁業経済』，Vol. 38，No. 1，pp. 92-104，2020年．

[9] 包特力根白乙ら「休閑漁業内涵界定及其市場特性論析」『漁業経済研究』，Vol. 34，No. 3，pp. 44-50，2008年．

[10] 解際翠「山東半島藍色経済区海洋休閑体育発展研究」『当代体育科技』，Vol. 32，No. 9，pp. 253-256，2019年．

[11] 包特力根白乙「中国における漁業発展の段階性とその背景（Ⅰ）」『漁村』，Vol. 71，No. 7，pp. 68-73，2005年．

[12] 海洋漁撈漁船の規制は，1980年代中頃にスタートしている．1986年に公布した『中華人民共和国漁業法』において「海洋操業にかかわる漁撈許可証は，船舶及び漁網漁具に関する国が定める管理目標を超えてはならない.」と定められている．続いて，1987年に当時の農牧漁業部が『近海漁撈の動力漁船の規制指標に関する意見』を発布した．その後，全国漁業発展の第８～９次「５ヵ年計画」(1991～1995年，1996～2000年）・第10～11次「５ヵ年計画」(2001～2005年，2006～2010年）においても海洋漁撈強度の規制指標が書き込まれている．

[13] 中国では船の長さに基づいて海水動力漁船を分けると12m未満，12～24m未満，24m以上，となる．

[14] 前掲９．

[15] 包特力根白乙「休閑漁業：4.0模式，経済拉動与発展経略」『中国漁業経済』，Vol. 39，No. 2，pp. 9-20，2021年．

[16] 生態系環境型漁業とは伝統的な水産養殖生産の経験に基づき，生態系環境学と生態系環境経済学の原理を依拠したシステム的研究方法によって作り出された多段階・多構造・多機能な総合的養殖技術をもつ生産方式を指す．

[17] 前掲９．

第11章　中国レジャー漁業研究の展開とレジャー漁業を取り巻く環境

寧　波・余　丹陽

1．中国におけるレジャー漁業研究の変遷

中国におけるレジャー漁業研究は1990年代に始まり，21世紀に入ってから加速した．2022年2月22日，中国学術文献オンラインサービス（China National Knowledge Infrastucture：CNKI）で「レジャー漁業」をキーワードとして検索したところ，計1126件の文献が見つかった．図1に示すように，1991年以前の文献は存在せず，1991年に初めて関連論文が発表された．文献量は2009年ごろまで急成長し，その後は多少上下の動きがみられるものの，おおむね60件程度で推移している．2021年には新型コロナウイルス感染症の影響で，論文数は

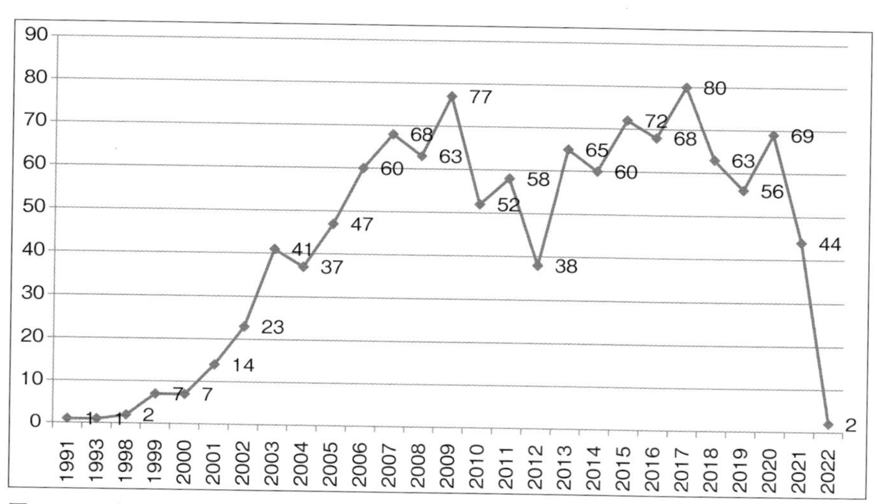

図1　1991年～2021年レジャー漁業をキーワードとしたCNKI検索文献数の推移

資料：CNKIデータにより作成．

急減している．

レジャー漁業に関する研究は，中国海洋大学，上海海洋大学といった海洋・農業関連の各研究機関が中心となっており，CNKI のレジャー漁業関連文献を分析すると，その大半は，主に（1）発展モデル研究，（2）地域事例研究，（3）構造転換・高度化研究の３つの分野において展開されていることがわかる．以下では，それぞれの詳細について概観する．

1.1 発展モデル研究

平（2004）[1]は，発展するレジャー漁業を生産経営型・遊漁型・漁村生産体験型・水族展示型に分類し，整理を行っている．また，蔡（2005）[2]は，レジャー漁業は投資が少なく，短期間で効果が得られることを指摘している．既存の水産養殖場・漁港・漁船・漁業施設を活用して漁民の専門技術を活かし，漁村の対外開放や都市・農村ならびに沿岸・内陸の交流を促進させることで，漁業および漁村の知名度向上や，環境整備によって漁業の現代化，地域経済の発展につながることを明らかにした[3]．董ら（2011）[4]は，山東省各地のレジャー漁業の現状分析を行い，収益状況と観光客数等のデータ分析を通じて，山東省に最も適したレジャー漁業の経営形態は共同経営と「国有企業＋漁師」モデルだと指摘した．劉（2014）[5]は，SWOT 分析を用い，吉林省が選択すべきレジャー漁業の形態は生産経営，観光漁業，展示教育等の総合型レジャー型モデルであると導き出した．李（2016）[6]はゲーム理論を用いた各ステークホルダー間の関係整理を通じ，レジャー漁業の模索段階は政府主導モデル，参画段階は「漁民＋漁民」モデル，発展段階は「企業＋漁民」モデル，定着段階は出資協力モデルが適していることを明らかにした．臧（2018）[7]は，観光地である諸城市を事例に，レジャー漁業モデルを河川区間別遮断モデル，大・中型ダム風景区モデル，小型ダム貯水池庭園モデルに分類した．範ら（2018）[8]は大連市の取組を事例に，ASEB グリッド分析法を用いて活動，体験，収益等に関するレジャー漁業の強み・弱みならびにチャンス・脅威の分析を行い，大連市のレジャー漁業の発展に適した開発モデルを提示した．孟ら（2018）[9]は，広東省湛江市におけるレジャー漁業発展戦略の階層分析モデルを構築し，開拓型発展革新戦略を提示し，資源優位性の発揮，政策サポートの強化，人材誘致の強化を通じて湛江市のレジャー漁業の発展を可能にすると示している．

1.2　地域事例研究

上記の発展モデル研究も事例分析に基づいて行われているものが多く，地域事例研究は既に多くの蓄積がある．まず，離島のレジャー漁業の研究として，兪ら（2017）[10]と毛ら（2017）[11]はそれぞれ福建省平潭島と浙江省岱山島を事例に，発展の要因と発展を阻害する要因を明らかにし，対策を分析した．また，漁民のレジャー漁業への転業の意志と意向に関して，林ら（2016）[12]が広東省大亜湾区の７つの漁村を対象に漁民にインタビューとアンケート調査を実施し，分析している．レジャー漁業の安全問題については，林ら（2010）[13]がインタビューとアンケート調査を福建省寧徳市三都澳レジャー漁業区の観光客に対して行い，レジャー漁業の安全に関する措置を示した．張ら（2018）[14]は舟山市を事例に，レジャー漁業等の発展過程で表面化した問題の分析を通じ，遠洋漁業と持続型漁業を重点的に発展させるという２大戦略とその実現のための戦略を提示した．また，レジャー漁業経済について，李ら（2019）[15]が浙江省の2006年と2016年のデータを用いて実証研究を行い，漁業文化の保全と伝承の強化，ブランド構築の推進，サービスの向上，商品体系の充実化，地域の事情に適したレジャー漁業の発展策等を提示した．

1.3　構造転換・高度化研究

呉ら（2016）[16]は中国沿岸の「漁業・漁民・漁村」の構造転換問題を検討する際に，レジャー漁業の大々的な発展は海洋漁業の構造転換に極めて重要であることを指摘した．王（2017）[17]と張（2017）[18]は，レジャー漁業の展開における問題を洗い出した上で，構造転換・高度化の道筋を提示した．両者の違いは，前者が事例分析・比較分析という方法を用いて全国のレジャー漁業の構造転換・高度化の分析を行ったのに対し，後者は定量分析と定性分析を融合して，舟山群島という小さなエリアに適した構造転換の道筋を導き出した点にある[19]．また，李（2018）[20]はフィールド調査を通じて，山東省煙台市のレジャー漁業の現状・特徴・問題を分析し，観光地の発展周期理論に基づき同市が観光発展段階の定着，向上段階に入りつつあるとした．李（2018）[21]は台湾の漁業，観光業に対する調査を通じ，漁業管理の強化，商業漁獲とレジャー漁業間の対話の奨励といった伝統的漁業の構造転換・高度化について分析を行っている．

構造転換・高度化研究については，レジャー漁業をベースとした関連産業の融合を論じた研究もあり，注目に値する．その主なものとしては，レジャー漁業の産業融合型モデル研究と産業融合型事例研究がある．

1）融合モデル研究

董ら（2014）[22]は，資源，商品，技術，市場，企業という5つの側面からレジャー漁業の融合型発展の展開を検討した．一方，張（2015）[23]は資源配分の最適化を通じて，レジャー，娯楽，生態系の保護，旅行，科学普及，文化伝承，飲食グルメ，宿泊サービス等を有機的に結びつけ，第1次・第2次・第3次産業とレジャー漁業の融合を分析した．金（2019）[24]は海南省三亜市のレジャー漁業の発展過程で表面化した問題の分析を通じ，海洋レジャー漁業の構造転換・高度化の必要性を説き，組織モデルの転換と多産業融合型の促進が現在の三亜市における海洋レジャー漁業の構造転換・高度化の発展の方向性であると指摘した．林（2018）[25]は福建省三都澳のレジャー漁業に対する調査・分析で，レジャー漁業と文化教育，スポーツ，娯楽業，金融業，宿泊飲食業，情報化を融合させる道筋を提示し．馬ら（2011）[26]はレジャー漁業と観光業を結びつけ，地理的条件が悪いいくつかの新規レジャー漁業プロジェクトと知名度の高い観光スポットをつなげることでPRを図るという戦略を示した．陳（2017）[27]は文化クリエイティブ・デザインサービスとレジャー漁業を融合させることで，レジャー漁業産業のコアコンピタンスを増強し，レジャー漁業の発展レベルを向上させることができると説いた．

2）産業融合型事例研究

次に産業融合型の事例研究についてみていく．まず，王（2017）[28]は四川省重慶市北碚区を事例に，レジャー漁業の発展の実現には，レジャー漁業を区全体の発展戦略に組み込み，飲食，観光，娯楽，レジャー，漁業等と結びつけることが必須だという見解を示した．李（2014）[29]は帰納法を通じ，山東省青島市の海洋観光業の発展戦略を導き出した．すなわち，大型定期客船業とレジャー漁業をコアとし，海上都市観光と海洋教育を目的とする観光を融合させる発展のモデルを検討した．耿ら（2017）[30]は構造調整や養殖業，資源の保護を足掛かりに，第1次・第2次・第3次産業の融合型発展の促進方法を提示し，河南省信陽市の漁業生産環境の改善や，漁業の高度化に寄与する仕組みを考察している．李（2017）[31]らは河北省石家庄市のレジャー漁業の現状を総括し，「観光＋漁業」，「文化＋漁業」，「インターネット＋漁業」という融合モデルを提示し，漁労作業の場と家族単位の養殖漁場を文化観光型の景勝地へシフトした成功例を紹介した．金（2016）[32]は浙江省を事例に「インターネット＋レジャー漁業」という発展モデルを積極的に推進し，eコマースとの融合を深め，インターネット販売サービスのプラットフォームを構築することで，地域の制約を排除してレジャー漁業がグローバル化していく必要があるとの見解を示した．

このように，中国においては既にレジャー漁業に関する研究が多く行われており，ここ数年はコロナ禍においてやや立ち止まってはいるが，今後もレジャー漁業の新たな形や持続的な発展に向けての研究が進められていくことが予想される．

2．中国のレジャー漁業を取り巻く環境と課題

中国のレジャー漁業が多様化を続け，産業規模は急拡大してきていることはすでに指摘されてきた．しかしながら，今後も持続的に発展していくためには，中国のレジャー漁業がおかれている環境や，レジャー漁業の強み，弱みを整理しておく必要がある．

2.1　レジャー漁業を取り巻く環境変化

中国のレジャー漁業は，外部要因による制約を大きく受けている．まず，オンラインでの取引や交流が急発展する状況下において，人々のライフスタイルに大きな変化が生じ，経済的で便利なリアルタイム型の商品・サービスの消費や，隙間時間を有効活用して消費できる文化的商品を好む人が増えている．一方，レジャー漁業は時間，天気，距離，資金，体力等に対する要求が相対的に高く，その性格上，オンライン上での対応にも限界がある．そのため，潜在的なニーズはあったとしても，行動に移すには制約が多く，人々の消費意欲を阻害していることが指摘できる．

また，経済や社会の発展が人々の考え方や行動に深く影響していることが挙げられる．中国では，時間の計画的な利用や効率重視の思考が行動モデルとして一般化しつつある．例えば，「努力は最も美しい」，「青春時代を無駄にしな

い」，「努力する自分は美しい」等の考え方が一種の潮流となる中で，レジャーのような余暇活動は時間を無駄にしている人として捉えられることがあり，たとえ強い消費欲があったとしても「ヒマ人」というレッテルを貼られたくないために，レジャー漁業に対する心理的障害が存在し，やむを得ず敬遠するという状況もある．もちろん，内部要因もレジャー漁業の発展を左右する．レジャー漁業は当初，投資が少なく，参入障壁も低くて投資効率が良いことなどから，漁業従事者が各地でこぞって参入したため，「低レベル・同質化・ファーストフード化」という状況を招来した．

さらに，レジャー漁業として提供するサービス・商品の文化的内容が不足していることも指摘できる．結果として，漁業資源に対する文化的な意味づけや付加価値の付与ができていないことから，表面的活用にとどまっている場合が多くみられている．レジャー漁業が向き合う消費者は，往々にして一種の特殊な文化的嗜好を有しているが，提供側に文化的素養があるかというと必ずしもそうではない．そのため，消費者の嗜好にマッチするような文化的内容を包含した商品・サービスを提供することが難しいのである．また，漁業・文化資源の高度な利用や応用，高品質のレジャー漁業メニューの創出も簡単ではない．例えば，中国には昔から釣り文化があり，人と天，人と環境，人と心の対話を重んじ，環境や雰囲気を重視してきたが，現在の釣りの多くは釣った魚を売ることや楽しく過ごすことなどを重視しており，従来のような「釣り」に精神的な境地を求めるものではなくなったため，文化的な価値の提供が不十分であると言える．

以上のようなことから，レジャー漁業の好不調はそれを取り巻く環境に大きな影響を受けるため，産業全体の脆弱性は際立っている．そのため，新型コロナウイルス感染症が拡大した際に，レジャー産業の生産額は急激に落ち込み，深刻なダメージを受け，レジャー漁業の発展は明らかに停滞したのである[33]．

2.2　レジャー漁業の優位性と問題点

2.2.1　優位性

まずは，需要の拡大である．周知のように，中国経済は急成長を遂げ，国民の所得レベルは大きく向上している．そのため，衣食住にかかわる物質的な欲求に加えて，精神面のニーズを充足させるような消費も拡大している．2020年

10月に開催された中国共産党第19期中央委員会第５回全体会議（通称：第19期５中全会）で審議・採択された「国民経済・社会発展第14次５カ年計画と2035年長期目標の制定に関する中国共産党中央の提言」では，今後５年間ないしはさらに長期にわたる中国経済・社会発展の行動指針が示され，中国の現代化が質的飛躍の段階に入ったことを意味している．レジャー漁業は，物質と精神，伝統と現代，都市と漁村，産業と文化といった重層的な属性を有することから，需要は日増しに旺盛になってきている．「ここ10年間のレジャー漁業の生産額は右肩上がりの成長を遂げ，2019年には943.18億元に達し，10年前と比べて約５倍に増加した」と分析されている[34]．一人当たり可処分所得が増加し，スマート化時代の到来によって労働時間が短縮される中で，レジャー漁業市場の需要はさらに拡大することが予測される．

第２は，政府の積極的な介入と支援策の展開である．2018年，「レジャー漁業の品質向上活動に関する農業農村部通知」が発出され，レジャー漁業の品質の向上とその持続性の確保は，漁業の構造転換・高度化に極めて重要であると指摘している．2019年に農業農村部が公布した「水田利用水産物総合養殖産業発展の規範化に関する通知」，「大規模な生態系保護型漁業の発展の推進に関する指導意見」，「水産養殖業の持続可能な発展の推進加速に関する若干の意見」等の文書では，いずれもレジャー漁業を大々的に発展させ，第１次・第２次・第３次産業の相互協調を推進することが目標として掲げられている．また，「長江水生生物保護活動の強化に関する国務院弁公庁の意見」と「長江流域重点水域の禁漁と補償制度構築実施プラン」に基づき，長江流域の重点水域で魚種別，段階別に禁漁が実行され，2021年から長江全流域で10年を期限とする禁漁措置実行されることが暫定的に決まった[35]．長江での禁漁は，長江の生物資源の枯渇と生物多様性の低下という危機を脱するために重要な措置であり，将来的にさらに多くの河川，湖で禁漁政策が実施される可能性がある．そのため，禁漁で生計が成り立たなくなった漁業従事者の受け皿として，さらに環境への負荷が少ないという点からレジャー漁業は重要な役割を果たすことになろう．

このように，レジャー漁業は漁業の構造転換や水産資源の保護という背景のもと，国や地方自治体の全面的なサポートを受けて，漁業従事者を支える産業として成長していくことが期待されている．

第３は，立地に恵まれて豊富な漁業文化資源を有していることである．中国は国土が広大で沿岸部の自然風景も地域によって大きく異なり，それぞれ特徴のある景勝地が形成されている．中国は海，湖沼，河川の面積も広く，さまざまな気候・自然条件を持つため，魚類が非常に多く，釣りや観賞に適した水産物が豊富で，食以外の用途もポテンシャルは大きい．また，古代文明発祥国の一つとして，悠久の歴史に育まれた豊かな文化があり，各地で伝承されてきた海洋文化，漁村文化によって多様なレジャー漁業が形成されている．

第４は，交通網の発達である．中国では，航空，鉄道，道路，水路，パイプラインという５種類の輸送方式を主とする総合交通輸送システムが形成されており，都市，農村の交通輸送の協調発展が推進されている．都市群と都市圏交通輸送の一体化が進み，都市間交通の効果的な接続が強化されており，人々の足として高い利便性が提供されている．

2.2.2　問題点

第１の問題点としては，人材不足があげられる．現在，レジャー漁業の従事者の多くは漁業者または農村部やその他のルートから転業してきた人たちである．その多くは，教育レベルが高いとは言えず，経営理念は保守的で，サービス向上のための技能研修への参加や学習意欲は低く，レジャー漁業の経営に関する専門的知識やスキルに欠けている．その結果，新たな状況や問題に直面した際に，積極的な試みや対策を講じようとせず，レジャー漁業サービスのレベルは低く，硬直した画一的な零細経営が行われている．さらに，従業者の政策への理解度も低く，これが供給サイドの改革を阻害する結果となっている．加えて，デジタル技術が急速に進展する中であるにもかかわらず，IT やインターネットアプリ等に関する知識がないために，時代の変化への適応が遅れ，多様化する顧客のニーズを満たすことができていない．

第２は，総合計画および管理体制の欠如である．中国のレジャー漁業は1980年代に入ってから，広東省，福建省，浙江省で発展しはじめた．ところが，歴史が浅いにもかかわらず市場の成長スピードが速すぎたため，業界全体の総合的な発展計画が描けていない．国の優遇政策の下，レジャー漁業の経営者は目先の利益に囚われ，模倣をし合って自分たちの地域文化や地域資源の特色や優位性を活かせていない．その結果，レジャー漁業の商品・サービスの同質化が進み，同一地区にまったく同じメニューが生まれるなど画一的なサービスが提供されて，新たなアイデアの創出を怠ることから，低レベルの価格競争が繰り広げられている．

また，レジャー漁業は，第１次・第２次・第３次産業の融合型産業として，関係する範囲が広く，漁業だけでなく観光業，宿泊業，飲食業，交通輸送業等の分野にも関係するため，関連法規やルールの策定が追いついていない．中国ではレジャー漁業の概念や産業動向，具体的な事例に関する研究は多いが，レジャー漁業の総合計画や管理に関する研究はきわめて少ない[36]．

第３は，投資と市場の牽引力の弱さである．レジャー漁業を始めようとする者にとって，例えば，安全性の高い遊覧船や各種備品を用意する必要があるが，こうした必要設備の調達は多くの零細な個人事業主にとって非常に難しい．また，埠頭やその他の施設も必須であるが，これら施設の建設，維持には，巨額の資金が必要であり，政策によるサポートが不可欠である．レジャー漁業の経営者の多くは家族経営であり，投資や宣伝にあまり力を入れておらず，経営規模も小さく分散している．このような個別零細なビジネスモデルは業界全体としての総合的な競争力を低減させ，レジャー資源の不合理な開発・利用を招いている．

第４は，科学研究投資と実用化の障壁が高いことである．レジャー漁業の発達した国・地域では，大学や科学研究部門と協力して漁業資源の開発や保護に関する多くの調査・研究が行われている．例えば，オーストラリアでは，漁業情報データベースが構築されており，各州・地区からのデータをまとめてレジャー漁業の経済価値と漁業資源の評価を行い，それをベースとした管理を実施している．中国の海域は広大で，漁業情報の収集が難しい側面もあるものの，2018年から国主導で「中国レジャー漁業発展報告」の作成を開始している．これがレジャー漁業に関する唯一の公式な統計となるが，統計指標の選定やデータの収集体制などはまだ不完全である．レジャー漁業の成長や管理には科学技術の活用が不可欠であるが，現在，中国のレジャー漁業の研究はまだ発展途上で，海外のレジャー漁業に対する研究・分析も限られている．漁業従事者への講習も依然として足りておらず，研究機関とレジャー漁業企業間の協力および研究成果のさらなる社会実装が必要である[37]．

第５は，季節性と環境への影響である．レジャー漁業の活動は季節性を有しており，特に海上では，天候，気温，波等の自然条件を総合的に判断して実施する必要がある．レジャー漁業は一般的に夏季と各種連休に集中し，オンシーズンには観光客がどっと押し寄せ，オフシーズンには閑散とする．このような季節的変化があることから，周年にわたって生計を立てる職業としてレジャー漁業を選択するのには一定の困難を伴う．レジャー漁業は人為的活動に属し，一部の観光客のマナー違反行為が生態系や自然環境に悪影響をもたらしている．レジャー漁業の経営者の大半は伝統的な漁民であるため，経済利益を重視する傾向があり，環境保全の意識は低い．レジャー漁業の運営にあたって，ごみや汚水の違法投棄や遊覧船のオイル漏れ等などが発生し，問題となっている．

3．中国のレジャー漁業発展のための提言

数十年にわたって発展してきた中国のレジャー漁業は，これまでみてきたように一定の経験を積んできたが，上述のようなさまざまな問題を抱えている．こうした問題を克服し，今後イノベーションを起こし，さらなるブレイクスルーを図るためには以下のような課題の解決が必要不可欠となろう．

第１に，法体系の整備と改革の推進である．レジャー漁業は第１次・第２次・第３次産業が融合した融合産業であり，多くの管理部門と利害関係者がかかわっているため，レジャー漁業に関する法規や規則の見直しと再構築を早急に行い，レジャー漁業が健全な発展を遂げるよう正常化を図らなければならない．法的な基盤を築くことでガバナンス能力の向上と各政策の確実な実行が可能となる．法整備に際しては，レジャー漁業の従事者・経営者，水産行政の専門家，ガバナンスの専門家，漁業経済研究の専門家等の様々な意見を聞き入れ，国民生活に寄り添った実効性のある法律，規則をつくっていく必要がある．

第２に，レジャー漁業の認知度の向上を図ることである．中央政府と地方政府は，レジャー漁業のマクロ的な動向と発展の程度を注意深く分析し，漁業資源，文化資源，人的資源等を基に政策を策定し，レジャー漁業の同質化，低品質化という問題を回避していく必要がある．各省および市は地域の事情に即した措置を取るためには，他地域や世界のレジャー漁業の経験を参考にすると同時に，地域資源の発掘，創造を奨励し，特色を有するレジャー漁業コンテンツの開発を推奨していかなければならない．同質で低品質のレジャー漁業を，独自化・専門化・ブランド化を基本理念として構築しなおしていくことが求めら

れる．そのためには，PRや宣伝を強化し，レジャー漁業の重要性を広く認知させる必要がある．具体的には，電子メディア・印刷メディア・セルフメディアを存分に活用して，漁村経済の発展と漁民の所得向上におけるレジャー漁業の重要性を周知すること，それと同時に美しい漁村景観やレジャー漁業モデル基地の諸機能，レジャーを楽しむことの効能などを国民に紹介して，生活に潤いや癒しをもたらし国民にとってレジャー漁業はメリットが大きいことを理解してもらうことなどが重要である．漁業資源が枯渇し生計が立ち行かなくなった漁民にとって，レジャー漁業は「転産転業」の最も有力な対象産業であることも周知していく必要があろう．

第３に，実践への取り組みを強化することが求められる．そのためには，実行可能な政策を制定してレジャー漁業の実践を促進する以下４つの提言を行う．

１つ目は，政策によるレジャー漁業の牽引を通じて，伝統的な漁業経営から時代に即した経営，運営にシフトさせる必要がある．漁業従事者がさらに地域資源を発掘，創造し，付加価値を与えていくことで，より多くのより良い地元の特色を有するレジャー漁業商品を開発しなければならない．

２つ目は，政策設計を通じてレジャー漁業と地域文化の融合・連動型発展を奨励し，多様化した消費者のニーズを満たすことによって，互恵・互栄という発展モデルを奨励すること．少数の上澄み層を対象として差別化戦略を徹底し，質の高いサービスを提供する高級路線のレジャー漁業があってもいいし，ボリュームゾーンとなる中間客層を対象とする中庸路線のレジャー漁業があってもよく，そうすることでよりレジャー漁業が多くの消費者の支持を得ることができると考えられる．

３つ目は，人材育成を強化して「漁業・漁村文化のプロ」を育成することである．レジャー漁業は第１次・第２次・第３次産業を融合させた産業形態であるため，客観的に見れば，従業者は専門的な知識と高品質なサービスの提供能力を有している必要がある．特に漁業・漁村文化については，プロとして消費者に，深みのある体験を提供しなければならない．「いつまでも心に残る旅」を提供できれば，リピーターの獲得が期待できる．また，関連の大学にレジャー漁業に関する学科を開設し，専門人材の教育を強化する必要もある．さらに，企業に専門人材の採用と既存スタッフに対する定期研修の実施を奨励することも重要である．

4つ目は，レジャー漁業のデジタル化・オンライン化を促進することである．デジタル化やオンライン化といったITの進歩は，世界中の人々の暮らしに大きな変化をもたらし，どんな情報でも瞬時に入手できるようになり，誰でも情報を発信できるようになった．紙媒体やテレビなどでレジャー漁業を知ることがあっても，手元の端末で情報検索や予約ができなければ，訪問先として選択肢には入らない．したがって，デジタル化・オンライン化に効果的に迎合していくことが求められている．

4．おわりに

繰り返し述べてきたように，今後もレジャー漁業が発展していくためには，関連政策を策定し，さらに，レジャー漁業研究を活発化させていく必要がある．レジャー漁業は新しい産業分野とはいえ，既に数十年の歴史があることを考えると，レジャー漁業の理論構築は不足しており，今はまだ概念の整理，産業構造分析，事例分析，政策分析等のレベルにとどまっており，理論構築にまではたどり着いていない．そのため，レジャー漁業の本質，特徴，発展動向を正確に解釈あるいは評価できていない．レジャー漁業の将来を展望するにあたっては，レジャー漁業の本質的特徴を捉える必要があり，そのためには，まずは理論の構築が必要である．一方，例えばここ数年，学習・教育を主な目的とする漁村での体験学習が盛んに行われている．これはレジャー漁業の新たな形ではあるが，レジャー漁業の概念的符号となる「レジャー」とは相容れないものである．むしろ，それらを「文化漁業」と置き換えれば，すべてを包含することができ，容易に理解できるようになる．文化漁業はレジャー漁業だけに限らず，漁村研究や漁村文化等の幅広い内容をカバーでき，理論の発展に広大な余地を提供することも可能となる．

レジャー漁業がスタートして40年が経ったが，中国のレジャー漁業は，全体の規模はまだ小さく，漁村経済に対する貢献もまだ限られている．それでも，右肩上がりの成長は今後も続いていくと考えられる．レジャー漁業は社会の変化の中で，国民のニーズに応えようとしてきた．しかし，インターネットの発展によって人々の興味はすぐに移り替わり，流行り廃りのスピードも速い．流行り廃りに振り回されることが賢明とは言えないが，変らなければ選ばれない．

変化するニーズに合わせて変わっていくことが持続的な発展のスタート地点になるだろう.

注

1 平瑛「休閑漁業的規划設計」『漁業現代化』, No. 1, p. 3, 2004年.

2 蔡学廉「我国休閑漁業的現状与前景」『漁業現代化』, No. 1, pp. 5-6, 2005年.

3 同上.

4 董志文, 呉風寧「山東省海洋休閑漁業発展模式探析」『中国漁業経済』, Vol. 29, No. 3, pp. 12-17, 2011年.

5 劉効森「吉林省休閑漁業発展模式及対策研究」, 吉林大学(修士論文), 2014年.

6 李姿「基于博弈論的海島休閑漁業発展模式研究—以厦門小嶝島為例」, 華僑大学(修士論文), 2016年.

7 臧運存「諸城市休閑漁業在農村旅游中几種模式的探討」『科学養魚』, No. 4, pp. 85-86, 2018年.

8 范英梅, 黄磊, 姜昳芃, 孫芩「大連休閑漁業開発体験経済模式ASEB柵格分析」『瀋陽農業大学学報(社会科学版)』, Vol. 20, No. 2, pp. 137-142, 2018年.

9 孟芳, 周昌仕「基于SWOT-AHP的湛江市休閑漁業発展戦略選択」『農村経済与科技』, Vol. 29, No. 17, pp. 88-91, 2018年.

10 俞仙烱, 崔旺来, 鄧雲成「論海島産業之休閑漁業発展—以平潭為例」『海洋開発与管理』, Vol. 34, No. 7, pp. 112-117, 2017年.

11 毛桂永, 陳静娜「海島休閑漁業発展瓶頸及対策研究—以舟山岱山県為例」『江蘇商論』, No. 2, pp. 55-56, 2017年.

12 林嵐, 葉群, 陳麗娟「伝統漁民従事海洋休閑漁業的転型意願及行為意向研究—以恵州大亜湾区七個漁村為例」『恵州学院学報』, Vol. 36, No. 5, pp. 1-6, 2016年.

13 林明太, 卞晨潔「福建省休閑漁業旅游安全認知及対策研究—以寧徳三都澳休閑漁業景区為例」『瀋陽農業大学学報(社会科学版)』, Vol. 12, No. 3, pp. 342-345, 2010年.

14 張世龍, 劉嘉誠「新時期舟山漁業発展戦略取向研究」『農業経済与科技』, Vol. 29, No. 1, pp. 90-91, p95, 2018年.

15 李滢滢, 陳静娜, 朱文斌, 聶常楽, 周永東「基于投影尋踪模型的浙江省休閑漁業分析」『農村経済与科技』, Vol. 30, No. 1, pp. 70-73, p. 85, 2019年.

16 呉丹丹, 馬仁鋒, 王騰飛「中国沿海漁業・漁民・漁村転型研究進展」『世界科技研究与発展』, No. 6, pp. 1343-1349, 2016年.

17 王夢萱「海洋漁業転型昇級研究」, 浙江海洋大学(修士論文), 2017年.

18 張婷婷「我国休閑漁業転型昇級研究」, 浙江海洋大学(修士論文), 2017年.

19 同上.

20 李夢程「全域旅游背景下煙台市休閑漁業転型昇級研究」, 魯東大学(修士論文), 2018年.

21 李碧翔「伝統漁業転型昇級研究—以台湾開展漁業旅游為例」『農村経済与科技』, Vol. 29, No. 7, pp. 86-88, 2018年.

22 董志文, 楊亜莉「基于産業融合視角的休閑漁業発展路径研究」『中国漁業経済』, Vol. 32,

No. 2, pp. 129-134, 2014年.

[23] 張文革「山東濱城区休閑漁業促進漁民増収致富」『漁業致富指南』, No. 8, p. 8, 2015年.

[24] 金侠鸞「三亜市海洋休閑漁業転型昇級研究」『中国市場』, No. 22, pp. 58-60, 2019年.

[25] 林麗金「海峡西岸地区休閑漁業発展探析」, 広西大学（修士論文）, 2018年.

[26] 馬小能, 呉小蘭「発展休閑漁業　実現城郷融合—努力打造杭州現代休閑漁業金名片」『中国漁業経済』, Vol. 29, No. 5, pp. 96-102, 2011年.

[27] 陳兵「設計創新引領休閑漁業融合発展」『水産養殖』, Vol. 38, No. 5, pp. 36-37, 2017年.

[28] 王笛「以農旅融合推動休閑漁業発展」『科学養魚』, No. 1, pp. 84-86, 2017年.

[29] 李参徳「産業融合視角下的青島海洋旅游業発展研究」, 中国海洋大学（修士論文）, 2014年.

[30] 耿継宇, 曽明「提質増効　推進信陽水産業穏歩発展」『河南水産』, No. 2, pp. 5-6, 2017年.

[31] 李天, 喬軍旗, 許文霞, 葛祥明「石家庄市休閑漁業発展現状及建議」No. 2, pp. 5-6, 2017年.

[32] 金佩佩「新常態格局下浙江省休閑漁業発展研究」『江蘇商論』, No. 8, pp. 51-53, 2016年.

[33] 邵澤宇, 謝吉国, 張克鑫「後疫情時代休閑漁業発展的几点思考」『科学養魚』, No. 10, pp. 74-75, 2020年.

[34] 劉慧賢「郷村振興視野下我国休閑漁業的発展現状及策略研究」『農村経済与科技』, Vol. 31, No. 13, pp. 76-78, 2020年.

[35] 常政研「長江流域重点水域禁捕工作専題研報告」『中国漁業経済』, Vol. 37, No. 4, pp. 1-5, p. 80, 2019年.

[36] 張佩怡, 于南京, 劉坤, 辛芸, 兪存根「郷村振興戦略背景下浙江省休閑漁業発展的SWOT分析」『海洋発展与管理』, Vol. 37, No. 4, pp. 56-61, 2020年.

[37] 徐潔, 平瑛, 王鵬「基于SWOT-AHP的浙江省休閑漁業発展戦略選択研究」『中国農学通報』, Vol. 31, No. 17, pp. 38-43, 2015年.

第12章　上海市レジャー漁業の現状と金山嘴漁村の構造転換問題

余　丹陽・李　欣

1．上海市の概要及びレジャー漁業の現状

1.1　上海市の概要

上海市は中国屈指の都市として知られ，太平洋西岸，アジア大陸の東端，長江と黄浦江が合流する河口部に位置し，北は長江，東は東シナ海，南は杭州湾，西は江蘇省と浙江省に接している．日本の九州と海を隔てて隣接するなど，古くから中国の奥地・南方地区・北方地区と海外をつなぐ交易の街ともなっている．

海と川に接するという恵まれた地理的条件は，上海市に大きな発展の機会を与えている．上海市は長江デルタの中心都市で，経済・金融・貿易・水運・科学技術・イノベーションの中心かつ文化的な大都市であり，世界的影響力を有する国際的な都市でもある．上海市が公表するデータによると，2022年現在の上海市の総人口は2489万4300人に達している．また，『中国統計年鑑』（2021）によると，2020年の全国平均の一人当たり可処分所得が３万2189元（うち，都市住民が４万3834元，農村住民が１万7131元）であったのに対し，上海市住民のそれは７万2232元にも達し，全国第１位となっている．

中国では「民は食をもって天と為す」と言われるように，古くから食にこだわってきた．広い国土と悠久の歴史を有する中国では，豊かな食文化が形成されてきた．中国の食文化においては，水産物が動物性たんぱく質のピラミッドの頂点に位置しているが（図１），水産物の価格は相対的に高いため，中国では中・高所得者層が水産物消費の主力となっている．また，農村と都市部の所得格差が依然として大きいことから，都市部が水産物消費の中心である．その中で，地理的条件と住民の所得水準等の要因から，上海市は中国における水産物消費の中心地となっている．さらに，上海市は呂泗漁場や舟山漁場といった

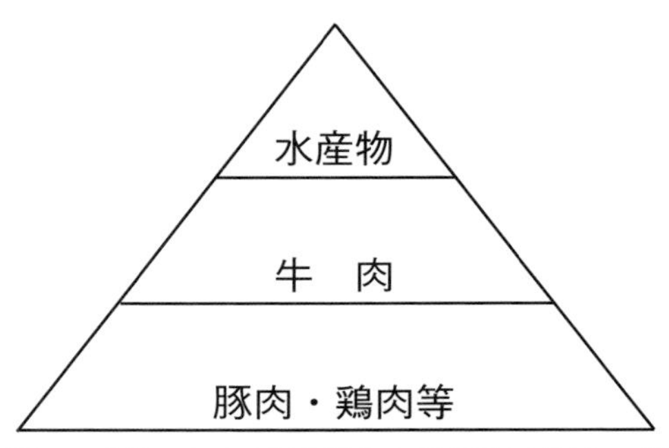

図１　中国における動物性たんぱく質のピラミッド
資料：東京海洋大学の講義資料[1]

好漁場に隣接しているため，水産物の種類，総量ともに豊富で，上海市民の一人当たり水産物消費量は年間25.7kg（2019年）に達した．海南省，福建省，上海市，浙江省の順番で，中国では３番目の平均水産品消費地域である．

ここで少し上海市の歴史を振り返ってみると，1000年以上前の上海は小さな漁村であった．上海市の略称として「滬」（hu）という漢字が用いられるが，これは竹で編んだ漁具を意味する言葉だった．古代の上海の住民たちは，この漁具を潮間帯に設置して魚を捕っていた．「滬」は，満潮時には水面下に隠れて，干潮時に露出するため，潮に流されてきた魚は潮が引く際に「滬」に引っかかるという仕組みである．いまでは，上海は国際的な大都市であるが，かつては豊かな漁場を利用して漁業が営まれる漁村という性格も持っていた．

上海市の海岸線の長さは449.66kmで，そのうち大陸の海岸線が172.31km，島の海岸線は277.35km，面積が500km^{2}を超える島が13もある[2]．港湾資源・潮間帯資源・海洋水産資源・淡水資源が豊富で，漁獲される水産物の魚種も水揚量も多い．また，潮間帯エリアでは養殖業の発展が期待され，他にも様々な淡水資源が存在するなど，レジャー漁業を展開するための有利な条件が整っている．

1.2　上海市におけるレジャー漁業の展開

2016年に農業部（当時）が公布した「漁業の方式転換・構造調整の推進加速に関する指導意見」（以下，2016年指導意見）において産業構造の調整と漁業機能の継続的な開拓によって，第１次・第２次・第３次産業の融合型発展を推進することが示された．品質と安全の強化，資源や環境の保護，インフラの改善，情報設備の向上，科学技術による漁業発展の推進，法に基づく漁業統治の強化によって，効率的な生産，安全な製品，エコで環境に優しい現代漁業の形成を加速することが掲げられた．レジャー漁業の推進は，まさに2016年指導意見に基づく施策である．レジャー漁業を実施するレジャー漁業区は，レジャー漁業の定義にある特定空間の範囲内において，漁業の第１次・第２次・第３次産業の融合型発展に向けて，レジャー漁業の方向性と位置付けが与えられた区域のことを指す．なお，2016年指導意見に基づき，各省では地域のレジャー漁業の発展に適した管理方法と管理制度を制定しなければならないが，上海市では策定していない．これは上海市がレジャー漁業で後れを取っているということではなく，上海市という都市の特徴を踏まえて決定した方針である．

雑誌『中国行政管理』は，中国が現在推進している「放管服」（行政の簡素化・権限移譲，適切な規制緩和と管理，行政サービスの最適化）改革について，改革の主眼が，「行政権力の不当な干渉を減らして行政権力が適正に働くようにすることで，市場を活性化して市場の創造力を引き出すことである．同改革は，市場取引に影響する様々な障害，障壁を効果的に取り除くものである」とされている．上海市の経済は市場が主導するケースが多いため，自由な経済活動を促しているが，中国のレジャー漁業は制度による管理に不十分な点が多々あり，そのほとんどが第１次産業にかかわる管理の範疇にとどまっている．一方，上海市の場合は，都市としての地位と地理的優位性を有することから，数こそ少ないものの特徴を有するレジャー漁業を生み出している．

レジャー漁業モデル基地統計（2012年）[3]によると，上海市に隣接する江蘇省と浙江省にはレジャー漁業モデル基地がそれぞれ36カ所，22カ所あるのに対し，上海市には４カ所しかない．上海市は，レジャー漁業向けに利用できる土地は極めて限られているため，モデル基地は非常に少ない．こうした条件の中で，如何に経済・地理的優位性を活用して，漁業の持続可能な発展を実現していくのかは注目すべき点である．

2017年の中国共産党第19回党大会において中国政府が農村振興戦略の実施を打ち出して以来，各地では農村振興や農村・農業・農民の発展等についての一連の政策が発表され，農村振興戦略の実施に関する重点施策が取りまとめられ

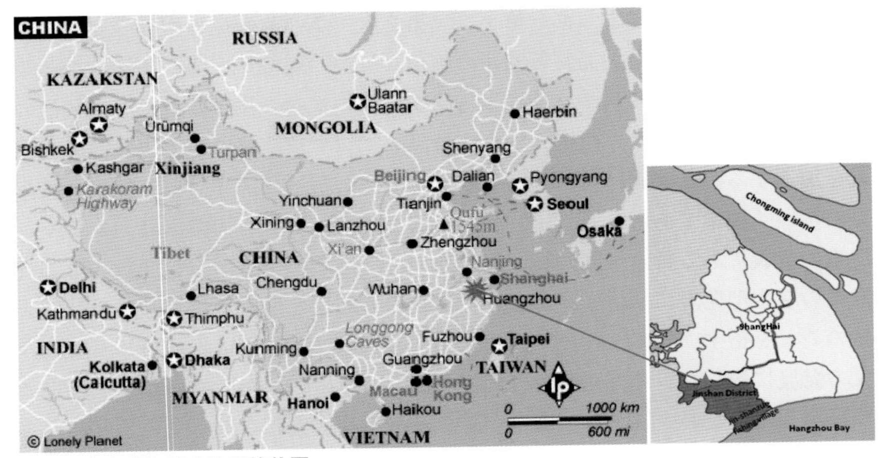

図２　金山嘴漁村の地理的位置

資料：https://www.wendangwang.com/doc/bd671478c09bd2992d41c6e7/2

た．水産業は農業の重要な構成要素であるため，レジャー漁業の発展は農村振興事業を着実に進める上で重要な施策の１つとなる．

ここでは，上海市における典型的なレジャー漁業の事例を紹介する．上海市の東部は海に面している．交通機関の発展によってアクセスが良くなったことから，崇明区や金山区等の郊外は上海市民がレジャーやリゾートでよく訪れるスポットとなっている．上海市郊外の金山嘴漁村は，市の中心部から69km の位置にあり，車で１時間ほどの距離である．公共交通機関としては，2012年に市の中心部と金山区を結ぶ金山鉄道（Shanghai Jinshan Line）が開通した．これは上海市の中心部と郊外を結ぶ初の鉄道で，長江デルタ地域初の快速鉄道である．金山鉄道は上海南駅から金山衛駅までを結び，全長56.4km で計９駅が設置されている．これにより，上海市内にある徐匯区，閔行区，松江区と上海の郊外に位置する金山区が最高時速160km の列車でつながった．

金山区は23.3km に及ぶ海岸線を有しており，上海沿岸部で最初に漁村（金山嘴漁村）が出来た地域である[4]．同時に，上海市に残された最後の漁村地域でもある．ここ数年，金山区の「黄金海岸線」が観光スポットの１つとして注目を集めているが，同時に歴史ある金山嘴漁村も脚光を浴びている．美味で多様な海鮮グルメを特色とする当漁村には，多くの観光客がレジャー，リゾートで訪れるようになっている.

2. 金山嘴漁村の構造転換

2.1 金山嘴漁村の概要

金山嘴漁村は，漁村の伝統的な姿が保存された漁業村落である「国家4A級観光地」，「中国で最も美しいレジャー農村」や「全国レジャー農業・農村観光5つ星クラスモデル基地」に選ばれ，多くのレジャー業態を有している．村内には，漁業文化館，漁民家屋，漁具館，媽祖文化館，民間収蔵館という漁業文化を紹介する展示館があり，訪れる観光客は，当地区の恵まれた海洋自然環境や伝統的な漁村文化を感じることができる．

2020年に新型コロナウイルス感染症が発生して以降，海外旅行に出かける人が減り，国内でも遠方に出かけられず，不安の中で過ごす住民の中には，「ゆったりした列車に乗って海に向かい，小さな漁村で海鮮を味わいたい」と思う者が多かった．金山嘴漁村は，こうした願いをかなえる理想の場所であったと言える．金山嘴漁村は，かつては漁業を主とする漁村だったが，現在は漁村文化と観光を融合したレジャー漁業漁村へ変貌を遂げ都市と農村をつなぐ重要な役割を果たしている．

面積は約3.5km^2，2020年6月現在の人口は1927人，世帯数は696戸である．人口のうち高齢で引退した元漁業従事者が500人余りで，現役の漁業従事者は10人，地方からの出稼ぎ労働者は750人余りである[5]．金山嘴漁村は杭州湾の北岸に位置し，東は上海化学工業区，西は上海石油化工の工場群に接している．また，大金山島，小金山島，烏亀島といった島々と海を隔てて隣接している．この地域は亜熱帯に属し，東アジアモンスーンが活発なことから四季がはっきりした温暖湿潤気候となっており，年平均気温は10℃を上回る．春と夏は暖流が流れ込み，プランクトンが豊富で多くの魚類や無脊椎動物が遠海から浅海にかけて生息している．そのため，漁の繁忙期は春から夏にかけてとなる．傅・胡（1959）[6]の調査研究報告によると，上海市近郊の多くが泥浜の海岸線を持つのに対し，金山嘴漁村の一帯は約3kmにも及ぶ堤防を有し，大きな岩が積み上げられた場所に木の杭で基礎が固められているため，月日が経つにつれて水生生物の成長，繁殖に適した生息地が形成されてきた．タチウオ，フウセイ，キグチ，シリヤケイカ，ガザミ等の中国の魚料理の代表的な魚種が主な漁獲対象である．

金山嘴漁村ではレジャー漁業の正式な運営を始めてから，「海」をテーマに文化の発掘を行ってきた．エンターテイメント，観光，ショッピング，レジャー，娯楽を一体化することで，海を幅広く楽しみたい観光客にとっては，うってつけの訪問先となっている（写真１～７）．それでは，金山嘴漁村がどのようにして人気スポットへと発展したのか，また，どのような課題に直面しているのかを見ていきたい．

2.2　金山嘴漁村の漁業発展の歴史

金山嘴漁村の漁業生産活動を振り返ると，以下３つの段階に大別できる[7]．

第１段階（清朝以前）は，海岸での海産物の採取である．これは村民がまだ

写真１　古い町並み

資　料：http://www.sohu.com/a/554955465_120044982.

写真２　海鮮通り（筆者撮影）

写真３　民宿の様子

資料：https://mp.weixin.qq.com/s/r-Nr0Pux02K6OTUDB4uX1A

写真４　漁師アトリエ

資料：http://www.dianping.com/photos/211880481

写真５　船模型アトリエ
資料：http://m.dianping.com/photos/24333365

写真６　媽祖廟
資料：http://blog.sina.com.cn/leehw1977

写真７　漁村の芸術団（筆者撮影）

船や網等の漁具を持たない段階で，干潮時にとり残された魚やエビを捕獲したり，ボラを囲い込んで捕獲したりしていた時代である．

第２段階（清朝及び民国時代～）は，沿岸での漁業である．海岸での漁労活動では限られた人数の生計しか支えることができなかったが，竹筏，小船，サンパン船[8]が使用されるようになり，金山嘴漁村では徐々に専門的な漁労活動が営まれるようになった．特にサンパン船は，大型で高速という特徴を活かして金山湾の外に出て，黄盤聖，灘滸聖，甲排聖，白山聖，洋山聖等の漁場を開拓していった．これらの漁場は水深が深く，流れが急なため，豊かな漁場が形成されており，例えば，春はフウセイ，キグチ，マナガツオ，サワラ，ホンニベ，夏はエツ，オオウナギ，バナメイエビ，ヒメヌマエビ，秋はクラゲ，冬はオオウナギ，エツ，カンダリ，シラウオ等が捕れる．サンパン船によって遠くまでの航海が可能となったため，金山嘴漁村の漁業は多層的な発展を遂げるようになった．魚の干物等の加工業も急速に発展し，例えば，塩漬けや日干し等の加工をした魚は，美味しいだけでなく日持ちすることから，一年中市場で販売されるようになった．魚の干物以外にも魚卵や塩を加えて蒸した魚に白酒・菜種油・にんにくを加えた料理は，独特の風味を持ち金山嘴漁村の海鮮レストランの代表的なメニューとなった．また，余った魚やエビは，鶏やアヒル等の家禽類に餌として与えており，家禽類の成長が促進され多くの卵を産むようになったといわれている．さらに，製氷工場，竹網の製作，漁網編みといった漁業を支える周辺産業も急速に発展した．このような展開によって，伝統的な漁業が中心だった金山嘴漁村が，加工業，養殖業，サービス業，漁村観光業等の多元的な構造を有する漁村へと構造転換するための基盤を築いた．

第３段階（1970年代～）は，遠洋への進出である．サンパン船や機帆船の数が大幅に増える中で，漁業者たちは杭州湾内での漁だけでは満足せず，遠洋漁業の開拓に着手した．特に，1978年に改革開放政策が始まって以降，生産請負制が導入された．近海では１隻の船を単位とし，遠洋では１組の船隊を単位とする生産請負制は漁業者の意欲をかきたて，漁業の規模，生産量は拡大し続けた．そして，1987年に金山嘴漁村の漁業生産はピークに達した．当時の漁業者の数は1000人余り，保有漁船数は45隻，総トン数は1650トン，年間の漁獲量は５万8000トンとなった．遠洋の機帆船隊は17組にまで増え，すべての船に魚群探知機，方向探知機，位置探知機，衛星ナビゲーション，無線，トランシーバー等が配備された．漁の範囲は南は釣魚島，北は韓国の済州島近くまで達した．1985年以降は漁業者の平均年収が１万元を超え，上海市の農・漁業生産のモデルケースとなった．

しかし，1990年代から海洋漁業資源が急激に悪化し始め，フウセイや杭州湾内のマナガツオ，サワラはほぼ姿を消した．また，国際原油価格が上昇し続けたため，漁業者たちは高騰する燃料代をまかなえず深刻な赤字に陥った．2005年，金山嘴漁村の遠洋漁業船隊は正式に解散し，大半の漁業者は生計の糧だった海に別れを告げた．現在，金山嘴漁村で漁業に従事している者は200人余りとなった．そのうち，漁労に従事している者は150人で，平均年齢は50歳を超えている．また，魚やエビの選別作業に従事している者が100人余りいる．現存する海面漁業の漁船は18隻で，操業範囲は東シナ海近海付近に限られている[9].

3．金山嘴漁村の漁業の衰退

3.1　漁場の縮小

金山嘴漁村の海面漁業の衰退にはいくつかの要因が考えられる．まず，最も大きな影響をもたらしたのが，遠洋漁業からの撤退である．1994年に排他的経済水域を設定する国連海洋法条約が発効されて以降，「中日漁業協定」(2000年)，「中韓漁業協定」(2001年)「中越北部湾漁業協定」(2004年) が相次いで調印，発効されるなど，国際的な共有資源である漁業資源に対する線引きが行われたことを受け，東シナ海，黄海，北部湾における中国の漁業管理制度は根本的な変化を迫られた．漁場は大幅に縮小し，多くの漁船は従来の漁区に戻って操業することになり，元々混みあっていた漁場はさらに漁船がひしめき合う状況となった．このように，漁業資源の保全，管理問題は深刻化していった[10].

3.2　過剰漁獲

漁業の衰退には，漁場の縮小以外にも過剰漁獲という要因が挙げられる．中国の歴史を振り返ると，中国は長期にわたり内陸型国家との自己認識の下で，発展してきたといえる．しかし，社会・経済が成長するにつれ，陸域資源，エネルギー，空間がひっ迫する状況が続き，経済発展の重心を徐々に資源の豊富な海洋にシフトし始めた．特に沿岸の漁業資源の獲得は漁業への投資の増加をもたらし，漁船の改良や馬力向上が継続的に行われるとともに，漁探知機やナビゲーション，冷凍設備等も絶えず強化されてきた．漁獲努力量の増強と収奪的な生産方法によって成長は実現したが，漁業資源には深刻なダメージを与えた[11].

3.3　漁場環境の悪化

次に，漁場環境の悪化が挙げられる．金山嘴漁村の漁場環境の悪化の要因は主に２つである．まず，河川における水産養殖漁業の振興と工業化の発展である．特に，クルマエビの低塩分海水養殖は，1970年代末に成功を収めてから急速に普及・発展した．1990年になると金山県（当時）のクルマエビ養殖面積は159.54ヘクタールに達し，生産量は208トンという規模であった[12]．

また，漁場の縮小等により漁業従事者の多くが転産転業を迫られたため，村内に綿織物・麻袋を生産する化学工業等の工場が建設され，400人余りが雇用された[13]．それと同時に，中国の大手企業である上海石油化工股份有限公司と上海化学工業区[14]の一部が金山嘴漁村の両側に建設された．この地区の開発と経済の急成長に伴い，付近の海域は汚染されていった．徐・劉（2006）[15]によると，各モニタリングの結果，無機態窒素などの汚染が深刻で，いずれも水質基準を超え，測定したすべての海域で富栄養化レベルが高く，さらに深刻化すると予測されていた．

3.4　漁業の周縁化と海洋経済の台頭

上海市は中国最大の商工業都市であり，経済に占める漁業の割合はごくわずかである．金山嘴漁村の漁業生産は小規模で，組織化・産業化レベルもさほど高くない．産業構造の調整においても，漁業は工業と比べて遅れている．特に，工業化・都市化の進行が漁業生産に必要な漁場・労働力・資本等の要素を弱めている．現在，海洋開発の推進が声高に叫ばれ，漁業よりも他産業が優先され，漁業はさらに周縁に追いやられている[16]．海洋開発は伝統的な海面漁業に影響を及ぼすことが予測されるがこの両者を両立するにはどうすればよいのだろうか．漁業の健全な発展，漁業従事者の所得向上，漁村経済の振興，調和の取れた海洋社会の建設の間に協調的な関係を構築することは，中国の大半の漁村が直面している重要かつ差し迫った課題である．

4．金山嘴漁村の構造転換からの示唆

4.1　構造転換型発展の経験

産業構造は，経済が発展するにつれて，第１次産業は縮小，第２次産業は急成長後に安定，第３次産業は成長という，いわゆる「ペティ・クラークの法則」の展開を示す．1970年代前後に先進諸国の産業構造に見られた新たな変化を見ても，新興産業が従来の産業に取って代わって発展し続け，次第に主力産業になっている．全体的に産業の非農業化・非工業化の傾向が進み，第３次産

業の地位が高まっていく[17].

金山嘴漁村の展開もこの法則に従っている．1980年代後半から多くの化学工業企業が立地し，大量の汚水が杭州湾に流入したことに加えて過度な漁獲が行われたため，漁業資源が徐々に枯渇して漁船が砂浜に放置され，漁業者が漁をやめるという状況に陥った[18].「第11次５カ年計画」で掲げられた社会主義新農村（漁村を含む）建設方針に従い，多くの漁業従事者は転産転業した．地方に出稼ぎに出る人や商売を始める人がいる一方で，中には近海での漁を続けながら陸地で養殖や水産物の加工等の事業を始める人もいた．その結果，漁業，冷蔵，加工，包装，販売，海鮮グルメ，漁業文化等が新たな形で展開され，上海市独自の漁村文化を形作っていった[19].

漁業の衰退を経験した当該地域では，長い歴史を有する海洋文化資源を存分に活用し，地元の漁業従事者の生活レベルを高めて，漁村経済の活性化を図ることが，重要な課題であった．2011年，金山区政府は金山嘴漁村の再生を2012年の重大事業・実施プロジェクトに組み入れた．同年４月，市場の管理を導入すべく，金山区山陽鎮政府の主導で上海金山嘴漁村投資管理有限公司が設立された．これにより，漁村の開発・管理が組織的に実施されるようになった．同社は「江南民家の風格，沿岸漁村の特徴」という理念に基づき，4000万元以上を投資して金山嘴漁村の全面的な開発を実施した．上海最後の漁村として，その構築に注力し，これまでバラバラに管理されていた海鮮グルメ街，海鮮通りと漁村の特徴を色濃く残す古い町並みを融合させ，海沿いのレジャー・リゾートと有機的に連携させた．そこから「１＋１＞２」の効果を生み出し，多くの観光客が訪れるようになった．観光地では駐車場の拡張やトイレの改装等が行われたほか，漁村博物館，漁民家屋，漁具館，媽祖文化館の観光スポットも建設された[20]．2020年４月時点で計29軒の民宿が開設され，そのうち５つ星クラス[21]の評価を受けた民宿が２軒，４つ星クラスが３軒，３つ星クラスが４軒ある[22]．また，レストランが38軒，店舗が35店ある．上海金山嘴漁村投資管理公司の統計によると，2015年から2019年にかけて，観光客数は毎年10％のペースで増加した[23]．さらに多くの観光客を呼び込むべく，訪れた人が「宿泊したい」と思うような仕掛けづくりにも力を入れた．2020年８月には演劇観賞や漢服の体験イベント等，古代王朝と漁村の光景を融合させる新たな取り組みを導入した．同年９月には，１カ月にわたって開催した「漁文化節」というイベントが人気を博し，消費を誘引して各界から高い評価を受けた．これらの取り組みにより，より価値の高い漁業サービスが提供されるようになった．2020年11月時点で，金山嘴漁村の観光客数は年間約830万人に達している[24].

4.2 構造転換型発展の成果と示唆

市場化の管理を導入後，金山嘴漁村の観光客数は増え続け，村の収入も大幅に上昇した．2012年，古い町並みにある店舗の1カ月の売上高は52万元，ホテルの売上高は1億2000万元に達し，観光地全体の収入の70％以上を占めた．韓・劉（2014）によると，2011年に構造転換型発展に着手して以降，漁業従事者の純所得は急激に増加した[25]．2012年の村の可処分所得は155万8200元で，一人当たりにすると1万5180元に達した．上述の結果から，金山嘴漁村の漁業は海洋文化を活用した産業の構造転換型発展を実現したことで，漁業従事者の所得向上と漁村経済の振興に大きな影響をもたらしたことが分かる．

マネジメント学及び産業経済学の視点から，金山嘴漁村の資源，環境等の条件とマスタープランを照らし合わせると，金山嘴漁村における水産業構造転換の経験から次のような示唆が得られる．

まず，好機を的確に把握することである．観光業は現代経済・社会の発展の産物であり，物質生活と文化的生活を一体化した産業である．金山嘴漁村は政府の奨励，支持を受けながら，優れた地理的条件下で，上海市という国際的な大都市を後ろ盾に持ち，海洋レジャーに対する人々の需要を獲得している．

また，地域の「強み」を活かすことも重要な点として指摘できる．金山嘴漁村には，アクセスの良さ，他にはない自然景観，豊富な水産物，伝統料理，古い町並み，漁業文化の伝承と革新といった強みがあり，今後もこうした強みを認識し，商品やサービスへと転換していく必要がある[26].

最後に，海洋文化資源を徹底的に発掘し，漁業従事者の所得構造と漁村の経済構造の転換を促進することである．従来の「見学型消費」の消費スタイルから「体験型消費」に転換することで漁業による収入の「生産型」の所得構造から，家賃・店舗収入等の「資産型」の所得構造へ転換が図られている．

5. おわりに

上海の漁業は1000年もの歴史を有し，その間，小さな漁村は現代的・国際的な大都市へ変化を遂げた．漁業は，かつて上海の基幹産業の一つだった．工業化，都市化，産業構造の転換，産業の高度化のプロセスが加速する中で，伝統的な上海の漁村の姿は影を潜めてしまったが，上海最古の漁村として，独自の漁村・海洋文化を用いて産業の構造転換を模索し，革新的な取り組みを続けてきた金山嘴漁村は，漁業従事者の所得向上と漁村経済の活性化という成果を収めた．金山嘴漁村のような取り組みは地域の消費を刺激し，村・鎮の第１次・第２次・第３次産業の融合したレジャー漁業の一つのモデルケースとなっていくだろう．

金山嘴漁村では中国で初めて村レベルの漁業誌を編纂し[27]，漁村文化の伝承や活用のために貴重な資料を提供している．持続的な海洋観光を目指すにはこうしたデータや知恵，慣習などさまざまな記録を残しておくことも重要となってこよう．現在，中国のレジャー漁業は管理という面において不十分な点が多いものの，金山嘴漁村の事例が，中国の多くの漁村の持続的発展に重要な知見を提供するものと考えられる．

注

1　東京海洋大学の講義資料「魚食文化論」，2016年．

2　1958年10月30日，国務院が「江蘇省の７県（川沙，青浦，南匯，松江，奉賢，金山，崇明）を上海市に組み入れる」と公示したことを受け，上海市の海岸線は４～５倍長くなった．

3　中国農業部（当時）弁公庁『関于公布第一批全国休閑漁業示範基地名単的通知』，2012年12月．

4　出土した漁網用陶器製おもりから，上海の漁業の歴史は6000年以上前の先史時代まで遡ることが分かっている．最古の文献記録は晋の時代のものが確認されている．

5　著者のヒアリング調査．

6　傅敦厚・胡振淵「上海市郊金山嘴海産無脊椎動物的初歩調査」『華東師範大学学報（自然科学版）』，No. 8，pp. 56-67，1959年．

7　向明生「金山嘴漁村風情」『大江南北』，No. 3，pp. 43-45，2014年．

8　サンパン船とは，漁村の手作り造船技術で作られる底，左，右の３枚の木製板で構成される船である．船体が小さく，便利で漁民生計を維持するために欠かせない道具である．

2016年に「サイパン船の製造技術」が上海市の無形文化遺産に登録された．2021年，金山嘴漁村サイパン船博物館がオープンした．

9 著者のヒアリング調査．

10 宋立清「中国沿海漁民転産転業問題研究」，中国海洋大学（博士論文），2007年．

11 王建友「中国『三漁』問題的突囲之途」『中国海洋社会研究』，No.1，pp. 130-142，2013年．

12 頒恵庭編『上海漁業誌』，上海社会科学院出版社，1998年．

13 同上．

14 上海金山嘴工業区は1993年に設立された．計画面積は22.8km^{2}で，1994年12月に市政府から上海市級の工業区として承認された．

15 徐明徳・劉強「杭州湾金山嘴海域水環境質量分析」『科技情報開発与経済』，Vol. 23，No. 16，pp. 188-189，2006年．

16 前掲11．

17 孫琛・黄仁聡「海島漁業発展与新漁村建設」『漁業経済研究』，No. 1，pp. 20-23，2008年．

18 潘永昌・王萍「東海之濱訪漁村―金山区山陽鎮金山嘴漁村印象」『上海農村経済』，No. 6，pp. 28-30，2013年．

19 李皓青・韓興勇「上海都市型休閑漁業発展方向研究―以金山嘴漁村為例」『上海農業学報』，Vol. 31，No. 2，pp. 8-12，2015年．

20 陳暁灼「探討新漁村建設問題―以上海金山嘴漁村発展漁村旅游経済為例」，上海海洋大学（博士論文），2013年．

21 2019年７月24日，文化・観光部は新版「観光民泊の基本的要求と評価」を発表し，観光客は星の数を参考にし，民泊を選ぶことができ，選択の困難を避けることができる．新基準では，観光民泊の等級を金宿，銀宿の２つの等級から３つ星，４つ星，５つ星の３つの等級（低いものから高いもの）に変更し，区分条件を明確にした．

22 羅澤潤・竇沛琳「郷村旅游節事活動発展現状及対策研究―以上海金山嘴漁村為例」『農村経済与科技』，Vol. 32，No. 14，pp. 83-87，2021年．

23 韓興勇・劉泉「発展海洋文化産業促進漁業転型与漁民増收的実証研究―以上海市金山嘴漁村為例」『中国漁業経済』，Vol. 32，No. 2，pp. 123-128，2014年．

24 劉帥・寧波「基于AHP-模糊評価法的漁村旅游資源開発応用研究―以上海市金山嘴漁村為例」『海洋経済』，Vol. 11，No. 4，pp. 11-18，2021年．

25 韓興勇・劉泉「発展海洋文化産業促進漁業転型与漁民増收的実証研究―以上海市金山嘴漁村為例」『中国漁業経済』，Vol. 32，No. 2，pp. 123-128，2014年．

26 劉順・寧波「上海市休閑漁業発展路径研究―以上海市金山嘴漁村為例」，上海海洋大学（博士論文），2018年．

27 楊金雲編『金山海漁誌』，2021年８月．

第13章　浙江省におけるレジャー漁業への転換とマネジメント

趙　奇蕾　殷　文偉

1．はじめに

レジャー漁業は，伝統的な漁業と現代レジャー産業を融合させ，人々のレジャー需要を満たす商品とサービスを社会に提供する新たな漁業形態であり，経済・社会・文化・生態系（水産資源の維持）において重要な役割を有している[1]．多くの研究で，レジャー漁業の経済価値は商業漁業を大きく上回ると推定されている[2-5]．中国・アルゼンチン・ブラジル・インド等の発展途上国でも，レジャー漁業は重要な社会・経済活動として位置づけられ，構造転換を図る漁業の新たな成長分野になりつつある[6-7]．

本章で取り上げる浙江省は，1990年代からレジャー漁業に取り組み始めた．ここ数年，省内漁業の構造転換・高度化と「大花園建設」[8]が総合的に進められる中で，漁業従事者の就業機会・所得向上，漁村の発展といった面でレジャー漁業の産業としての成長が期待されている[9]．浙江省は長江デルタ地区に位置し，省内には30余りの大きな湖がある．東は東シナ海に面し，海岸線は6400km を超え，沿海地域には3000余りの島がある．温暖な気候で豊かな漁場を有しており，中国沿岸の中でも高い生産力を誇る海域の１つとなっている．しかし，漁業の無秩序な発展によって漁業資源は枯渇し，浙江省の伝統的漁業は生態環境の破壊と産業発展の原動力不足という苦境に直面している[10]．こうした状況から，海洋漁業の健全かつ質の高い発展を促進すべく，浙江省は2000年から，持続可能な発展を前提とした上で，漁業の産業構造と就業構造の転換を図り，全域で漁業の高度化に取り組み始めた．

2019年，浙江省のレジャー漁業の総生産額は前年比3.06％増の約30億8000万元で，そのうち淡水レジャー漁業の生産額は21億8300万元，観光客数は延べ約1200万人だった．レジャー漁業の産業規模は年々拡大し，2021年時点で省内には639隻のレジャー漁船と221カ所の漁業関連の人文景観・観光スポットがある．

また，浙江省には多くの優れたレジャー漁業モデル拠点がある．農業農村部が2017年に公表したレジャー漁業ブランド創設主体認定リストによると，浙江省は少なくとも13カ所のレジャー漁業拠点が掲載されている．漁業資源，管理水準，産業規模，サービス水準，レジャー需要等の観点から評価すると，浙江省のレジャー漁業の総合的発展水準と競争力はいずれも高い水準にあるとされている[11]．したがって，浙江省のレジャー漁業の高い発展レベルと漁業の産業構造転換の経験は，他省にとって大いに参考となる経験が含まれていると考えられる．

そこで本章では，浙江省におけるレジャー漁業の発展の歴史を整理した上で，３つの事例に対する分析を行い，「高品質な発展」を遂げた経験を総括することを試みる．それによって，政府の意思決定や企業の経営，従事者の就業，専門家の研究等の一助となり，中国のレジャー漁業の健全かつ持続可能な発展に貢献できれば幸いである．

２．レジャー漁業の「高品質発展[12]」

2.1　高品質発展とは

中国共産党第19回党大会の報告において「長年の努力を経て，中国の特色ある社会主義は新たな時代に入った」と指摘され，人々の日々高まり続ける物質文化に対する需要と不均衡かつ不十分な発展との間に矛盾が生じるようになった．「高品質発展」は，新たな時代を見据え，社会の主な矛盾・変化に適応するために打ち出された戦略で，高品質の内容には多層的な意味が含まれている．「高品質発展」には，発展理念と成長モデルの転換が必要だが，さらに重要なのは国民生活水準への関心である．したがって，系統的平衡観，経済発展の観点，民生福祉の観点という３つの視点から考察することで，「高品質発展」に対する総合的理解が可能となる[13]．主にそれぞれ，マクロ経済，産業，企業という３つの側面で具現化される[14]．

まずマクロ経済の視点から確認すると，経済が安定的かつ持続的に成長し，地域・都市農村間の発展の均衡がとれ，イノベーションを原動力としてグリーンな発展を実現し，経済発展の成果がすべての人に公平に行き渡ることを指す．

産業の側面は，産業規模・分布の最適化や産業構造の合理化，転換，高度化を指す．産業規模においては，産業規模拡大の過程で現代産業体系を整備することである．産業構造の最適化に関して，第１次・第２次・第３次産業の構造が合理的かつ融合的に発展することが求められる．イノベーションによって産業の発展を牽引し，国家競争力の強化を図ることが求められる．

最後に企業の視点からみてみると，産業が一流の競争力を有し，製品が革新的で品質の信頼性があり，ブランドの影響力と先進技術基盤を有することを指す．

2.2　レジャー漁業における「高品質発展」

レジャー漁業は，漁業資源（漁村，水産物，漁具，漁法，生物，自然環境，人文資源等）を媒介し，レジャー，レクリエーション，観賞旅行，文化伝承，科学普及，飲食等と有機的に連携することで，人々のレジャー需要を満たす商品とサービスを社会に提供する新たな漁業の形態である．それでは，レジャー漁業における「高品質発展」とは何だろうか．レジャー漁業の「高品質発展」の概念を検討すると，「一定期間内に地域のレジャー漁業の利益主体が各種形式の漁業資源を活用し，産業構造の調整と産業の融合を通じて安定的かつ持続的に良質な製品とサービスを提供し続け，環境の改善と両立させながら，日々高まり続ける人々の文化・娯楽需要を満たすこと」と定義することができる（図１）．

2.3　レジャー漁業の「高品質発展」の基本的枠組み

このようなレジャー漁業の「高品質発展」を促進するために，「高品質発展」の内容とレジャー漁業の「高品質発展」の概念を基に，基本的枠組みの構築を試みた（図２）．レジャー漁業は複合的な経済・社会・生態系の価値を備えており，中国の「高品質発展」を実現する重要な構成要素である．したがって，中国の「高品質発展」の実現を目標とする必要があり，その基本的方向性に従うと，レジャー漁業の「高品質発展」の目標は，主にグリーンな発展，多元的発展，規範的発展という３つの側面を中心に展開される．

まず，レジャー漁業のグリーンな発展の実現は，生態系バランスの維持と生物多様性の保全という２つの方面から実施される．生態系バランスの維持で重視されるのが「外来種の侵入防止」で，生物多様性の保全については「長江の10年間の禁漁」の推進による，水生生物の多様性モニタリングと，重点水域で

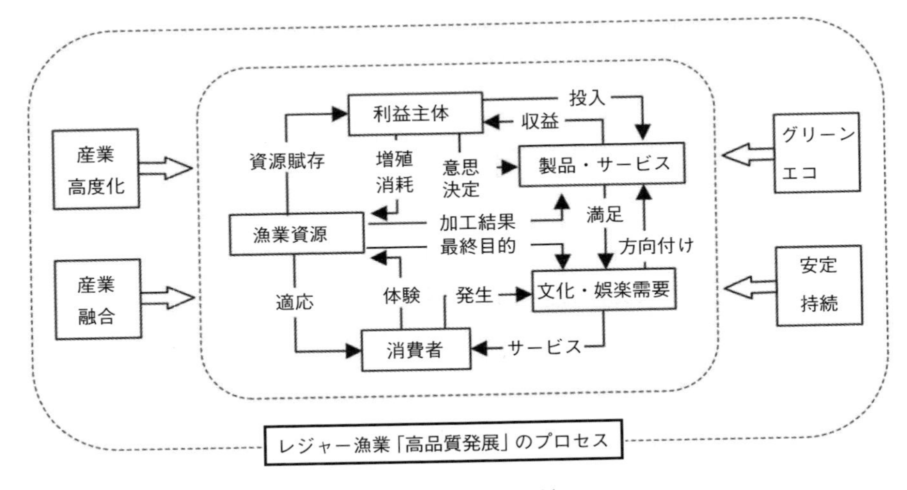

図1　レジャー漁業の「高品質発展」の概念（筆者作成）

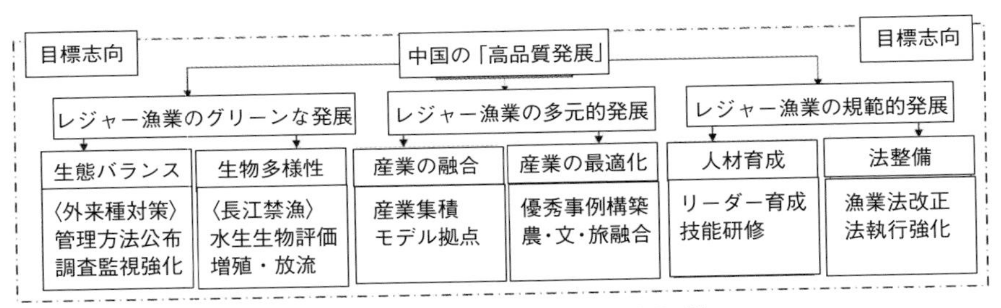

図2　レジャー漁業の「高品質発展」の基本的枠組み（筆者作成）

の水生生物の増殖・放流である．

レジャー漁業の多元的発展の実現は，産業の融合と最適化という２つの方面から展開される．産業の融合については，産業クラスターを形成し，第１次・第２次・第３次産業の融合を促進することで地域レジャー漁業の「高品質発展」の水準を高める必要がある．産業の最適化の促進は，レジャー漁業のモデル拠点の建設を推進し，地域の特色を備えた文化，娯楽体験メニューの開発が必要である．

レジャー漁業の規範的発展の実現には，人材育成と法整備という２つの方面からアプローチする．人材育成の強化については，まずレジャー漁業のリーダー育成と実務人材の発掘，育成を行う必要がある．次に，レジャー漁業従事者に対する技能研修が求められる．特に漁業をやめた元漁業従事者を対象として研修を実施し，レジャー漁業での再就職を実現させる必要がある．法整備については，レジャー漁業の関連法規を補足して規範化を図りつつ「中華人民共和国漁業法」の改正を検討しなければならない．また，レジャー漁業の管理・法執行を行う専門の部門を構築し，レジャー漁業を監視・管理することで，過度で不合理な行為によって生態環境の破壊を回避しなければならない．

3．浙江省におけるレジャー漁業の展開

3.1　レジャー漁業の歴史

浙江省は，1990年代からレジャー漁業に取り組み始めた．1999年，浙江省海洋・漁業局は「レジャー漁業の積極的な育成，浙江漁業経済発展の新分野開拓への努力」と題する調査研究報告で「レジャー漁業を漁業経済の新たな重点成長分野へと育成する」と明示した．

2000年頃になると，浙江省はレジャー漁業の発展に関する政策文書の公布を増やし始め，2001年７月，浙江省海洋・漁業局が初めて開催したレジャー漁業活動会議において，レジャー漁業の発展を加速させることが示された．それを受け，2003年にレジャー漁業の秩序のある発展の促進に関する多くの文書が公布された．そのうちの１つが「浙江省レジャー漁業モデル基地建設実施意見（試行）」（浙海漁業〔2003〕16号）である．また，2007年に「浙江省レジャー漁業船舶検査管理規定」（浙海漁発〔2007〕７号）を公布し，さらに，2008年の「浙江省水産養殖業と漁業関連レジャー業台風対策減災活動指導意見」（浙海漁業〔2008〕17号）では，台風接近中のレジャー漁業活動に対する指導が行われた．

浙江省全体のレジャー漁業の規模が拡大するにつれ，レジャー漁業の安全性と経営等の基準化が進められた．2010年，「浙江省レジャー漁業モデル基地安全監督管理活動の強化に関する意見」（浙海漁業〔2010〕８号）が公布され，レジャー漁業拠点の生産（経営）拠点および釣り関連施設等に対する安全管理が示された．また，2017年には「レジャー漁業船舶管理の若干の規定に関する

通知」（浙海漁弁函〔2017〕17号）と「浙江省レジャー漁船安全監督管理の若干の規定公布に関する通知」（浙海漁政函〔2017〕12号）を公布し，産業発展・安全監督管理・体験型漁具等の方面からレジャー漁船に対する規範化を行った．

前述の通り，ここ数年，省内漁業の構造転換・高度化と「大花園建設」が総合的に進められる中で，レジャー漁業が新たな成長分野になりつつある．2019年，浙江省は著名農業ブランドベスト100とレジャー農業・農村ツアー優秀観光コースの選定を行った．また，レジャー漁業従事者に対する研修を強化し，レジャー漁業経営者研修を新型職業農民研修と「千万農村労働力素養研修プロジェクト」に組み込んだ．さらに，高等教育機関の強みを活用し，浙江農林大学や浙江省観光職業技術学院等の省内の農業関連高等教育機関内にレジャー農業・Eコマース・アイデア製品開発等の農業観光関連の専門課程を開設し，大学生や若い農民が故郷に戻ってレジャー漁業の発展に携わるよう奨励している．

3.2　レジャー漁業の現状

『中国漁業統計年鑑』によると，浙江省のレジャー漁業の総生産額は2003年から2020年まで右肩上がりで成長している（図3）．2003年に約2億5126万だった総生産額は，2020年に28億8762万元となり，10.5倍となったが，近年，その成長に不安定さがうかがえる．特に2020年のコロナ禍以降，レジャー産業は大きな打撃を受け，レジャー漁業総生産額を持続的に成長させるためにはさらなる原動力が必要となった．

2017年，農業農村部水産普及ステーションが全国レジャー漁業統計モニタリング調査を開始し，レジャー漁業の発展状況や産業構造，漁業の質・利益や国民経済に対する貢献等の年次評価を実施している．このデータを基に，浙江省のレジャー漁業の現状を分析してみたい．

まず，レジャー漁業の基本動向を分析する．図4によると，レジャー漁業の経営主体は，2018年は2830経営体であったが，2019年，2020年はいずれも減少した．レジャー漁業の従事者数は2019年に5万5371人となっているが，2020年は大幅に減少している．また，レジャー漁業の利用客数は，2017年から2020年まで減少傾向で推移し，特に2020年の減少幅は大きい．全体としては，浙江省のレジャー漁業のここ数年の動向は楽観視できるものではない．コロナ禍以前

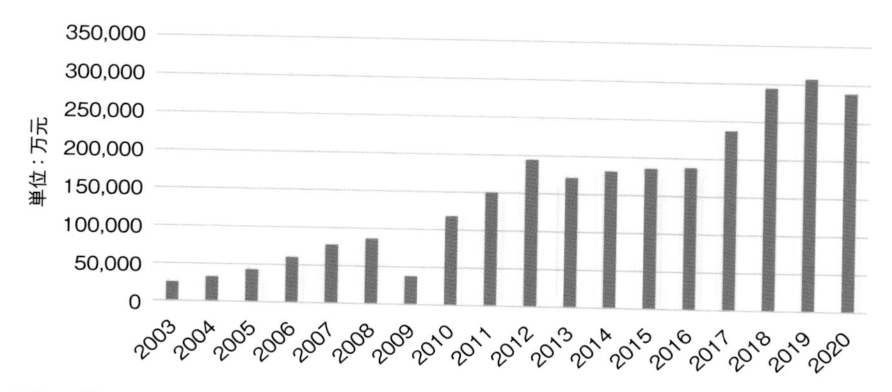

図３　浙江省におけるレジャー漁業生産額の推移

資料：2004年～2021年『中国漁業統計年鑑』

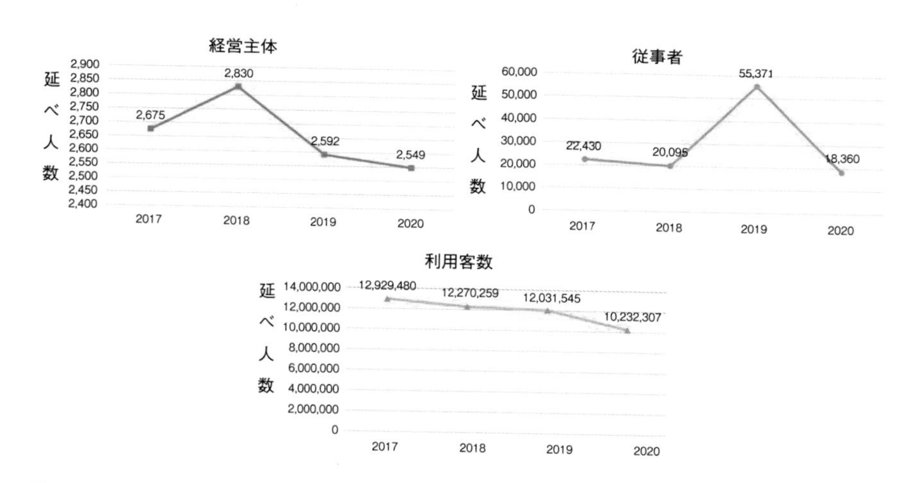

図４　浙江省におけるレジャー漁業の経営体数・従業者数・利用客数の推移

資料：2017年～2020年『中国休閑漁業発展監測報告』

から，経営主体や従事者はすでに減少し始め，利用客数も年々減少するという問題に直面していた．コロナ禍以降は，さらに大きなプレッシャーに直面していると考えられる．このような背景から，レジャー漁業の「高品質発展」をい

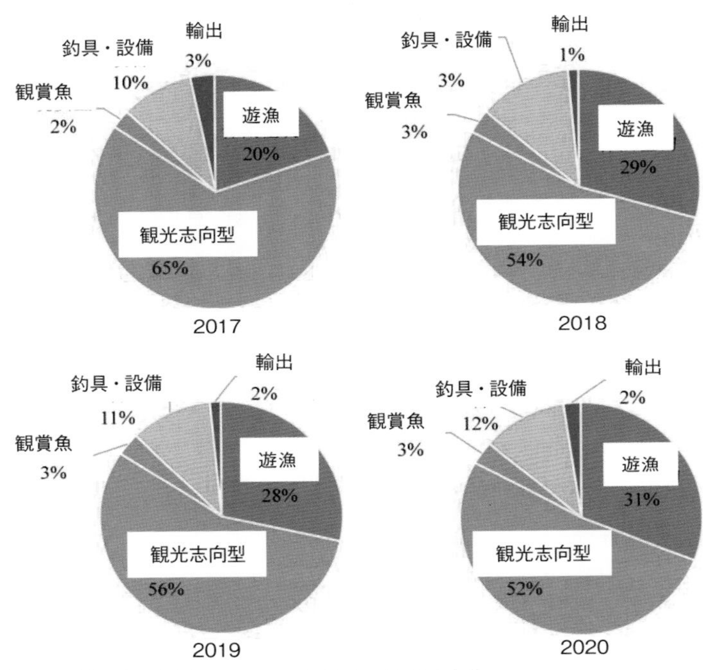

図５　浙江省におけるレジャー漁業の産業構造変化

資料：2017年～2020年『中国休閑漁業発展監測報告』

かにして推し進めていくかが喫緊の課題となっている．

レジャー漁業の産業構造は，図５が示すように2017年から2020年にかけて変化したことが分かる．全体としては，観光志向型レジャー漁業が主体であることに変わりはないが，生産額全体に占める割合は2017年の65％から2020年の52％まで減少するなど，縮小傾向にある．変動が少ないのは観賞魚産業・釣具・設備・輸出で，観賞魚産業は約３％，釣具・設備は10％～13％，輸出は１％～３％を維持している．一方，大幅に増えたのが遊漁で，20％から31％へと上昇した．このことから，レジャー漁業の対象が変化しつつあることが分かる．かつての長距離移動を伴う観光旅行から，短距離の体験型レジャー，レクリエーションへシフトしつつあることが推測され，この傾向は，コロナ禍を受けてさらに強まるものと思われる．伝統的な観光スタイルは，多くの人が集ま

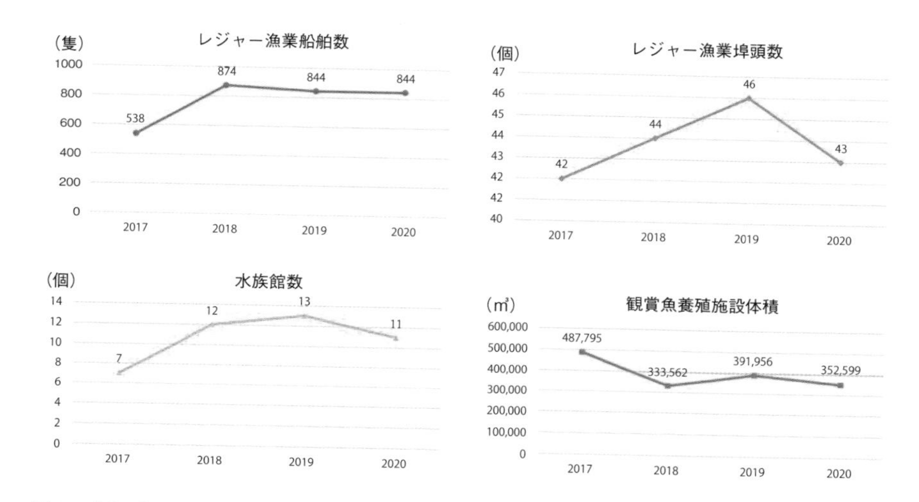

図6　浙江省におけるレジャー漁業のインフラ整備状況の推移
資料：2017年～2020年『中国休閑漁業発展監測報告』

ることから，感染症関連規制の影響を大きく受ける．一方，遊漁のように少人数で楽しむことができるレジャーはより多くの人に選択されていくと考えられる．

また，レジャー漁業のインフラ建設状況は，図6が示すように，2017年から2020年にかけて基本的に大きな変化はない．レジャー漁業の船舶隻数は2018年に大幅に増加したが，その後は安定して推移している．レジャー漁業の埠頭総数は2018年から2年連続で増加したが，2020年には3埠頭減った．水族館は2017年の7館から2020年には11館に増加した．観賞魚養殖施設の体積は2017年から2018年にかけて大幅に減少したが，現在は基本的に約35万m^3で推移している．全体としては，インフラはここ数年大きく増えてはいない．2000年代初頭から2015年頃までの急成長期と比べると，インフラ整備は落ち着いてきたと思われるが，「高品質発展」に応え続けていくためには，インフラの更新やさらなる投資は依然として必要である．

3.3　レジャー漁業経営体の分布

陳ら[15]の研究を参考に，地理情報ビッグデータから浙江省のレジャー漁業経

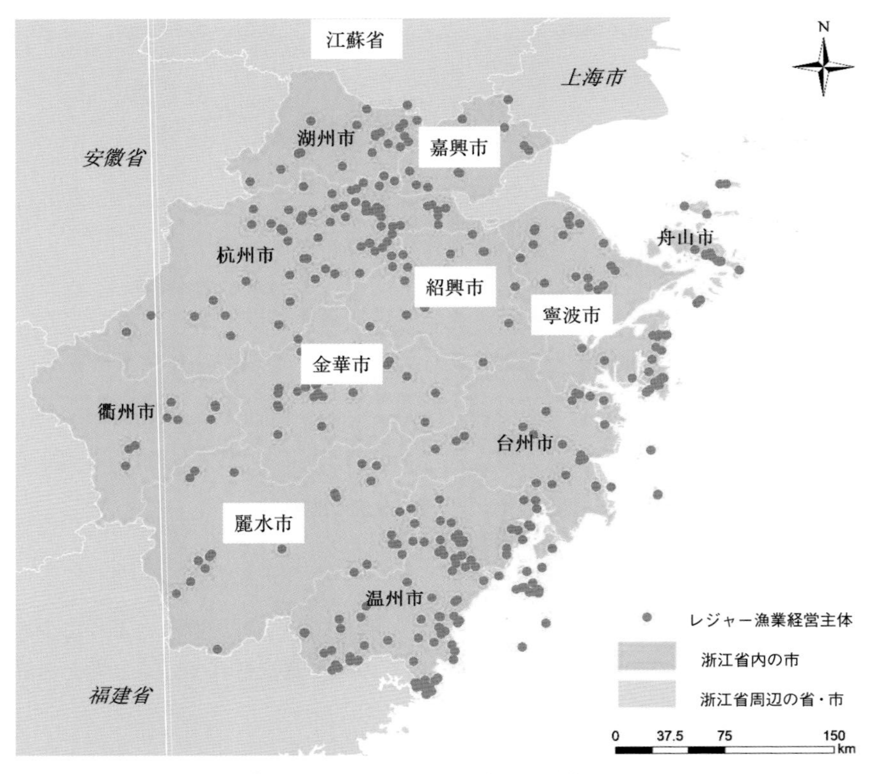

図7　浙江省におけるレジャー漁業経営体の分布（筆者作成）

営体の現状を分析してみたい．「天眼査」（https://www.tianyancha.com）でデータをクローリングした後，「高徳地図 API」（https://lbs.amap.com）を基にこれら経営体のポイントに対するジオコーディングを実施することで，浙江省におけるレジャー漁業経営体の空間データを取得した（図7）．

浙江省の経営体が計394カ所あり，そのうち8カ所が政府機関（0.02%），92カ所が都市部の商業経営体（33.50%），47カ所が郷鎮の経営体（11.93%），193カ所が村の経営体（48.98%），残りは情報が不明確な経営体となっている．ここから，都市と農村に経営体が分布していることが分かる．都市別で見ると，最も多い市は温州市（113カ所）で，その次が杭州市（70カ所）である．最も少ないのは衢州市（9カ所）である．また，臨海4都市（舟山，寧波，台州，

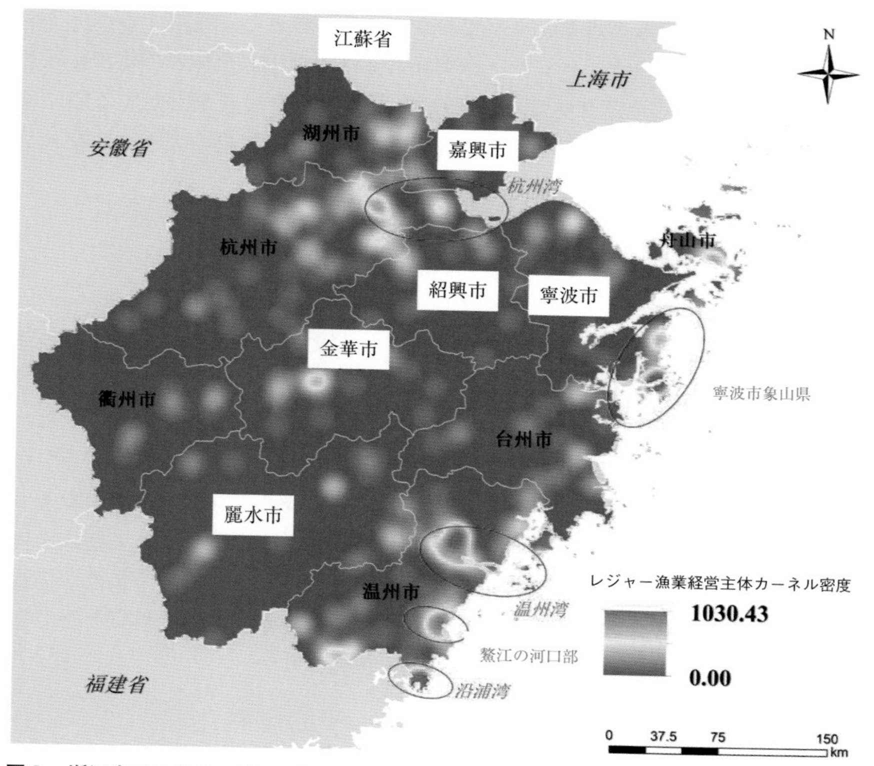

図８　浙江省におけるレジャー漁業経営体空間分布カーネル密度（筆者作成）

温州）には計196カ所あり，全体の49.75％を占めている．北部の平野地区（嘉興，湖州，杭州，紹興）には計119カ所あり，全体の30.20％を占めている．残りの79カ所は中西部地区に分布している．以上より，浙江省のレジャー漁業経営体の分布は，沿岸部が最も多く，続いて北部，中西部という順になっていることがわかる．これは浙江省の漁業資源分布の特徴と基本的に一致している．

さらに，カーネル密度推定を行うことで，空間集積の特徴を評価することができる．図８によると，レジャー漁業経営体の分布において明らかに密度が高い地点が４カ所確認できる．そのうち３カ所は温州市に位置し，それぞれ市街地と温州湾の島，鰲江河口部，沿浦湾周辺にある．もう一つ密度が高いのは，寧波市象山県である．そのほか，杭州市の市街地，舟山島，金華市の市街地，温州市泰順県の密度も高水準となっており，産業の核として発展するポテンシャルを有している．また，レジャー漁業経営体は，沿岸部全体に帯状に発展しつつ，杭州湾周辺にかたまっている．今後，「高品質発展」を計画する際には，これらの地域の一体的な発展をさらに促すことで，より規模の大きい産業クラスターの形成が可能となることが予想される．

4．浙江省におけるレジャー漁業の「高品質発展」の実践

浙江省では，各自治体が島・漁港・漁村・民俗文化等の自然・人文資源の強みを存分に活用してレジャー漁業の促進計画，関連規定に沿う形で島全体，村全体の計画を推し進め，観光客の漁業体験ニーズを満たすように促してきた．その結果，漁業の趣が濃く，豊かな漁業文化を有した特色ある漁村がいくつか建設された．2017年時点で，省内にはすでに多くの優れたレジャー漁業のモデル拠点が存在している．農業農村部が公表したレジャー漁業ブランド創設主体認定リストによると，浙江省には少なくとも13カ所のレジャー漁業拠点が掲載され，南潯荻港漁庄，象山東門漁村，奉化区桐照村等が代表的な拠点として挙げられる．以下では，それぞれの取り組みを紹介したい．

4.1　南潯荻港漁庄

荻港漁庄は，浙江省湖州市南潯区和孚鎮荻港村に位置する．面積は約40万3535m^{2}で，浙江湖州桑堤防養殖池システム歴史文化館，禅茶館，シルク館等の地域文化の特色あふれる施設が建設されるなど，漁業，養殖，飲食，宿泊，レジャー，リゾート，民俗体験，文化展示，科学普及教育を一体化したレジャー漁業拠点である．敷地内外には，約66万7000m^{2}の淡水魚養殖区と約13万3400m^{2}の果樹・野菜園がある．これまでに，国家級レジャー観光モデル基地，レジャー漁業モデル基地，レジャー文化クリエイティブブランド等の多くの名誉称号を獲得している．

南潯区は水産資源が豊富で，中国では有名な淡水養殖区である．荻港漁庄は南潯区和孚鎮荻港村に位置することから，区内の水産資源をベースに桑堤防養殖池を活用した淡水魚の卸売事業に長年取り組んできた．伝統的な漁業が衰退するにつれ，荻港村の村民の所得は減少し続けた．2004年，荻港村の村民は政

府の強力な支援の下，地域の荒れ果てた湿地と老朽化した養殖池[16]を改良，整備し，荻港村落の豊かな歴史資源も活用しながら，新たなレジャー・エコツーリズム観光区―荻港漁庄を発展させてきた[17]．荻港漁庄では，魚を売って利益を得るというこれまでの考え方を捨て，桑堤防養殖池という自然資源をベースに，「千年の漁文化，百年の陳家料理」というキャッチコピーを活用し，魚を特色とする一連のプロジェクトを発展させてきた．特色ある料理を開発し，伝統的な魚のおじやをベースとしながら現代芸術を融合させ，千年の歴史を有する荻港陳家料理を伝承し，荻港独特の漁業文化をアピールしている[18]．

荻港漁庄は，レジャー漁業を通じ，元手が50万元の魚を約50倍に相当する2000万元以上で販売できるようになった．また，観光，宿泊等の関連産業で4000万元以上の消費も生み出している．当初，淡水魚の卸売事業が中心だった荻港漁庄は，今や生態漁業[19]，レジャー，観光に焦点を当て，レジャー漁業によって村民を豊かにするという理念を持っている．荻港漁庄のように「レジャー漁業の開発によって農村を変える」という事例は，浙江省では多数見られるようになっている．荻港漁庄の発展は，質の高い現代漁業を構築する上で重要な牽引役となっている．

4.2　象山東門漁村

象山東門漁村は浙江省象山県石浦鎮東門島に位置し，石浦鎮の市街地とは港を隔てて隣接している．大馬力の鋼製漁船240隻を保有するなど，漁業が発達しているため「浙江漁業第一村」と称されている．

東門漁村の現在の世帯数は1210戸，人口は3806人，果樹園の面積は約18万2758m^2，山林面積は約121万7923m^2，海水養殖面積は約13万3400m^{2}で，村の青壮年の80％以上が海面漁業に従事している．20世紀末に近海漁業資源が悪化し始めたため，東門漁村は漁業構造の転換に迫られた．そこで，単一の漁業から産業の多元化に向けた構造転換，高度化を進めるために，村の持続可能な「高品質発展」に取り組む必要があった．また，多くの若い漁業従事者が島を離れて出稼ぎに出るようになったため，東門漁村はかつてない苦境に直面した．この10年余りの間，30％以上の村民が水産物取引，製氷，船舶修理，船舶建造等の漁業関連産業へと仕事を変えた[20]．そのなか，域内での観光開発を進め，地理，自然環境，歴史ある村落資源をベースに，伝統的な民俗風情，海産物，島の名所旧跡を存分に活用して「漁村生活体験ツアー」を主体とするレジャー観光の開発に力を入れた．東門漁村には名所旧跡が点在し，例えば，古代のものでは倭寇対策の炮台，近代のものでは任氏兄弟の出資で建設された灯台や台湾海峡両岸の民俗文化協力による媽祖神像等がある．豊かな漁業文化と無形文化遺産を活用し，東門漁村はさらに「中国漁文化芸術村」を建設して魚の形の匂い袋や魚骨画等の一連の講座を開設し，県内外の青少年に漁業文化を伝えるようにした．それによって，地域の女性たちが相次いで派生商品の開発に参加するようにもなった．それが村のさらなる発展につながり，所得向上が可能となった．

現在，東門漁村には「漁村生活体験ツアー」の経営体が７カ所，レジャー漁船が12隻あり，年間観光客数は延べ15万人に達している．当初，東シナ海の資源に依存して大半の村民が漁業に従事していたが，レジャー漁業を発展させ，漁業の構造転換に成功し，他地域に重要な実践経験を提供している．

4.3　石塘五嶴村

石塘鎮五嶴村は，浙江省温嶺市石塘鎮の南東沿岸部に位置する．2017年に農業農村部が公表した中国レジャー漁業モデル基地リストにおいて，五嶴村は「最も美しい漁村」に認定された[21-22]．同年９月には，住宅都市農村建設部等の５つの部門から中国環境整備モデル村に選出され，ここ数年，温嶺市の200km余りに及ぶ海岸線上に点在する小さな漁村は，漁村生活体験ツアーや石造民宿等の農村レジャー観光を発展させたことで，一躍有名になった．

五嶴村は，東側は山に面し，南側は海に面している．尖山頭と五嶴里という２つの村を含めると，面積は約40万6870m^{2}である．村内には現在200余りの石造家屋があり，住民の住宅，祠堂，廟，通り，路地はいずれも石を積み上げて作られている．これがこの地域特有の石造りの文化である．しかし，10余年前に漁業資源が悪化し，漁業従事者が地方に出稼ぎに出るようになったため，村は活気を失い，10数人の高齢者だけが残る空洞村となった．村には，すたれた石造家屋と荒れ果てた農作地しか残されていなかった．このような状況を変えるべく，2012年から民間資本を導入して石造家屋の修繕に着手し，外観修復から空間構造の改造まで継続的に取り組んできた．また，温嶺市が計画する石塘半島観光リゾート区の中核エリアに組み込まれたことから，伝統的な漁村が観光レジャー村へと転換され，五嶴村に活力がもたらされた．

五嶴村の発展は，漁村特有の建築文化をベースとした環境整備によって進められた．村の石造家屋の改造，高度化は，地元産業の業態を豊かにしただけでなく，外部からの投資の誘致にもつながり，地元の社会，経済レベルの向上を促進した．これは，石造家屋を有する類似の漁村に経験を提供できる事例である．

5．浙江省におけるレジャー漁業の「高品質発展」の革新性

浙江省では，地域の特色を活用して豊富で多様な地方レジャー漁業の発展モデルを形成して地域経済を向上させただけでなく，横展開が可能な経験も蓄積してきた．浙江省におけるレジャー漁業の「高品質発展」は，質の高い産業発展，質の高い生産組織方式と市場環境，質の高い安全保障メカニズムによってもたらされたと言える．

5.1　政策支援と管理

浙江省がレジャー漁業に対する政策支援に関わる政策の制定を一貫して重視していることは先述の通りである．

浙江省海洋・漁業局はレジャー漁船の標準化，規範化，産業化を進める多くの文書を公布すると同時に，特色ある漁村の構築，レジャー漁業拠点の建設，レジャー漁船の改造等を省級の特定資金支援に組み込んだ．観光部門は，島の漁村観光の発展を農村観光発展計画に組み込み，レジャー漁業の発展を観光産業やインフラ等と有機的に連携させ，潘家門漁港（省級観光風情小町）等の省級観光「特色小町」を構想し，島や漁港等をテーマに小さな町を支援して「漁村生活体験ツアー」等のレジャー観光を推進している．

また，浙江省海洋・漁業局は制度づくりにおいても先行している．他地域に先駆けて「浙江省レジャー漁業船舶検査管理規定（試行）」（浙海漁法〔2003〕22号 ），「浙江省レジャー漁船安全監督管理の若干の規定」（浙海漁政函〔2017〕12号），「レジャー漁業船舶管理に関する若干の規定」（浙海漁弁函〔2017〕17号），「体験型トロール漁具を使用するレジャー漁船移行期管理方法」（浙海漁弁函〔2017〕18号）等の関連文書を公布し，レジャー漁船において業界管理の

遅れ，安全性の低さ，重複建設等の問題を解決し，レジャー漁船の高度な管理を図り，業界のサービスレベルを向上させた.

5.2 市場メカニズムと政府の参画

浙江省のレジャー漁業の「高品質発展」には，成熟した市場メカニズムと政府の積極的な参画が欠かせない．浙江省では有力企業と産地市場が中心となり，多くの沿岸レジャー漁業企業が設立された．これらの企業は川上の養殖，漁船漁業から川中の加工，川下の流通，販売を結合して生産，加工，販売を一体化した経営モデルを構築し，レジャー漁業のサプライチェーンを形成した．また，これらの企業は往々にして同一エリアに集積しているため，海洋漁業資源とインフラを共有し，単一の漁師による伝統的な経営モデルを変え，レジャー漁業企業の発展を後押しする文化・民俗・情報・技術の地域経済統合を実現した.

また，浙江省政府も積極的に効率の良いレジャー漁業市場メカニズムの形成に協力した．政府はレジャー漁業に取り組み始めて以降，様々な財政優遇措置を通じてレジャー漁業の発展を支援してきた．具体的には，漁船の廃船や漁業従事者の転業研修に対する補助金の支出や，銀行融資金利の優遇等がある．また，政府はレジャー漁業の発展に対する直接的な資金的援助も行ってきた．例えば，舟山市はレジャー漁業の発展のために8000万元以上を投資し，魚礁や島，漁船での釣り等の多くのレジャー漁業プロジェクトを構築した.

5.3 漁船の安全管理

浙江省は，レジャー漁船の安全も非常に重視している．まず，海洋観測能力を強化し，衛星リモートセンシング，海洋観測所，潮位観測所，気象観測所，レーダー，ブイ，海上観測プラットフォーム，観測船等を一体化した観測モニタリングネットワークを構築した．次に，海洋災害予報・警報能力の構築を強化し，省・市の海洋予報機関を中心として県級の海洋観測所がそれを補完する形で海洋予報業務体系を構築した．さらに，予報・警報情報の迅速な伝達システムを構築し，海洋災害迅速伝達システム，ファックス一斉送信システム，省漁船安全管理情報プラットフォーム等のルートを通じ，各レベルの主管部門やプラットフォーム内の海上漁船（レジャー漁船を含む）にタイムリーかつ正確に予報・警報情報を提供している.

また，浙江省では，企業にも管理を委託することで，レジャー漁船の事故防止に取り組んでいる．例えば，2014年に寧波市象山港はレジャー漁船の「会社化」管理モデルを実行した．すなわち，象山港区域でレジャー漁業経営に従事する400隻余りの無許可の小船（いかだ）について，国有企業が一括管理することとし，漁業関連の「三無（船名が無い，証明書が無い，船籍港が無い）」船舶による規則違反，法律違反を根絶し，海上レジャー漁船の安全性を高めた．また，2018年には岱山県のレジャー漁船が「旅館式」という管理を実行した．これは観光客が海で釣り，観光をするというレジャー漁船の特徴を鑑み，旅館業の情報システムを活用して「登記届出サービスセンター」にて，港に出入りするすべての漁船と観光客に実名での登録を実施した．その結果，治安の向上につながった．

6．将来の展望

6.1　発展の機会

2022年の中国共産党第20回党大会の開催は，中国の社会主義が新たな時代に入ったことを表している．このような時代の転換点において，浙江省のレジャー漁業も新たな発展の機会と課題に直面している．中国共産党第20回党大会の報告では「中国式現代化は今後の国家の発展の本質的要求であり，中国式現代化は人と自然が調和共生する現代化で，物質文明と精神文明がともに重視される現代化で，すべての人が共に豊かになる現代化である」と述べられた．レジャー漁業は，資源の枯渇が大きな問題となる中で伝統的な漁業が構造転換・高度化した新たな業態であり，漁業資源が食料の供給という役割だけでなく，より豊かな環境的，文化的価値を発揮することで，自然，レジャー，レクリエーション，体験等の多様化された商品，サービスを人々に提供すると同時に，幅広い漁業従事者に新たな生計の手段をもたらすことも可能となる．したがって，レジャー漁業は今後も時代の好機をつかみ，新たな段階へ進んでいくことが望まれる．

ここ数年，農村振興戦略が継続的に取り組まれている中で，浙江省のレジャー漁業にも新たな機会がもたらされている．農村振興の発展動向から検討すると，以下の３つの側面が考えられる．すなわち，第１に農村振興戦略が実施される過程でレジャー漁業の政策が強化され，より多くの資源要素が集積してレジャー漁業の発展環境が高まる．第2に，レジャー漁業を取り巻く市場が徐々に拡大し，さらに，都市・農村住民の精神的満足感を求める消費構造の高度化に伴ってレジャー体験の消費への参加も増加することが見込まれる．最後に，長江の禁漁が推進され，レジャー漁業の大規模化に機会を提供していることが挙げられる．現在，中国政府は，長江の禁漁を定着させるために，漁をやめた漁業従事者の再就業支援を強化するように要求している．レジャー漁業は，長江の10年の禁漁過程において，漁業従事者の転産転業という難題の解決に貢献し，行政管理コストの削減や社会の安定確保に寄与している．

浙江省の環境から見ても，農村振興戦略の実施はレジャー漁業の発展に有利な条件を有している．2022年，浙江省は海洋漁業総合管理改革を加速して漁業のグリーンかつ低炭素型の発展を推進すること，厳格に長江の禁漁を実行すること，農村経営を強化することで農村の多元的な価値を発掘すること等を掲げた．これらの要請は，レジャー漁業の発展過程と一致しており，浙江省レジャー漁業の発展の方向性を示すものである．

6.2 直面する課題

新型コロナウイルス感染症拡大の影響を受け，レジャー漁業の発展も2つの重大な試練に直面することになった．まず，コロナ禍において，人々の外出・レジャー消費に対する意欲・機会が大きく抑制されたということである．2020年から，全国レジャー漁業の生産額と成長率は大幅に下落し，産業の安定性は低下した．そのため，いかにして新たな情勢に対応し，思考の転換によってレジャー漁業の脆弱性を減らすかがカギとなった．もう1つは，コロナ禍の中で，都市・農村住民の消費が近郊のレジャーに向かったということである．需要の変化は，レジャー漁業の構造の大幅な調整をもたらす．遠距離の観光志向型のレジャー漁業よりも，近郊での釣りや観賞魚産業といったレジャーがより人気を集めていくと思われる．これらの変化によって関連従事者の解雇，転業等がレジャー漁業の新たな試練となるかもしれない．

また，浙江省のレジャー漁業自体にも脆弱性は残っている．すなわち，体系的なレジャー漁業発展計画の欠如や，産業発展を誘導力不足である．また，レジャー漁業に関する管理基準はまだ初期段階にあり，幅広く高度な基準づくりを加速させる必要がある．さらにここ数年，浙江省のレジャー漁業経営体および従事者数は減少傾向にあり，関連インフラの建設も成長力に欠けている．これは，今後のレジャー漁業の持続可能な発展にとってマイナス要素となる．最後に，レジャー漁業に関する研究も不足しており，理論構築，モデル評価，事例分析，効果分析等の，踏み込んだ研究が必要である．

注

[1] 趙奇蕾・陳新軍「中国省域休閑漁業競争力評価与建議」『水産学報』，Vol. 45，No. 8，pp. 1415-1429，2021年．

[2] Southwick R. Comparing NOAA's recreational and commercial fishing economic data [R]. Southwick Associates, 2013.

[3] Ben Lamine E, Di Franco A, Romdhane M S, et, al. Comparing commercial, recreational and illegal coastal fishery catches and their economic values: A survey from the southern Mediterranean Sea [J]. Fisheries Management and Ecology. 25(6): 456-463, 2018.

[4] Gentner B. The value of billfish resources to both commercial and recreational sectors in the Caribbean [R]. FAO Fisheries and Aquaculture Circular. 2016: Bridgetown.

[5] García-De-La-Fuente L, García -Flórez L, Fernández-rueda M P, et, al. Comparing the contribution of commercial and recreational marine fishing to regional economies in Europe — An input-output approach applied to Asturias (Northwest Spain) [J]. Marine Policy. 118(8): 104024, 2020.

[6] Freire K M, Machado M, Crepaldi D. Overview of inland recreational fisheries in Brazil [J]. Fisheries. 37(11): 484-494, 2012.

[7] Mcconney P, Medeiros R, Pena M. Enhancing stewardship in small-scale fisheries: Practices and perspectives [D]. CERMES. 2014: he University of the West Indies, Cave Hill Campus, Barbados.

[8] 「大花園建設」は，浙江省第14回中国共産党代表大会で打ち出された重大戦略．同戦略では，省全域を一つの大きな庭園とみなし，生態環境資源を経済システムと美しい都市・農村建設の中に組み込み，環境収益と経済収益の同時成長を実現する必要性が指摘された．

[9] 張宛玉「産業融合背景下浙江海洋休閑漁業発展研究」，浙江海洋大学（博士論文），2021年．

[10] 趙奇蕾・陳新軍・韓博「国際休閑漁業研究進展」『上海海洋大学学報』，Vol. 29，No. 2，pp. 295-304，2020年．

[11] 農業農村部漁業漁政管理局・全国水産技術推進ステーション・中国水産学会『中国休閑漁業発展監測報告（2020）』，2020年．

[12] 「高品質発展」について，日本では一般的に「質の高い発展」と訳されている．この用語は，2017年10月18日の中国共産党第19回全国代表大会における習近平総書記の報告の中で用いられたのが始まりであり，「高速成長段階から質の高い発展段階」，「速度と量」より「効率と質」の重視とされている．

[13] 趙奇蕾・徐楽俊・陳新軍「中国省域休閑漁業総合発展水平評価及障碍因子分析」『中国農

業資源与区劃』，Vol. 42，No. 9，pp. 119-129，2021年．

[14] 趙剣波・史丹・鄧洲「高質量発展的内涵研究」『経済与管理研究』，Vol. 40，No. 11，pp. 15-31，2019年．

[15] 陳桂瑩・趙奇蕾・祁思瓊等「中国沿海11省（市）休閑漁業空間分布及影響因素分析」『中国農業資源与区劃』，2022年10月31日，http://kns.cnki.net/kcms/detail/11.3513.S.20221031.1115.024.html（閲覧日：2023年3月20日）．

[16] 桑堤防養殖池（mulberry fish pond）とは，中国の長江デルタや珠江デルタでよく見られる伝統的な複合型農業生産モデルである．桑堤防養殖池では，河川周辺の低地を掘って池を作り，掘り出した泥を池の周囲に積み上げて堤防を築き，堤防上では桑を栽培し，池では魚を養殖する．桑の葉は養蚕に用いられ，蚕の排泄物は魚の餌となる．また，養殖池の土砂は桑の肥料として用いられる．このような循環利用を通じ，高い経済利益を得ることが可能となる．

[17] 劉亜迪・余連祥・冷華南「郷村振興戦略背景下現代漁業発展優勢，問題及政策分析—以浙江省湖州市南潯区漁業発展為例」『海洋湖沼通報』，No. 5，pp. 155-163，2020年．

[17] 滳費偉「資源型村庄的“任務型治理”研究」，南京農業大学（博士論文），2018年．

[18] 同上．

[19] 生態漁業とは，魚類と他の生物との共生と相補性の原則に基づき，陸と水の物質循環システムを利用し，技術的・管理的措置を採用することによって，生態系バランスの維持と養殖効率の向上を実現する養殖様式である．

[20] 楊航・陸季春「新時代下伝統漁業村落的発展対策—以象山県東門漁村為例」『明日風尚』，No. 18，pp. 317-318，2018年．

[21] 毛超偉「基于建築基因理念的濱海漁村石屋聚落改造模式研究—以温嶺石塘五嶴村為例」『浙江建築』，Vol. 38，No. 2，pp. 4-6，2021年．

[22] 陳潜「温嶺五嶴村：中国最美漁村」『新農村』，No. 7，pp. 17，2022年．

第14章　山東省におけるレジャー漁業発展の現状と特色

江　春嬉　楊　紅生

1．はじめに

山東省は，観光志向型レジャー漁業[1]の売上高とレジャー漁業の生産額でいずれも全国第１位の省である．2021年，全国の海水遊漁・採取業[2]の売上高は40億2100万元で，そのうち山東省が46.91％を占め，全国第１位だった．また，全国の釣具の売上高は40億6700万元で，そのうち59.47％を占める山東省は全国第１位のシェアを誇っている[3]．レジャー漁業の施設・装備に関しても，山東省は国内の主要地であり，全国トップレベルの地位を維持している．

国家級レジャー漁業モデル基地[4]の数でも全国第１位である．2014年末時点で，山東省内の国家級レジャー漁業モデル基地の数は27カ所に達している．また，省級レジャー漁業モデル園区は72カ所，省級レジャー漁業モデル拠点は110カ所ある．さらに山東省は，15カ所の省級海面遊漁モデル基地と10カ所の省級内水面遊漁基地の構築に重点的に取り組んでいる[5]．山東省の海面遊漁の拠点は主に威海・煙台・青島などの市に集中しており，その多くの釣り場や海釣り拠点が観光スポットや海洋牧場[6]を活用して構築されている．例えば，威海愛蓮湾省級海面遊漁釣場や萊州芙蓉島省級海面遊漁釣場等は，利用客数が非常に多くインフラも整っている．また，山東省は海洋牧場とレジャー漁業の融合型発展を重要課題として積極的に推進している．現在，山東省には全国最多を誇る59カ所の国家級海洋牧場モデル区がある[7]．モデル区では漁業資源が顕著な回復を示しており，レジャー漁業発展のための良好な基盤が築かれている．

このように，山東省は中国におけるレジャー漁業の先進的事例と位置づけられる。本章では山東省におけるレジャー漁業の展開を整理しながら，その発展をもたらした要因について考えてみたい。

2．レジャー漁業発展の諸条件

2.1 自然環境と漁業の動向

山東省は中国東部の沿岸地区に位置し，三方を海に囲まれている．海岸線の長さは3171kmで，中国の大陸海岸線の1/6を占めている．省内には326の島，70カ所余りの優良港湾，約3000km^{2}の面積を誇る沿岸部の潮間帯がある．また，海水魚やエビ類など260種類余りの魚介類が存在し，漁業資源は豊富で，中国最大の漁業生産額を誇る省である[8]．

2022年，山東省の漁業従事者数は119万人で，沿岸地区の省の中では漁業従事者数は最も多い．そのうち，専業者は60万9000人で，沿岸地区では広東省に次いで第２位である．2022年12月末現在，山東省の動力漁船の保有量は５万4500隻で福建省に次ぐ第２位，海水養殖面積は60万8000ヘクタール，そのうち海面養殖面積は31万ヘクタールでいずれも沿岸地区の省では第２位，潮間帯養殖面積は22万ヘクタールで沿岸地区の省で第１位だった．また，沿岸地区の水産技術の普及に関わる機構の数については，山東省には専門センターと総合センターを合わせて計889カ所あり，沿岸地区の省では全国第１位である[9]．

2.2 レジャー漁業への需要と政府の取り組み

山東省観光局の統計によると，2017年の省全体の観光消費総額は9000億元，国内観光客数は延べ７億6000万人，インバウンド観光客数は延べ510万人だった．また，観光投資額は2200億元で全国第１位であった．2021年はコロナ禍の影響を受けたものの，山東省の観光総収入は6019億元にまで達した[10]．また，山東省では17の各都市がそれぞれの特色あるまちづくりを進めている．その中で，民間資本が積極的に活用され，人々の生活の質は向上し続けている．より多くのレクリエーション・レジャー空間が必要とされている中，漁業とレジャー・レクリエーション，観賞ツアー，環境保全，文化伝承，科学普及，グルメ・飲食等と有機的に連携させることによって，人々のレジャー需要を満たす製品やサービスを社会に提供することができるレジャー漁業市場の将来性が広がっている．

そこで，山東省は，高効率かつエコロジカルな漁業をめぐるブランディングを積極的に開発し，「好客山東（おもてなし好きの山東）」等の観光ブランドと有機的に連携しながら，レジャー漁業園区とレジャー漁業モデル拠点の建設を重点的に進め，レジャー漁業の発展を経済の構造転換・生態の保護・文化の向上と融合させることによって，レジャー漁業の経営範囲を大幅に拡大している．さらに現在，山東省はウェイボー（微博）とWeChat（微信）といったSNSに「好客山東・漁夫垂釣」という名称でアカウントを開設し，山東省のレジャー漁業に関するおすすめスポットを紹介している．また，山東省海面遊漁地図を公開したほか，海面遊漁ポータルサイトの制作やネットショップを通じた海の珍味の販売も実施している．インターネットを通じた宣伝活動によって，非常に多くの海釣り愛好家やレジャー観光・リゾート客が体験に訪れるようになり，山東省レジャー漁業の急速な発展を後押ししている．

2.3　山東省におけるレジャー漁業関連政策の展開

山東省によるレジャー漁業への強力な支援は，2005年以降の政策に顕著である。表1に示すように，省・市政府は各種法規・政策を相次いで公布し，レジャー漁業発展の重要な意義・建設目標・発展戦略を明確に示してきた．山東省政府は「省級レジャー漁業モデル拠点評定方法」，「山東省レジャー漁業船舶管理方法」，「山東省省級遊漁基地評定方法」等の一連の規範文書を相次いで制定・公布すると同時に，海洋牧場や増殖・放流等の産業政策を組み合わせてレジャー漁業の発展を誘導している．

資金支援の面では，山東省は特別資金を創設して省級レジャー漁業モデル園区に対する財政支援を行っている．威海市や煙台市等も，特別資金を創設してレジャー漁業重点プロジェクトや基準を満たすプロジェクトにインセンティブを提供している．産業発展の面では，レジャー漁業を「海上穀倉地帯」の建設を加速する主導産業の1つとし，海洋牧場の建設とレジャー漁業の発展を連携させている．マーケットでの宣伝については「漁夫垂釣」[11]や「漁業公園」等，マーケットである程度の影響力を有するレジャー漁業公共ブランドを構築した．現在，省内には国家級レジャー漁業モデル基地が49カ所，省級レジャー漁業モデル拠点が110カ所，省級レジャー漁業モデル園区が72カ所，省級海面遊漁モデル基地が18カ所ある．また，海洋牧場の規模は全国第1位で，認可を受けた国家級海洋牧場モデル区が59カ所，「最も美しい漁村」に入選した漁村が3カ

表1　山東省におけるレジャー漁業関連政策の変遷

時期	公布機関	名称	内容と特徴
2005年	山東省人民政府弁公庁	省級レジャー漁業モデル拠点評定方法	・レジャー漁業拠点に対する基準達成制度を実行し，レジャー漁業発展の規範化を図る．
2011年	山東省海洋・漁業庁	山東省漁業発展第12次５カ年計画	・「漁業文化レジャー産業を積極的に開拓する」ことが明記された．
2013年	山東省海洋・漁業庁	海面遊漁産業の育成・発展に関する実施意見	・海面遊漁サービス体系の建設を拡大する． ・海面遊漁クラブや海釣り会社等の大衆向け海面遊漁組織・企業の発展を支援する． ・高規格海面遊漁船を整備・建造する． ・海面遊漁専門サービス人員を育成する．
2013年	山東省水生生物資源保護管理センター	山東省海面遊漁釣場認定方法（試行）	・山東省の海面遊漁の釣り場の認定は，山東省水生生物資源保護管理センターが担当する．
2013年	山東省水生生物資源保護管理センター	山東省海面遊漁管理暫定方法	・山東省海洋・漁業監督監察総隊が，省内の海面遊漁船の認可・検査・安全監督点検・資源保護等の関連業務を担当する． ・山東省水生生物資源保護管理センターが，省内の海釣り業界に関する具体的な管理業務を担当する． ・市・県の海洋・漁業主管部門は，各自の役割に沿って関連の職責を履行する．
2013年	山東省海洋・漁業庁	山東省省級海面遊漁基地評定方法，山東省省級内水面遊漁基地評定方法	・省内に15カ所の海面遊漁基地を重点的に構築する． ・15カ所の基地は「人工魚礁，生簀，釣船，海岸，サービス」という５つの関連機能を備えなければならない． ・エコロジカルな魚礁と的確な増殖・放流を重点的に支援する． ・漁業部門の要求を満たして海釣り基地認証を取得した拠点のみ「漁夫垂釣」というブランドロゴを使用できる．
2014年	山東省威海市政府	レジャー漁業産業発展計画	・産業プロジェクトの配置計画をレジャー漁業発展の重要な内容とし，第12次５カ年計画期間内に，総合性レジャー漁業モデル基地10カ所，海面遊漁区10カ所，海上田園観光体験区10カ所，内水面遊漁区10カ所，漁村生活体験ツアー機能サービス区10カ所を構築する． ・いくつかの公共遊漁区を開設し，海洋科学普及宣伝基地を建設する． ・豊富で多彩な様々な形式のレジャー漁業活動を行い，一定の規模を有して市全体をカバーするレジャー漁業発展の構図を構築する．
2014年	山東省威海市政府	レジャー漁業産業発展奨励資金インセンティブ方法	・特別資金を創設し，2014年から３年連続でレジャー漁業重点プロジェクトを支援すべく，基準を満たすプロジェクトにインセンティブを提供する． ・１件当たりのインセンティブ金額は，総合性レジャー漁業基地プロジェクトが20万～30万元，海面遊漁区プロジェクトが10万～20万元，内水面遊漁区プロジェクトが10万～15万元，海辺の池の遊漁区プロジェクトが10万～20万元とする．

時期	公布機関	名称	内容と特徴
2016年	山東省海洋・漁業庁	山東省第13次5カ年計画海洋経済発展計画	・島・岩礁・港湾・砂浜・潮間帯等の自然資源と漁村・漁港等の人文資源を活用し，養殖拠点や海洋牧場の建設と連携しながら，様々な消費者層のニーズに合わせて養殖拠点の見学・遊漁・エコツーリズム・生活体験・飲食・ショッピング・科学普及教育等の一連のレジャー漁業商品を重点的に開発する． ・漁家楽園・漁俗新村・海面遊漁展望センター・海浜クラブ等の施設の建設を加速する． ・レジャー漁業協力組織と業界団体を整備する． ・生産・観光・釣り・飲食・娯楽・ショッピング等の第1次・第2次・第3次産業が融合した総合性レジャー漁業を大々的に発展させ，省級レジャー漁業公園をいくつか新設する． ・規模が大きく専門的な海水養殖用ケージや生簀養殖拠点を活用して有名で高価な海水魚類を養殖し，レジャー船舶や観光遊覧船等の施設を配備して，釣りと娯楽・飲食を一体化したレジャー漁業を発展させる． ・港湾・浅海・島・岩礁等を活用し，海や島の景色を楽しむ観光ツアーと島・岩礁での磯釣りや潮間帯での採取等を連携させたレジャー漁業を発展させる．
2020年	山東省青島市政府	海洋牧場とレジャー観光の融合型発展推進実施プラン	・海洋牧場企業が陸地・島に牧場総合サービスセンターを建設することを支援する． ・漁業生産・海洋スポーツ・ビジネス活動・科学普及教育・レジャー体験等を一体化した多機能で現代的な海洋牧場総合施設を構築する． ・「海洋牧場＋ケージ養殖＋増殖・放流＋海面遊漁」といった多業態発展モデルを有する海面遊漁モデル拠点を構築する． ・市場競争力と名声を有する複数の海洋牧場レジャー観光ブランドの育成を加速する． ・全サービスチェーンの建設を強化し，サービス品質を向上させる．
2021年	山東省海洋・漁業庁	山東省第14次5カ年計画海洋経済発展計画	レジャー漁業を発展・成長させ，海洋牧場を活用し，観光・釣り・採取・飲食・娯楽・ショッピング等の機能を開拓して海上田園総合施設を構築する．

資料：筆者作成．

所，「全国優良レジャー漁業モデル基地」が5カ所，「全国レジャー漁業モデル基地」が11カ所ある．市・県レベルでは，淄博市が2017年から2019年にかけて3年連続で「中国（淄博）金魚コンクール[12]」を開催したほか，威海市が全国初の「中国レジャー漁業の都」に選ばれ，臨沂市は中国遊漁協会が授与する全国初の「中国遊漁の都」に，日照市は「国際海面遊漁の都」に，高唐県は「中国一のニシキゴイ県」にそれぞれ選定された．「高唐ニシキゴイ[13]」については，中国の地理的表示認証も取得している.

3．山東省におけるレジャー漁業の展開とその特徴

3.1　近年の動向と業態の充実

2019年の山東省におけるレジャー漁業の総生産額は291億7000万元であり，山東省漁業経済の総生産額に占める割合は7.1％であった[14]．2021年のは187億4100万元となったが，全国トップのシェアを維持した．そのうち，遊漁・採取業が占める割合は31％である。観光志向型レジャー漁業は同40％であり，その主な原因は，観光志向型レジャー漁業の利用客数が延べ3400万人余りと最も多いためであり，それら利用客による旺盛な消費が生産額を高めている．また，経営主体も5877社と多く，すべてのレジャー漁業経営主体の58.6％を占めている．観賞魚産業は同11％である。人々の物質文化生活が充実する中で，観賞魚の消費も増えてはいるものの，観賞魚の飼育に要求される高い専門性等による制約もあり，消費者層は少なく，消費のポテンシャルをさらに発掘していく必要がある．釣具・釣餌・観賞魚用薬品と水槽設備等は同16％で，レジャー漁業に関わる主要な業態がそろっている．省内のレジャー漁業経営主体数は9415社，一定規模以上の経営主体数は587社，従事者数は10万人余りで，漁業関係者の雇用と漁業経済の発展を牽引する重要な要素となっている[15]．

先述したような山東省による強力な支援もあって，山東省沿岸部のレジャー漁業は伝統的な漁村生活体験ツアーだけにとどまらず，漁業に関する様々な観光プロジェクトに着手してきた．また，沿岸部のレジャー漁業に専門に従事する企業の立ち上げによって，正規のレジャー漁業が沿岸部で急速に発展を遂げるようになった．それと同時に，山東省が「エコロジカルで効率の高いブランド漁業」の構築という半島現代漁業経済区発展戦略を打ち出したことによって，山東省として水族館・海鮮広場・海釣り基地・漁の観賞・海底観光等のレジャー漁業施設を重点的に建設することが示された．

その結果，「山東へ行けば魚釣りができる」という言葉は業界の共通認識となり，山東省観光の新たな焦点にもなっている．内陸地区では，釣りを中心に多種のサービスを一体化した10カ所の省級レジャー漁業公園が集中的に構築された[16]．高唐ニシキゴイは全国有数の価格を実現し，淄博金魚は全国にその名

が知れ渡っている．また，生態系保全の観点をレジャー漁業に組み込み，濾過摂食魚類による水質浄化の機能を活して，「魚の放流によって水域の生物資源を増やす活動」を大々的に実施している．その活動の一環として，多くの人が参加できるエコロジカルな魚の放流イベントを積極的に開催し，6月6日を「放魚節」とするなどの取り組みの結果，毎年の参加者数は100人以上に達している．

3.2　レジャー漁業の分布と各地の特色を生かした取り組み

山東省レジャー漁業は主に東部の沿岸地区に集中している．特に，膠東半島にある威海市・青島市・煙台市・日照市は「国家級レジャー漁業モデル基地」と「省級レジャー漁業モデル拠点」の数で省内トップ4となっている（図1）．このことから，これら4市のレジャー漁業は山東省で見本・牽引役としての役割を果たしていると言える．また，威海市・青島市・煙台市・日照市は，海洋牧場の発展でも山東省の先頭に立っている．2022年時点の統計では，これら4市の国家級海洋牧場モデル区の数は山東省全体の80％以上を占めている．

山東省の海洋レジャー漁業と淡水レジャー漁業の生産額比率は89対11で，海洋レジャー漁業が圧倒的に多い．地域分布を見ると，威海市・青島市・煙台市が省全体の86.6％を占めている．その主な原因は，これら3市は水産物の生産量で省内のトップ3を占めるなど漁業・養殖業が発展しており，レジャー漁業の発展のために必要な基盤が整備されているためである．また，これら3市は山東半島沿岸部に位置する有名な観光都市であり，多くの消費者を抱えている．さらに，日本や韓国等の釣具製造先進国と距離的に近く，釣具の製造・貿易等の面でも他の都市より有利な位置にあり，省全体の釣具生産の牽引役となっている．山東省の釣具生産額は23億3000万元に達し，全国でもトップクラスに位置している．その他の都市でよく見られるレジャー漁業は遊漁等である．内陸地区の臨沂市・聊城市・淄博市等では目立った資源の優位性はなく，主にニシキゴイや金魚等の特色ある産業を活用してレジャー漁業の発展を図っている．徳州市では，水族館が最も主要なレジャー漁業の収入源となっている．

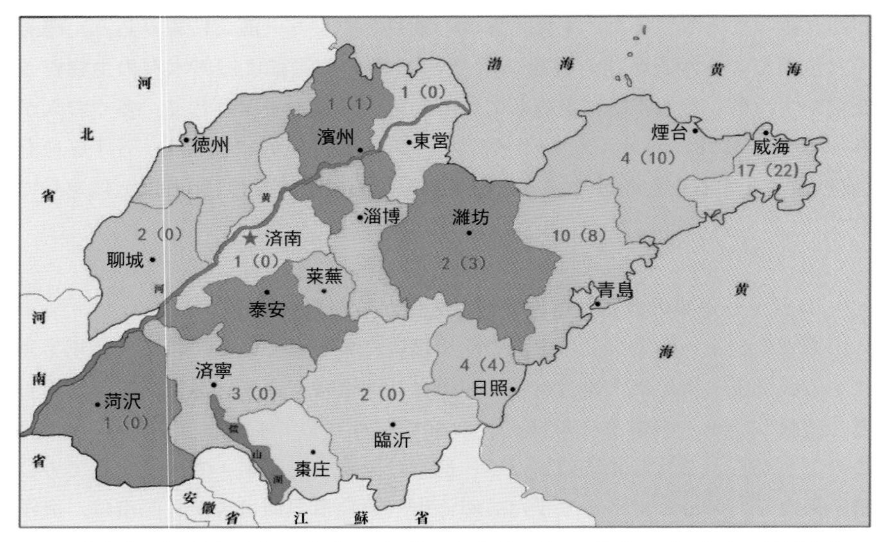

図１　山東省の国家級レジャー漁業モデル基地と省級レジャー漁業モデル拠点の地域分布

資料：筆者作成.

※図中の（　）前の赤数字は国家級レジャー漁業モデル基地の数,（　）内の赤数字は省級レジャー漁業モデル拠点の数.

4．山東省におけるレジャー漁業の代表事例

海洋牧場を活用したレジャー漁業の発展が，山東省沿岸部におけるレジャー漁業発展の代表的な特色となっている．ここでは，日照順風陽光海洋牧場・威海栄成愛蓮湾海洋牧場・煙台莱州湾海洋牧場という３つの代表事例を用いて(図２)，山東省が海洋牧場とレジャー漁業の融合型発展を推進する際の特徴を論じる．

4.1　日照順風陽光海洋牧場

山東日照順風陽光海洋牧場公司は2014年12月に設立された．同社は，水産養殖・遊漁・親子で楽しむ釣りイベント・海釣り競技会を主な事業とし，レジャー観光，海上観光，海上での採取，魚の放流，漁俗文化，飲食，民宿等の多種の機能をあわせ持つ大手企業で，海洋牧場の建設・運営面での実力と豊富な経

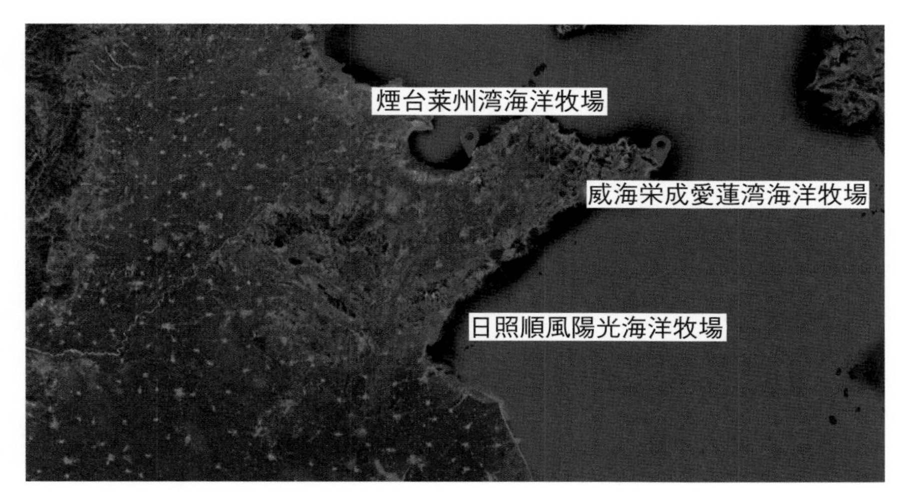

図２　山東省の代表的な海洋牧場の分布図
資料：筆者作成.

験を有している．2015年，日照順風陽光海洋牧場は２月に山東省海洋漁業庁から「山東省省級遊漁釣場」に選定されて以降，8月には中国遊漁協会から「中国遊漁協会海釣り基地」の称号が授与され，12月に「国家AAA級観光地」に認定された．これによって，漁業・観光を融合した革新的発展が始まった．さらに，2016年１月に農業部弁公庁から「全国レジャー漁業モデル基地」に選定され，2018年には「国家級海洋牧場モデル区」に認定された．

現在，順風陽光海洋牧場の累計投資額は２億8000万元に達し，これまでに300人以上の漁業従事者の再就職問題を解決してきた．また毎年，地元の漁業従事者に臨時労働者として延べ３万人もの雇用機会を提供している．漁業＋観光という革新的なモデルを構築した同海洋牧場では，利用客は漁村の民宿に宿泊して家庭料理を楽しむことができる．年間の遊漁客数は20万人余りに達する．同海洋牧場では，第１次産業の漁業が第２次・第３次産業と融合しながら産業のシフトを図り，伝統的な漁業から現代的なレジャー漁業への構造転換・高度化が実現されている．同海洋牧場の建設が成功を収めてきた理由として，以下のような特色ある取り組みをしていることが挙げられる．

4.1.1　海釣り競技会と放魚祭りの開催

順風陽光海洋牧場は，競技会・イベントを通じた漁業の構造転換・高度化を促進している．例えば，毎年開催される５月１日の「漁業祭り」，6月１日の「子ども魚つかみ取りフェスティバル」，7月１日の「親子釣り祭り」，7月11日の「陽光放魚祭り」，9月９日の「重陽節の放流金婚式」，冬の「中国日照海釣り祭り」は知名度の高いイベントとなっている．さらに，魚のつかみ取り，エビ釣り，ルアーフィッシング，海上プラットフォームでの釣り，海釣り，パノラマスクリーンによる科学普及，魚拓作成，カヌー，ロッククライミング，漁業体験，親子疑似餌作り等の活動を提供し，広報・宣伝を強化することで業界での影響力を高めている．

4.1.2　「私の１ムーの海」プロジェクト

順風陽光海洋牧場は「私の１ムーの海」と呼ばれるオーナー制度を企画・運営している．本プロジェクトは，2021年７月に「みんなで１ムーの海を所有して自分の海鮮を分かち合う」というコンセプトの下で正式にスタートして以来，ユーザー数は右肩上がりで増え続けている．ユーザーは，携帯電話のアプリ上で申し込むだけで簡単に１ムー（畝）（667m^2）の海のオーナーになることができる．オンラインでの申し込みとオフラインでの養殖というバーチャルとリアルの融合を実現した本プロジェクトは，インターネットとオーナー制度の組み合わせによって関連産業の発展を牽引するという新たな可能性を切り開いた．

4.1.3　「陽光一号」海上観光プラットフォーム

2019年，順風陽光海洋牧場は，日照市初の国家級海洋牧場大型遊漁プラットフォームである「陽光一号」の工事を終えて正式に一般開放した．プラットフォームは，モーターボートに乗れば30分で到着できる位置にある．４階建てのプラットフォームには展望台があり，周囲の海洋牧場や海洋科学研究・観測設備の管理に用いることができる．電力は，海流発電によって供給されている．体積が非常に大きいために風や波の影響を受けにくく高い安全性が確保されており，利用客は陸地と同じ感覚で過ごすことができ，波酔いに悩まされる心配もない．

また，宿泊用のスタンダードルームを多数備えており，利用客は昼の海の景色と夜の星空を楽しむことができ，他では味わえない海洋生活を体験できる．周囲には多数の人工魚礁や生簀が設置され，その中ではセキトリイワシ・フウセイ・キグチ・ナマコ・アワビ等が多数飼育されており，利用客は竿で釣ることができる．また利用客は，プラットフォーム上に11部屋用意されている豪華スイートルームに宿泊して海面遊漁を楽しむこともできる．さらに直径9mの球形潜水ケージが多数設置されており，ダイバーの安全性を確保している．そのため，初心者が魚と触れ合う楽しさを体験するのに適している．レジャー・レクリエーションでスポーツを体験したい人にサービスを提供するだけでなく，ダイバーに対する専門的な訓練を行い，資格証書を発行することもしている．

4.2　威海栄成愛蓮湾海洋牧場

威海栄成愛蓮湾海洋牧場は，栄成市俚島鎮瓦屋石村に位置する．3kmに及ぶ海岸線を有し，海洋牧場とレジャー漁業の融合型発展を全面的に推進する威海市の縮図となっている．海産物の養殖・加工と海洋レジャー観光を組み合わせて「レジャー・リゾート・ウェルネスの聖地」をテーマに様々な種類のレジャー漁業商品を提供し，観光・リゾート客の人気を集めている．2021年には，研修・観光等の目的で延べ5万人余りの人が威海栄成愛蓮湾海洋牧場を訪れた．その売上高は，海産物の捕獲による売上の30%に達した．同海洋牧場の建設が成功を収めてきた理由として，以下のような特色ある取り組みをしていることが挙げられる．

4.2.1　海洋牧場＋海釣り場

愛蓮湾の海面遊漁は船釣りで行われ，釣り場は栄成市俚島鎮の愛蓮湾海域に位置する．釣り場面積は300ヘクタール余りに達し，その中には大小2つの海上観光・釣りプラットフォームが設置されている．生態系を非常に重視し，資源保護に力を入れて取り組んでいるため，同海域の海水は一年を通して国家標準一類の水質が維持されている．毎年，様々な種類の魚礁を設置し，それらを好む魚類の放流を行っているため，1年間に釣ることのできる品種の重量は110トンに達する．また，同時に50隻の海釣り船が操業できる．さらに，潮干狩り・海上観光・体験・採取・釣り等の一連の関連プロジェクトも提供している．ここ数年は，海釣り・砂浜でのレクリエーション・漁村の風情体験等の機能を組み合わせ，専門的なサービス・接客レベルを有する海釣り拠点の構築にも力を入れている．釣ることのできる主な品種は，クロソイ・クロダイ・アイナメ・ヒラメ・スズキ・カツオ・タラ等で，船釣りやルアーフィッシングに適している．1年のうち釣りができるのは4月から11月の間で，中でもベストシーズンは9月下旬から11月中下旬である．

4.2.2　海上観光＋海上交流

愛蓮湾では，海上バス・遊覧船・モーターボート・手漕ぎボート・スワンボート・イエローダックボート・バナナボート等の海上体験船を提供し，利用客は自分で好きな方式を選んで海に出て，風に乗って波を切りながら海洋牧場を遊覧できる．また，海洋牧場のプラットフォームでは，フグ・タコ・ウニ・ヒトデと接したり，海面散歩や魚釣り等を楽しんだりしながら，海洋生物と近距離で交流できる．海岸の子供遊園地では，水上滑り台・ラジコンボート・カラフル手漕ぎボート等の子供向けの娯楽が用意されている．

4.2.3　牧場での採取＋海鮮グルメ体験

愛蓮湾海洋牧場では，利用客はホタテガイ・カキの採取や養殖カゴの抜き取りといった海産物養殖の楽しさを体験できるほか，深海プラットフォームでは海釣りを楽しむことができる．自分が採取した活きた魚介類はその場で調理し，海鮮を楽しむことができる．また，定期的に海鮮祭りやカキのフルコースの宴といった膠東半島ならではのイベントを開催している．

4.2.4　研修受け入れ＋海洋科学普及

展示ホールでは，VRを使ったバーチャルな海底世界の体験を提供している．利用客はバーチャルな世界で海洋生物と交流できるほか，海洋牧場の先進的な新素材・新技術を知ることができる．観賞エリアでは，レッドドラム・コショウダイ・マダイ・ナマコ・ウニ等の海洋生物を見ることができる．

4.3　煙台莱州湾海洋牧場

2012年，山東藍色海洋科技股份有限公司と中国科学院海洋研究所が共同で莱

州湾海洋牧場建設の任務を引き受けた．建設の目的は，莱州湾の生態環境を維持・修復し，漁獲量と漁業従事者の所得の向上を図ることである．現在，莱州湾海洋牧場はすでに産業技術の向上と生産方式の転換を実現している．また，レジャー漁業の急速な発展も海洋牧場の建設に新たな原動力を提供して周辺産業の発展を牽引し，農民の所得向上・雇用の拡大・水域生態環境の改善等の面で重要な貢献をしている．

現在，レジャー園区の建設によって，莱州の地元の農民に1200人の直接雇用が創出され，養殖・漁業製品加工といった周辺産業で500以上の経営主体が間接的に生み出された．１年に訪れる観光客数は延べ20万人で，海釣り拠点の年間利用客数は延べ10万人に達する．これらは，地元の漁業従事者の業態転換・転業や各種漁村生活体験プロジェクトの展開を推進する上で積極的な役割を果たしている．レジャー漁業園区の建設が進むにつれ，2020年には地元で3000人の雇用が新たに創出され，飼料産業・物流・加工業等の関連業界の発展が促進され，大きな総合効果が生み出されている．同海洋牧場の建設が成功を収めて海洋牧場とレジャー漁業の融合型発展を進めてきた過程を振り返ると，以下のような特徴をまとめることができる．

4.3.1　先に牧場・後から漁業

山東藍色海洋科技股份有限公司は「先に牧場・後から漁業」という理念を打ち出し，まず海洋牧場を建設してから合理的に漁業を行い，「貝・海藻・ナマコ」と呼ばれる立体的な生態循環養殖モデルを構築した．つまり，上層ではオゴノリ，中層ではホタテガイ，低層ではサザエ・カキ・ナマコを養殖している．このモデルを通じ，自然環境の栄養分とエネルギーの利用効率が向上し，水産養殖による水の汚染が効果的に軽減され，海域利用のクリーン化と高効率化の実現による「海の利用スペースの３倍増」という効果が生み出された．

4.3.2　プラットフォームの活用

「六十里１号」は，莱州湾海洋牧場のために作ったジャッキアップ型の多機能海洋牧場プラットフォームで，海洋水質・水文・気象のモニタリング，海上の監視，安全の維持，補給，観光等の機能を備えている．同プラットフォームは，沿岸の水産養殖の浅海から深海へのシフトを実現するための海上の基盤を提供すると同時に，海洋牧場を活用した遊漁・海上観光のために快適かつ安全な場所を提供している．その結果，レジャー漁業の産業チェーンの範囲はさらに広がり，莱州湾エコツーリズム・リゾート島建設の高度化が進み，エコロジカルで特色ある観光地としてのイメージが構築された．

4.3.3 文化イベントを通じた広報・宣伝

ここ数年，山東藍色海洋科技股份有限公司は「六十里」ナマコ文化祭りを開催し，海でのナマコ漁・ナマコ加工工場の見学・海洋牧場実験室の見学・海産物標本の識別・写真コンクール・キャッチフレーズ募集・インターネットライブ配信・サイクリング等の豊富で多彩な活動を実施している．これらのイベントは地元の住民や地方からの観光客をひきつけ，莱州の知名度と影響力の向上・拡大に貢献している．

4.3.4 産業体験を通じたブランドの構築

山東藍色海洋レジャー漁業園区は，稚魚や稚貝の育成・標準化された池での生態養殖・海洋牧場の自然生長・塩業現代化生産等の漁業・塩業生産とレジャー観光を組み合わせて「体験」を戦略の中心に据え，莱州における有数なレジャー漁業の観光ブランドとなりつつある．温泉・海釣りを園区の産業と組み合わせることで，先進的な漁業・海面遊漁・温泉リゾートを一体化した独自の特色を持つ現代レジャー漁業総合モデルパークが構築されている．

5．おわりに

山東省は最も早くレジャー漁業の展開に着手した中国沿岸地区の省の１つであり，山東省人民政府はレジャー漁業の発展を重視し強力に支援している．その結果，山東省レジャー漁業は全国で常にトップクラスの地位を維持している．優れた自然環境・豊富な漁業資源・良好な経済基盤と産業形態を活用し，山東省は市場のニーズを中心に据えて漁業生態環境の保全と漁業生産力の発展を目標に掲げ，種類の充実した業態・顕著なブランド効果・政府と社会の相互協力・陸と海と各地の連携・海洋牧場とレジャー漁業の融合型発展という特色を形成した．その結果，省内のレジャー漁業資源の統合が加速され，漁業構造の最適化・高度化が進み，経済・社会・生態の三位一体による協調的な発展が促進されている．

注

[1] 農業農村部レジャー漁業統計モニタリングの分類によると，中国のレジャー漁業は，観光志向型レジャー漁業，遊漁・採取業，観賞魚産業，釣具・釣餌・観賞魚用薬品，水槽設備，その他という５種類に分類される．観光志向型レジャー漁業とは，漁村の風情を楽しむ観光，漁村生活体験ツアー・レジャー・リゾート，漁業・漁村イベントの体験，漁文化活動（レジャー漁業コンベンション，漁業博物館，漁業フェスティバル等），水族館・展示といった５種類のシーンを含むレジャー漁業の種類を指す．

[2] 海水遊漁は海上での釣り，採取業は釣り以外の水産品を取る行為（例えば，海洋牧場で養殖のカキを取り，食す体験）を指す．

[3] 中国水産学会『中国休閑漁業発展監測報告（2022）』，2022年．

[4] 農業部弁公庁の総合審査により，一部のレジャー漁業モデル基地に「全国レジャー漁業モデル基地」の称号が与えられ，モデル事業の構築・宣伝を通じて見本・牽引役としての大きな役割を果たしている．

[5] 農業部弁公庁「農業部弁公庁関于開展全国休閑漁業示範創建活動的通知」，2015年．

[6] 中国で展開している海洋牧場とは，海洋生態の原則に基づき，特定の海域において，人工礁，放流などの措置を通じて，海洋生物が繁殖，成長，餌の誘引，敵の回避などのために必要とする場所の建設・修復，漁業資源の増加・保全，海域生態環境の改善，漁業資源の持続可能な利用を実現するための漁業形態である．

[7] 農業部「国家級海洋牧場示範区建設規劃（2017—2025）」．

[8] China Oceanic Information Network, https://www.nmdis.org.cn/hykp/yhdf/sds/（閲覧日：2023年４月27日）．

[9] 農業農村部漁業漁政管理局・全国水産技術推進センター・中国水産学会編『2022中国漁業統計年鑑』，中国農業出版社，2022年７月．

[10] 山東省文化・観光庁『2017山東旅游統計便覧』，2017年９月22日．山東省文化・観光庁『2021山東旅游統計便覧』，2021年４月26日．

[11] 山東省海洋・漁業庁と山東省観光局が共同で構築・設計した海面遊漁観光ブランド．

[12] 山東省淄博市は「中国金魚の都」と呼ばれている．

[13] 高唐県は山東省聊城市に位置し，2001年から日本より導入したニシキゴイの育成を行っている．20年の発展を経て，ニシキゴイの養殖面積は333万5000m^{2}を超え，毎年１億匹を超える良質のニシキゴイを繁殖させるなど「中国一のニシキゴイ県」と呼ばれている．

[14] 『中国休閑漁業発展監測報告（2019）』，2019年．

[15] 『中国休閑漁業発展監測報告（2021）』，2021年．

[16] 省級レジャー漁業公園：省の海洋・漁業庁の評定により称号が授与される．

参考文献

「中国休閑漁業発展監測報告（2022）」『中国水産』，No. 10，pp. 35-41，2021年.
石暁蕾・張秀梅・趙暁偉・劉暁丹・張麗文・王田田「煙台市発展休閑漁業主要挙措及発展方向」『科学養魚』，No. 6，pp. 76-77，2022年.
周興「建設海洋牧場，点燃海洋経済発展新思路—以青島魯海豊海洋牧場為例」『中国水産』，No. 3，pp. 33-36，2020年.
楽家華・李明傑「休閑漁業発展与漁業経済増長関係之実証研究—以中国沿海11省（市）為例」『中国漁業経済』，Vol. 37, No. 2，pp. 27-34，2019年.
宋継宝「山東省海洋経済発展前景展望」『海洋開発与管理』，Vol. 34, No. 2，pp. 3-8，2017年.
于利民・丁剛「基于SWOT的山東省休閑漁業分析和対策研究」『環渤海経済瞭望』，No. 9，pp. 47-48，2017年.
徐涛・慕永通「“十二五”期間威海市海洋漁業発展分析」『中国漁業経済』，Vol. 35, No. 3，pp. 84-89，2017年.
黄昶生・張雨「山東半島藍色経済区海洋漁業布局優化研究」『甘粛科学学報』，Vol. 28, No. 5，pp. 123-129，2016年.
丁勇成「威海市海洋休閑漁業的SWOT分析及発展対策」『河北漁業』，No. 10，pp. 56-60，2016年.
韓立民・趙海龍「“藍色粮倉”建設背景下青島市休閑漁業発展実証研究」『中共青島市委党校青島行政学院学報』，No. 2，pp. 20-23，2013年.
董志文「山東省濱海休閑漁業結構優化研究」，中国海洋大学（博士論文），2011年.
董志文・朱麗男「山東濱海休閑漁業発展路径研究」『中国海洋大学学報（社会科学版）』，No. 6，pp. 20-24，2010年.

第15章　海南島におけるレジャー漁業政策の展開過程

高　翔

1．はじめに

海南島は中国の最南端に位置する中国で唯一の熱帯に属する海南省[1]の本島である（図１）．島内には多くの少数民族が古くから定住し，2023年現在の人口は1000万人を超えている[2]．多種多様な生物資源に恵まれる海南島は1944.35kmにおよぶ長い海岸線を有しており，そのうち自然海岸1272.61kmに達し，全体の65.45％を占め，自然海岸保有率の全国平均（35％）を大幅に上回っている[3]．降雨量が多いため，沿岸海域には島にある154の河川から大量の土砂・有機物・栄養塩類が流入し，藻類・甲殻類・エビ・カニ・魚の成育のための良好な環境条件が提供されている．張（2000）[4]の調査によると，島の周辺海域には807種の魚類，348種のカニ類，681種の貝類，58種の頭足類，511種の棘皮動物，86種の経済価値のある主要エビ類が生息しているという．2018年に実施された重点漁村・漁港における漁獲物の季節的調査研究では，万寧市烏場港で水揚げされたわずか１回分の漁獲物から，84種の魚類が同定され，豊かな水産物資源に恵まれていることがうかがえる[5]．

もっとも，漁獲物には季節ごと・地域ごとに違いが見られ，地域によって使用する漁具，漁法も多種多様で，各地域で豊かな漁労文化が形成されている．例えば，万寧市烏場港では３月から４月にかけて集魚灯と巾着網を利用して大量のマルアジが漁獲され，秋と冬には全国的に有名なサワラが漁獲される．また，臨高県新盈港では３月から４月にかけて大量のヒレコダイが漁獲され，儋州市海頭港では延縄漁でウナギやアカネフエダイが水揚げされるほか，鶯歌海鎮や瓊州海峡地区の漁民は地元の海流の特徴を活かし，潮の変化を利用して定置網で漁をする方法を主に採用している．海南島の多様な漁業には，重要かつ豊富な社会的・文化的価値が含まれているため，オリジナリティのある質の高い観光と飲食体験を提供する可能性を有している．

図１　海南島全図

資料：海南省政府観光局公式サイト <http://www.kainanto.jp/islandintroduction/index.html>.

このような豊かな海洋漁業資源のほとんどは海岸から20～40カイリの海域内に分布しているため，遊漁の案内や釣り競技大会の開催に適した海域条件が形成されている．さらに，熱帯・亜熱帯地域に属するので，年平均気温は摂氏22～26度，夏季における台風シーズンを除けば，一年中どの季節でも海釣りやその他の海上レジャー活動を行うことが可能である．

また，長い海岸線には規模・種類の異なる400以上の漁村と，70か所の漁港が点在し，30万人を超える漁業者が生計を立てている．しかし，約80％の漁船が全長12m 未満の小型漁船であり，零細な小規模経営体が漁業の主力となっている．加えて，長年にわたる強い漁獲増志向や急速な沿岸域開発などを受けて，沿岸域の漁業資源の枯渇や生態環境の悪化が進み，優良漁場が縮小して，漁民収入の減少や漁家経営の悪化が深刻化している．

このような状況の中で，海洋レジャー漁業を振興することが，沿岸域の開発と海面漁業の対立緩和に資するだけでなく，漁船漁業の転換と漁業の持続的発展に寄与しうるものとして期待されて取り組まれるようになった．本章では，政策的な側面に着目して，2000年代に入って胎動する海南島のレジャー漁業振興の背景と展開過程を振り返り，その特徴をまとめる．具体的には３つの展開過程に分けて概観することとする．

2．海南島におけるレジャー漁業振興の提起と模索（2010年～2017年）

中国国内の文献データベースを検索したところ，最初に発表された海南島におけるレジャー漁業に関する研究は，1999年の『海南大学学報』に掲載された論文である[6]．また，2002年に中国農業部（当時）の機関誌である『中国水産』が掲載した海南省海洋漁業庁海洋漁業課（当時）がまとめた論考[7]では，「レジャー漁業を振興する」との記述があった．これは海南省の政府部門が初めて公に「レジャー漁業」の概念を提起したものである．

2010年６月，海南省人民政府が「海南国際観光島建設・発展の推進に関する国務院の通達（2009）」[8]に基づき，「海南国際観光島建設発展計画概要（2010～2020）」[9]（以下，「計画概要」）を策定し，国家重大戦略となった海南国際観光島を実現する構想を打ち上げて，レジャー漁業への注目が急速に高まった．計画概要では，海南国際観光島を実現するために，沿岸域の機能を臨港経済区域，都市と町生活区域，観光レジャー区域，生態保護区域，農業と漁業区域などとゾーニングしている．その中で，臨海経済区域においては「レジャー漁業の適度な発展」を，農業と漁業区域においては「レジャー漁業の発展」を行うことが明確に掲げられている．また，海南国際観光島への発展を目指した産業に関する海洋経済について，海洋漁業の一環として，「レジャー漁業の育成と発展」を行い，「漁港を活用してレジャー漁業を発展させ，釣り・観光漁業・漁村生活体験などのプロジェクトを導入する」としている．

符・王（2013）の推計によると[10]，2012年頃，海南省全体で実施されているレジャー漁業プロジェクトは計100件を超え，年間の観光客受入能力も60万人に達し，年生産額は約１億元，雇用人数は3000人を超えるという．当時の代表的なプロジェクトとして，三亜市の「ほら貝娘」貝類博物館のような科学の普及を目指す教育プロジェクト，文昌市八門湾緑道の漁業関連生産体験型プロジェクト，陵水県新村港の養殖筏と漁船漁業を用いた海鮮料理と釣り体験を提供する「漁家風情小町」などがあった．また，当時推進された代表的なレジャー漁業プロジェクトとして，儋州北岸新農村レジャー漁業観光園，臨高新盈中心漁港産業団地，瓊海市青葛港レジャー漁業基地，楽東県竜栖湾レジャー漁業埠頭，陵水県双帆石の釣りレジャー漁業プロジェクト，万寧市小海の海釣り基地プロジェクト，儋州市竜門激浪景勝地の磯釣りプロジェクトなどが挙げられる．

しかし，2023年４月現在，上述のプロジェクトの多くはすでに姿を消している．特に一部のプロジェクトは生態保護レッドライン[11]の区域内に立地しているので，生態保護レッドラインの規則に違反するという理由で，2018年と2019年に相次いで中止させられた．また，すでに開発が完了したプロジェクトも，その大半は単純な飲食サービスや漁村生活の擬似体験に類するものであるために，海南漁業の伝統文化が効果的に活用されず，差別化や付加価値の向上には繋がらなかったと評価された．2012年末から，農業部（当時）は３年連続で全国の約400カ所のレジャー漁業モデル基地を公表したが，海南省に所属するモデル基地はわずか３カ所しかなく，いずれも海をベースとしたものではなかった[12]．その後，2016年に公表した第４回の全国レジャー漁業モデル基地のリストからは，海南省のレジャー漁業基地の名前が消えてしまった[13]．

このような状況のなか，海南省人民政府は2016年に「現代漁業発展の促進に関する海南省人民政府の意見」[14]（以下，「2016年意見」）を公布した．「2016年意見」では，レジャー漁業を積極的に発展させ，省全域の観光と「100の特色ある町と1000の住みやすく生態環境の美しい村の建設プロジェクト」[15]の建設計画にレジャー漁業を盛り込み，レジャー漁業モデル郷鎮（市町村レベルの自治体）を５カ所，モデル漁村を30カ所構築すること，また，海洋公園，漁港，海洋牧場など既存のプラットフォームにおいて，レジャー漁業の導入を提唱した．さらに，レジャー漁業の管理をめぐる関係行政機関の責任の所在を明確するように「海南省レジャー漁業管理規則」を制定することなど，レジャー漁業を発展するための様々な目標を打ち出した．しかし，「2016年意見」の公布から数年を経てからも，レジャー漁業の管理主体やその管理権限をめぐっては依然として明確に定められておらず，管理メカニズムも機能することはなかった．本来は，海洋公園の建設範囲内で適切な区域を選定してレジャー漁業を発展させ，海洋文化・娯楽・漁業レジャーの融合的発展を実現する計画だったが，今のところ海洋公園建設の構想もまだ明確にはなっていない．また，元の計画で構築が予定されていた漁港レジャー観光経済区については，レジャー観光の展開を中心とする漁港のハード面の改善はまだ実施されておらず，実際にレジャー観光経済の活性化を図るにはほど遠い状況にある．

このように，この期間における海南省のレジャー漁業の振興は暗中模索の段階にあり，計画通りにはいかなかった．政府も企業もレジャー漁業という新興業態に対する認識が共有されず，各部門の計画（例えば，土地利用計画，都市整備計画，観光計画，漁港・漁業振興計画など）間の整合性がとれておらず，各地域のプロジェクト間も協調性がなく，資源の投入と観光客の流れがバラバラで，地域の個性づくりや，資源の共有や相乗効果を発揮することができなかった．また，レジャー漁業に関する管理措置も整わなかったために，レジャー漁業の現場では無秩序な営業が横行した．例えば，観光客を不法に騙し，高額な料金を請求する事態がしばしばニュースに取り上げられたり，開発プロジェクトの施設整備，土地使用，従業員の管理などの経営活動が無法状態にあったりなど，市場の整序が大きな課題となった．さらに，現実的な課題としては，大半のプロジェクトにおいて，開発者・経営者の多くが漁業者や小規模民間事業者であったことから，資金力や経営能力が限られており，事業規模が小さく，サービスにかかわる従業員の教育，顧客のニーズを把握するマーケティング力に欠けていたことも挙げられる．

3．海南島におけるレジャー漁業振興の見直し（2018年～2020年）

2011年に農業部（当時）が公布した「全国漁業発展第12次５カ年計画」[16]の中で，レジャー漁業が初めて正式に中国現代漁業５大産業[17]の１つに掲げられ，その後から，漁業関連分野の政策において，レジャー漁業を取り入れた一連の文書が相次いで公布された（表１参照）．中国共産党海南省委員会と海南省人民政府もレジャー漁業の発展を非常に重視している．例えば，2017年４月に海南省委員会の劉賜貴書記（当時）が中国共産党海南省第７回代表大会で行った報告の中で，今後五年間の海南省における主要な発展目標の１つとして，「海洋経済の発展と海洋強省の建設」を掲げ，その中で，「レジャー漁業・水上スポーツ・海洋観光を強力に開発し，国家海洋公園の建設を確実に実施する」と言及した[18].

さらに，2018年，海南省設立30周年[19]に際し，海南省はかつてない歴史的な転換を迎えた．背景には習近平国家主席が「4・13重要講話」において「海南省は海洋大省であり，人と海が調和し，協力して共に繁栄する発展の道を歩み，海洋資源開発能力を高め，新興海洋産業の育成を加速し，海南省の現代化海洋牧場建設を支持し，海洋経済を品質・利益型へとシフトさせていかなければならない」と述べたことにあった[20].

その後，海南省の瀋暁明省長（当時）が2018年7月に瓊海市で調査研究を行った際に，海南省の発展改革委員会に対して，海南省全体のレジャー漁業発展計画を立案するようにと要求した．さらに，2019年8月4日～5日に，瀋省長が瓊海市で漁民の職業転換と漁業の構造転換に関わる業務について調査研究を行った際に，伝統的な漁業から「沖合・遠洋・スマート養殖・レジャー漁業」へと漁業の構造転換・発展を推進しなければならないと強調した．瀋省長の指示に従い，海南省発展改革委員会は「漁業の業態転換・構造調整の推進に関する農業部の指導意見」，「現代漁業発展の促進に関する海南省人民政府の意見」，「海南省国際観光消費センター建設の実施プラン」などの政策文書[21]の主旨と照らし合わせ，「海南省レジャー漁業発展計画（2019～2025年）」[22]（以下，「2019年計画」）を起草し，2019年9月に公布した．

「2019年計画」では，海南省のレジャー漁業の発展について，海南省全体の恵まれた海洋資源・生態環境・交通条件・文化などの優れたポテンシャルを存分に発揮し，国家関連戦略計画の主旨と海洋強省推進全体戦略に基づき，2022年と2025年までの2段階の目標と任務を示し，海南省のレジャー漁業を全国トップクラスに発展させるよう，推進することを掲げた．

また，同計画の「実施保障」の項目では，「海南省レジャー漁業発展推進業務連合会議制度を構築し」，「担当副省長が総責任者となり」，「制度のイノベーションを核心とし，財政・土地使用・海域使用・船艇改造・行政認可などに関するレジャー漁業優遇支援政策を研究・制定する」などの具体的任務が示された．さらに，省直属の各機関に対してレジャー漁業を新たな消費対象として，また経済の成長分野として育成することを要求した．

約1年後の2020年7月，海南省人民政府弁公庁は「レジャー漁業モデル事業の推進加速によるレジャー漁業の健全な発展促進に関する指導意見」[23]（以下，

表1　レジャー漁業をめぐる国家レベルの関連政策

時期	公布機関	公布・発表した政策文書
2011年	農業部（当時）	「全国漁業発展第12次５カ年計画」
2012年12月	農業部（当時）	「レジャー漁業の持続的かつ健全な発展の促進に関する意見」
2017年８月	農業部（当時）	「レジャー漁業ブランド育成活動の展開に関する通知」
2017年10月	農業部（当時）	「国家級海洋牧場モデル区建設計画（2017～2025年）」
2018年４月	国家発展改革委員会，農業農村部	「全国沿海漁港建設計画（2018～2025年）」
2018年11月	農業農村部	「中国レジャー漁業発展報告（2018）」
2019年２月	農業農村部，生態環境部，自然資源部，国家発展改革委員会，財政部など10の省庁	「水産養殖業グリーン発展の推進加速に関する意見」
2019年４月	農業農村部弁公庁	「水田を利用した水産物総合養殖産業発展の規範化に関する通知」

資料：筆者作成（各政策文書の日本語タイトルは筆者の仮訳）

「2020年指導意見」）を公布し，レジャー漁船管理規範・レジャー漁業経営主体・レジャー漁業活動規範・安全生産責任などを明確にし，漁業の構造転換・高度化と漁民の産業転換・転業の推進に関する海南省人民政府の意向を示した．

「2020年指導意見」では，レジャー漁船の定義が初めて提示にされ，レジャー漁業に従事する企業が備えるべき条件も明確にされた．同文書によると，レジャー漁船とは主に水上での釣りや体験漁業などのレジャー漁業活動に使用され，農業農村部に登記されたレジャー漁業漁獲許可証を取得したエンジン付き漁業船舶を指す．また，レジャー漁業経営企業（漁民合作社：漁民による共同経営）は海南省で登記した法人資格を有し，レジャー漁業を営む能力と突発事故などのリスクを回避できる能力が求められ，レジャー漁業の実施主体が備えるべき能力を明確化した．

さらに，同政策は海南省のレジャー漁船の管理方法として，定数管理を実行するとした．レジャー漁船は，市・県の農業農村部門での第１次審査を経て，上位機関である省の農業農村部門で承認された後，承認書が発給される．また，レジャー漁船に対する漁獲許可制度が実施され，レジャー漁船はレジャー漁業経営企業が統括し，所在地の漁船にかかる統一管理に組み込まれる．レジャー

表2　レジャー漁業をめぐる海南省の関連政策

時期	公布機関	公布・発表した政策文書
2010年6月	中国共産党海南省委員会，海南省人民政府	「海南国際観光島建設発展計画要綱（2010～2020）」
2013年8月	中国共産党海南省委員会，海南省人民政府	「海洋強省の建設加速に関する決定」
2016年2月	海南省人民政府	「海南省美しい農村建設5カ年行動計画（2016～2020）」
2016年5月	住宅・都市・農村建設部	「海南省マスタープラン（2015～2030）」
2016年12月	海南省人民政府	「現代漁業発展の促進に関する海南省人民政府の意見」
2017年12月	海南省人民政府弁公庁	「海南省観光発展マスタープラン（2017～2030）」
2017年6月	海南省人民政府	「海南省特色産業小町建設3カ年行動計画」
2017年7月	海南省人民政府	「シェア農庄の発展を契機とする美しい農村の建設に関する海南省人民政府の指導意見」
2017年4月	中国共産党海南省委員会劉賜貴書記（当時）	「中国共産党海南省第7回代表大会における報告」
2018年4月11日	中国共産党中央委員会，国務院	「海南省の全面的な改革開放深化の支持に関する指導意見」
2018年12月	国家発展改革委員会	「海南省国際観光消費センター建設の実施プラン」
2019年9月11日	海南省発展改革委員会	「海南省レジャー漁業発展計画（2019～2025年）」
2020年7月27日	海南省人民政府弁公庁	「レジャー漁業モデル事業の推進加速とレジャー漁業の健全な発展促進に関する指導意見」
2021年1月29日	中国共産党海南省委員会，海南省人民政府	「農業・農村振興の全面的推進による農業・農村現代化の加速に関する中国共産党海南省委員会と海南省人民政府の実施意見」
2023年3月18日	中国共産党海南省委員会，海南省人民政府	「2023年農村振興を全面的な推進にかかわる重点業務の実施に関する意見」

資料：筆者作成（各政策文書の日本語タイトルは筆者の仮訳）

漁船の規制定数には，漁獲船舶の規制定数は計上されないため，伝統的な捕獲漁船の船舶削減，レジャー漁業への産業転換や漁民のレジャー漁業への産業転換・転業を推進しやすく，海南省のレジャー漁業産業の発展に大きな余地を与えたと考えられる．しかしながら，同政策は全長24m超の船舶のみレジャー漁業に使用可能としており，これは海南省の80％以上の漁船が全長12m 未満という現実と完全に乖離している[24]．加えて，「2020年指導意見」によると，レジャー漁船の定数指標は古い漁船の廃船を通じて解決しなければならず，船数・出力数はいずれも淘汰される漁船の船数・出力数を上回ってはならない．また，レジャー漁船は県レベル以上の農業農村部門が指定する停泊エリアに停泊しなければならず，かつ専用の埠頭で観光客を乗降させなければならないとしている．このような要求は，観光客の安全・利便性の確保に資する基準はとなっているが，地元の零細漁業に従事している数十万の漁民にとって，結果としては，レジャー漁業に参入するのはハードルが高く，産業転換・転業と所得向上の機会が薄いと言わざる得ない．

上述した省レベルの関連政策（表２）のほか，海南省の各市・県も相次いでレジャー漁業に関する政策を打ち出した．

2017年11月，海南省海洋漁業庁は６つの市・県（三亜市，儋州市，瓊海市，文昌市，東方市，陵水県）で先行してレジャー漁業モデル事業を行うことを決定した[25]．同年，瓊海市は漁民の転産転業に関わる業務や海洋観光を推進するために，いち早く「瓊海市漁業転換の推進加速に関する実施意見」，「瓊海市レジャー漁業管理暫定弁法（試行）」及び「瓊海市海洋レジャー漁船安全管理弁法（試行）」などの管理政策を公布した[26]．2017年12月29日，瓊海市潭門鎮の遠洋漁船を改造した４隻の観光漁船が海洋レジャー体験に参加した乗客を乗せて試験航行を行い，好評を博した[27]．これは，海南省がレジャー漁業モデル事業を実施してから初めて実現したプロジェクトである．

また，三亜市では，2011年11月に海南省初のレジャー漁業の発展に関わる計画文書，「三亜市レジャー漁業発展計画」が公布され[28]，2020年までに三亜市のレジャー漁業を国内トップクラスに推し上げ，世界水準のレジャー漁業の名所として建設を進めるという目標を掲げた．当該計画において，三亜市は海南省が2010年６月に公布した「海南国際観光島建設発展計画要綱」[29]の内容である「漁港条件を活用してレジャー漁業を発展させ，釣り・観光漁業・漁村生活体験などのプロジェクトを開拓する」との要求に応じて「１線２島３街７大観光地」[30]を建設する青写真を描いた．その後，2013年１月に公布した「三亜市海洋観光発展計画（2012-2022）」[31]の中でも「レジャー漁業発展計画」の内容が盛り込まれ，レジャー漁業基地，海洋牧場，海鮮グルメ・ショッピング街を建設することが掲げられている．さらに，2015年に公布された「三亜市海洋牧場管理暫定弁法」[32]では，三亜市海洋牧場の建設・管理の強化をレジャー漁業の発展と結び付けていることが示された．しかし，「三亜市レジャー漁業発展計画」が策定された2009年頃の三亜市の漁業総生産額は，計13.7億元で，その中のレジャー漁業の生産額はわずか69万元と総生産額の0.05％にすぎなかった[33]．レジャー漁業が未発達である状態で制定された計画があまりにもチャレンジに満ちた目標であったため，10年後に振り返ったときに，諸々の要因で，計画作成当初に掲げた目標のほとんど実現できなかったのは当然だったことがわかる[34]．また，表３に示すように，三亜市のレジャー漁業は，観光志向型を主な形態として展開しているが，遊漁と採取業，そして釣り具などの産業との関連性が薄く，相乗効果のあるレジャー漁業産業形態になっていないことも指摘できよう．

表３　2018年の三亜市レジャー漁業の産業類型[35]

産業類型	生産額／万元（割合／％）	経営主体の数／個（割合／％）	従業員数／人次（割合／％）
観光志向型	205550（99.48）	84（54.55）	5000（96.9）
遊漁及び採取業	700（0.34）	26（16.88）	60（1.16）
観賞魚産業	160（0.08）	13（8.44）	50（0.97）
釣り具など	200（0.10）	31（20.13）	50（0.97）
合計	206610（100）	154（100）	5160（100）

資料：注33の p. 43をもとに筆者作成.

4．海南島におけるレジャー漁業の本格的な推進（2021年～現在）

2021年１月29日，海南省は「農業・農村振興の全面的推進による農業・農村現代化の加速に関する中国共産党海南省委員会と海南省人民政府の実施意見」[36]を公布した．同文書は「2021海南第１号文書」[37]と呼ばれ，レジャー漁業のモデル事業の全面展開を明確に要求した．その中には，レジャー漁業実施モデルサイトの実践やレジャー漁業漁船の管理などが含まれ，５つのプロジェクト[38]の実施が決定された．その前に，2020年８月に海南省農業農村庁が開催したレジャー漁業モデル事業活動推進会議で，海口市，三亜市，瓊海市，文昌市，万寧市，楽東県の６つの市・県が，海南省レジャー漁業第１期モデル事業市・県となることが発表されたため，2021海南第１号文書で決定された５つのプロジェクトの実施場所はこの６つの市・県にあたると考えられる．その中で，三亜市・文昌市・万寧市・楽東県など各モデル事業市・県の第１期レジャー漁船船型が2021年７月31日に海口市で開催された海南省レジャー漁船船型専門家審査会で審査・選定された．今回審査されたのは計16隻のレジャー漁船で，そのうち15隻が審査を通過した．これらは海南省で初めて審査を通過したレジャー漁船であり，海南省のレジャー漁業発展の大きな一歩となった．農業農村部全国漁船管理専門家委員会と全国漁船標準化技術委員会の専門家で構成された審査チームは，安全性・適用性・快適性・環境性・経済性など，多くの視点で総合的に採点し，今回，申請があった船に高評価を与えた．

特筆すべきなのは，審査会で公表された15のレジャー漁船の中に，全長24m未満の漁船が多く含まれていることである．つまり，前述した2020年７月に海南省人民政府弁公庁が公布した「レジャー漁業モデル事業の推進加速によるレジャー漁業の健全な発展促進に関する指導意見」で示されたレジャー漁業船舶の全長が24m超でなければならない基準が撤廃されたことになる．これは，各地方の管理部門が現地の実態に柔軟に対応したことを表していると考えられる．

地方レベルにおける現地のレジャー漁船に関する具体的な定めについて，例えば，文昌市の事例をみると，2021年９月３日，文昌市農業農村局は，海南省レジャー漁業協会に委託して16隻のレジャー漁船にかかる審査を行った．全国漁船管理専門家委員会と全国漁船標準化技術委員会の専門家チームによる査定・採点を経た結果，第１期文昌市レジャー漁船（試行）として，15隻を正式に公表した．表４から分かるように，15隻のうち約27％に相当する４隻だけが全長24mを超えている．これは，現在の海南省の船舶の実情に比較的即した形となっている．というのは，2021年時点では海南省船籍の漁船っは２万隻余りで，そのうち，80％以上の漁船は全長12m以下の小型漁船である[39]．文昌市のこの事例から見れば，レジャー漁船が全長24m超である必要はなくなったことがわかるが，それでも12m以下の漁船はなく，漁民のレジャー漁業への参入は依然として難しいと言える．

表4　文昌市レジャー漁船（試行）一覧

文昌市レジャー漁船船型（試行）													
No	統一番号	名称	分類	船型番号	全長(m)	幅(m)	喫水(m)	排水(t)	出力(kw)	材質	乗船人数	航区	作業種類
1	HN8801	17.16m レジャー漁船	中型	DEF21009	17.16	4.65	2.15	24	125	強化プラスチック	15	沿近海	遊漁
2	HN8802	23.98m レジャー漁船	中型	DEF21011	23.98	5.2	2.4	48	400hp×2	強化プラスチック	22	沿近海	釣り，漁業体験
3	HN8803	16m レジャー漁船	中型	TFN8269	16	3.9	1.3	16.6	250-400hp×4	強化プラスチック	12	沿海	遊漁
4	HN8804	22m レジャー漁船	中型	TFN8202	22	5	1.88	57.24	158×2	強化プラスチック	15	沿海	遊漁
5	HN8805	33m レジャー漁船	大型	TFN8206	33	7.5	3.3	363	191＋212	鋼製	20	中遠海	釣り，漁業体験
6	HN8806	38m レジャー漁船	大型	TFN8281	38	7.3	3.2	343.06	184×2	鋼製	26	中遠海	釣り，漁業体験
7	HN8807	37.1m レジャー漁船	大型	QWN006	37.1	7	3.8	456.3	360	鋼鉄	20	中遠海	遊漁
8	HN8808	46.8m レジャー漁船	大型	QWN007	46.8	7.5	4.1	714.2	288×2	鋼鉄	36	中遠海	遊漁
9	HN8809	12m レジャー漁船	中型	ZNHN1205-01	12.05	3.42	1.134	6.5	50-350	強化プラスチック	12	沿海	遊漁
10	HN8810	13.15m レジャー漁船	中型	ZNHN1315-01	13.15	4.06	2.11	13.2	50-300×2	強化プラスチック	12	沿海	遊漁
11	HN8811	20m レジャー漁船	中型	ZNHN2000-01	20	5.85	2.59	43	600-1200×2	強化プラスチック	12	沿近海	釣り，漁業体験
12	HN8812	14.29m レジャー漁船	中型	JY480A	14.29	3.2	0.95	9.7	162	強化プラスチック	14	沿海	遊漁
13	HN8813	15.2m レジャー漁船	中型	JY500	15.2	4.3	1.25	17.4	258×2	強化プラスチック	14	沿海	遊漁
14	HN8814	18.06m レジャー漁船	中型	JY600	18.06	4.45	1.854	26.3	298×2	アルミニウム+強化プラスチックチック	15	沿近海	遊漁
15	HN8815	21.08m レジャー漁船	中型	JY700	21.08	5.4	1.95	36.8	330×2	強化プラスチック	15	沿近海	遊漁

資料：文昌市農業農村局「文昌市レジャー漁船船型（試行）公布に関する公告」，2021年9月3日文昌網ウェブサイト：<https://www.hiwenchang.com/news/3551.html> をもとに筆者作成.

5．おわりに

海南省人民政府は，2009年末頃に中央政府の指示に基づき，海南省を国際的な観光立省にするという目標を掲げ，レジャー漁業の発展を省レベルの政策に盛り込んだ．海南省設立30周年を契機に，2018年以降，海洋強省としての地盤を固め，省全体のさらなる改革開放を進めてきた．レジャー漁業が省の海洋観光発展政策，海洋牧場発展政策，農業農村の振興政策に貢献する１つの産業として取り組まれている．これまで見てきた通り，海南省におけるレジャー漁業政策は，中央政府の指示やそれに基づく省政府の指針によることは言うまでもないが，海南省が直面する漁業の問題とも密接にかかわっている．

中国の中で，小規模漁業や零細漁業が最も多く存在する地域は海南省である．漁業資源の枯渇が顕在化する中で，30万人の漁民を抱える海南省は，漁民の転産転業の課題を抱えている．海南省人民政府は，漁民の転産転業政策として，「陸へ，沖合へ，レジャー漁業へ」という政策を打ち出し，海南省の漁業を「陸上における種苗の生産と漁港の整備，沖合養殖とレジャー漁業」へと転換させていくことを掲げた．また，漁船漁業は年間３か月ないし３か月半の禁漁期[40]を厳格に設けているので，この３か月間の漁民の生活をどうするかという問題もある．レジャー漁業は，海を利用する知識や漁業のノウハウを持つ漁民にとって重要な収入源となり得るが，漁民が手に持っているリソースでレジャー漁業に参入するのが難しいのも現状である．上述したように，2020年時点の海南省管轄の漁船は約２万隻が登録されているが，実際には3.2万隻の漁船が存在すると言われている[41]．つまり，いわゆる「三無（船名が無い，証明書が無い，船籍港が無い）船舶」が約1.3万隻あり[42]，この１万隻余りの「三無」漁船問題への対応や，その背後にいる漁民とその家族などの漁業従事者が，レジャー漁業にかかる政策から直接に影響を受ける．

本章で整理した海南島におけるレジャー漁業政策の展開過程が示した通り，レジャー漁業を発展させることに関して，海南省の多くの政策の中で言及されているが，その実施に関わるルール作りや変革が求められている漁民や漁業従事者との具体的なつながりが不明確である．このため，海南省のレジャー漁業の展開にはいまだに多くの課題が残されていると言える．

謝辞

本稿の執筆にあたり，ヒアリング調査への対応，資料の提供などにおいて，China Blue Sustainability Institute の韓寒理事長から多大なご協力をいただきました．記して御礼申し上げます．

注

1 海南省の行政区域には海南島，西沙諸島，中沙諸島，南沙諸島が含まれている．

2 海南省人民政府ウェブサイト https://www.hainan.gov.cn/hainan/rkmz/list1_tt.shtml（閲覧日：2023年３月13日）．

3 海南省人民政府『2016年海南省（海南本島）海岸線修測成果』，2018年２月．

4 張本「海南海洋漁業資源特徴与発展前景分析」『現代漁業信息』，No. 8，pp. 1-5，2000年．

5 「中国小型漁業転型発展的挑戦与機遇―以浙江和海南為例」智漁（Wechat 公式アカウントの記事），2019年２月．

6 林洪民「海南発展休閑漁業大有可為」『海南大学学報（社会科学版）』，No. 2，pp. 24-28，1999年．

7 符波，王慧芳，唐浩生「引導部分漁船改業　開発海南特色休閑漁業」『中国水産』，No. 3，p. 77，2002年．

8 国務院「国務院関于推進海南国際旅游島建設発展的若干意見」国発（2009）44号，2009年12月31日．

9 「海南国際旅游島建設発展規划綱要2010-2020」，2010年６月 http://cn.chinagate.cn/economics/2010-09/09/content_20898056_2.htm（閲覧日：2023年３月13日）．

10 符芳霞，王紅勇「海南省休閑漁業発展現状，問題及建議」『中国水産』，No. 3，pp. 23-25，2013年．

11 生態保護レッドライン政策は，2012年から環境保護部（当時）の主導で検討し始まり，中国独自で作り出した環境保護・保全政策である．その定義について，2017年５月に中国環境保護部と国家発展改革委員会が共同で公布した「生態保護レッドライン確定ガイドブック」（中国語原文「生態保護紅線划定指南」）で明示している．つまり，生態保護レッドラインとは，生態空間の中で，特別に重要な生態機能を持ち，強制的かつ厳格に保護されなければならない区域を指し，国家生態安全保障を保護・維持するための底辺であり生命線である．中国自然資源部は2023年７月に全国陸域及び海域における生態保護レッドラインの画定が完了したと発表し，その合計面積は319万平方キロメートルであるという．

12 「農業部弁公庁関于公布第一批全国休閑漁業示範基地名単的通知」2012年12月12日 http://www.moa.gov.cn/govpublic/YYJ/201212/t20121212_3102945.htm（閲覧日：2023年３月11日）．
「農業部弁公庁関于公布全国休閑漁業示範基地（第二批）名単的通知」2013年11月13日 http://www.moa.gov.cn/gk/tzgg_1/tfw/201312/t20131205_3698585.htm?keywords=（閲覧

日：2023年３月10日）.

「農業部弁公庁関于公布全国休閑漁業示範基地（第三批）名単的通知」2014年12月９日 http://www.yyj.moa.gov.cn/tzgg/201501/t20150107_6300681.htm（閲覧日：2023年３月９日）.

[13] 「農業部弁公庁関于公布全国休閑漁業示範基地（第四批）名単的通知」2016年１月22日 http://www.moa.gov.cn/govpublic/YYJ/201602/t20160217_5015974.htm（閲覧日：2023年３月８日）.

[14] 「海南省人民政府関于促進現代漁業発展的意見」2016年 https://ha.hainanu.edu.cn/__local/D/8D/6D/14B6B616C48F34C56256EE7D482_5BB0C1E5_53F413.pdf?e=.pdf（閲覧日：2023年３月20日）.

[15] 「100の特色ある町と1000の住みやすく生態環境の美しい村の建設プロジェクト」について，中国語原文「百千工程」の内容に基づき翻訳した.

[16] 「全国漁業発展第十二个五年規划（2011－2015年）」2011年中華人民共和国農業農村部ウェブサイト http://www.moa.gov.cn/ztzl/shierwu/hyfz/201110/t20111017_2357716.htm（閲覧日：2023年３月15日）.

[17] 中国現代漁業５大産業とは，養殖，捕獲，加工，増殖，レジャー漁業である.

[18] 劉賜貴「在中国共産党海南省第七次代表大会上的報告」『海南日報』，2017年５月２日.

[19] 日中戦争の終焉とともに，1950年に海南島が解放され，広東省の出先機関として海南行政区が設立された．1988年４月に海南行政区を開発促進するため，広東省から分離され，海南省として設置されると同時に全国唯一の省レベルの経済特区に指定された．2018年は海南省設立30周年の年であり，４月13日に習近平中国共産党中央委員会総書記・国家主席・中央軍事委員会主席が海南省設立・経済特区建設30周年祝賀大会に出席し，講話を行った．これが，のちに「４・13重要講話」と通称されている.

[20] 習近平「在慶祝海南建省弁経済特区30周年大会上的講話」，2018年４月13日．中華人民共和国中央人民政府ウェブサイト http://www.gov.cn/xinwen/2018-04/13/content_5282321.htm（閲覧日：2023年３月18日）.

[21] 「農業部関于加快推進漁業転方式調結構的指導意見」農業部，2016年５月４日 中華人民共和国中央人民政府ウェブサイト https://www.gov.cn/zhengce/2016-05/22/content_5075683.htm（閲覧日：2023年３月18日）.

「海南省人民政府関于促進現代漁業発展的意見」海南省人民政府，2016年12月27日 海南省人民政府ウェブサイト https://www.hainan.gov.cn/hainan/szfwj/201612/377b5546e58049e58c65c282b88473cc.shtml（閲覧日：2023年３月18日）.

「海南省建設国際旅游消費中心的実施方案」国家発展改革委員会，2018年12月12日 中華人民共和国国家発展和改革委員会ウェブサイト https://www.ndrc.gov.cn/xwdt/ztzl/hnqmshggkf/ghzc/202009/t20200909_1237902.html（閲覧日：2023年３月18日）.

[22] 「海南省休閑漁業発展規划（2019-2025年）」2019年９月 海南省人民政府ウェブサイト http://plan.hainan.gov.cn/sfgw/0400/201909/59518bef3c684c33a3d98dd86a47c86d.shtml（閲覧日：2023年３月18日）.

[23] 「関于加快推動休閑漁業試点促進休閑漁業健康発展的指導意見」

海南省人民政府ウェブサイト https://www.hainan.gov.cn/hainan/szfbgtwj/202007/672eb5946b184f6684f7c3bd2e21848b.shtml（閲覧日：2023年３月18日）.

24 夏丹「探索休閑漁業，海南漁民“摸着石頭過海”」
中外対話ウェブサイト https://chinadialogueocean.net/zh/6/91607/（閲覧日：2023年３月18日）.

25 「海南首個休閑漁業項目在瓊海潭門試航」2017年12月29日
Hainan Daily APP ウェブサイト http://hndaily.cn/api_hn/res/html/2017/12/29/cid_107_122658.html（閲覧日：2023年３月19日）.

26 「瓊海休閑漁業発展迎来新時代」2018年１月４日
瓊海市人民政府ウェブサイト http://qionghai.hainan.gov.cn/rdzt/qhtx/1494/201801/t20180104_2382136.html（閲覧日：2023年３月19日）.

27 同上.

28 「三亜休閑漁業規划通過評審」『海南日報』，2010年12月６日.

29 海南省人民政府「海南国際旅游島建設発展規划綱要（2010－2020）」，2010年６月８日
海南省人民政府ウェブサイト https://mof.hainan.gov.cn/sczt/0800/201302/d3557cf271e645ec9077fc911c4b9de5.shtml（閲覧日：2023年３月19日）.

30 １線２島３街７大観光地とは，海上レジャー漁業観光遊覧線（１線），西瑁洲島漁村生活体験リゾート村と蜈支洲島遊漁センター（２島），水産観光製品ショッピング街・海鮮グルメ街・海上グルメ露店街（３街），崖州国家中心漁港レジャー漁業園区・西瑁洲島漁村生活体験リゾート園区・蜈支洲島海釣りセンター・ダム貯水池釣りレジャー漁業園・海洋漁業文化クリエイティブ博覧園区・フィッシュセラピー健康レジャー園・漁村生活体験健康維持園（７観光地）である.

31 三亜市人民政府「三亜市海洋旅游発展規劃2012-2022」，2013年１月
方極城市規劃院ウェブサイト http://www.fangjigroup.com/?p=7122（閲覧日：2023年３月19日）.

32 三亜市人民政府「三亜市海洋牧場管理暫行弁法」，2015年４月14日
三亜市人民政府ウェブサイト http://www.sanya.gov.cn/sanyasite/zwdt/201708/50fd3add69d04e0b9dfd7268ec8b6d8c.shtml（閲覧日：2023年３月19日）.

33 王海山・胡静・付英娟・陳治・楊超傑・童玉和・葉楽「三亜市休閑漁業的発展状況和相関思考」『海洋発展与管理』，No. 12，p. 43，2021年.

34 金侠鸞「三亜市海洋休閑漁業転型升級研究」『中国市場』，No. 22，2019年.

35 前掲33，pp. 41-45.

36 「中共海南省委　海南省人民政府　関于全面推進郷村振興加快農業農村現代化的実施意見」瓊発（2021）１号，2021年１月29日
海南省人民政府ウェブサイト https://www.hainan.gov.cn/hainan/xczxhnwj/202104/e3bf7000409940e3843d2e8a7364107d.shtml（閲覧日：2023年３月19日）.

37 「１号文書」とは，政府が毎年発表する１件目の文書のことであり，通常は年初に発表される．国家レベルでの年初の文書は，通称「中央１号文書」と言う．中国が1949年10月１日に成立してから，中央人民政府が「１号文書」を発表するようになり，その大半は

農業にかかわる政策指針が述べられている．地方政府が発表する年初の文書は「中央１号文書」の指針を継承するかたちで現地の事情に合わせて作成されている．

[38] ５つのプロジェクトとは，①国家レベルの質の高いレジャー漁業実施モデルサイトの建設，②海釣り大会のモデルサイトの建設，③レジャー漁業の町や美しい漁村の建設，④影響力のある競技大会や祭りの開催，⑤新型のレジャー漁船の就航である．

[39] 前掲24.

[40] 禁漁期の期間について，毎年だいたい５月から８月の間が禁漁期間として設定されている．

[41] 海南省新聞弁公室「海南省加快休閑漁業健康発展新聞発布会」，2020年７月29日 https://agri.hainan.gov.cn/hnsnyt/ywdt/zwdt/202007/t20200729_2825702.html（閲覧日：2023年３月19日）．

[42] 同上.

第16章　海南島レジャー漁業の実践と発展のポテンシャル

高　翔

1．海南島におけるレジャー漁業の現状

海南島では2010年に入ってからレジャー漁業の実施が模索され始めた．これは，中国の他の沿岸各省のレジャー漁業の実施状況と比べると，遅いスタートであり，今後も発展の余地があるといえる．しかし，国家レベルと省レベルの政策の牽引の下で，2020年前後からレジャー漁業の発展に飛躍的な成長が見られた．

2018年に初めて発表された全国レジャー漁業の発展状況に関するモニタリング報告書（以下，モニタリング報告書）によると，2017年から2019年まで，海南省のレジャー漁業の総生産額は全国の上位10位に入っていなかった[1]が，レジャー漁業総生産額の一部となる遊漁・採取業分野の売上高は12.78億元に達し，全国第９位であった．そのうちの12.74億元が海水部門による売上高で，全国第２位であった．これは第１位の山東省の海水部門の売上高22.73億元のほぼ半分で，第３位の広東省の海水部門の売上高7.8億元を４億元ほど上回っていた．また，中国沿岸11省のレジャー漁業生産額ランキングからみると，海南省は2019年に沿岸11省の最下位であったが，2020年には山東省・広東省・江蘇省・遼寧省・浙江省に次いで第６位であった[2]．2020年のモニタリング報告書の統計では，2019年の中国観光志向型レジャー漁業海水部門ランキングの上位５省は，順に山東省・広東省・遼寧省・浙江省・海南省で，海南省は上位５位に入っており，海洋遊漁・採取業では山東省に次ぐ第２位であった．また，2018年のモニタリング報告の全国観賞魚産業の海水部門ランキングでは，海南省が上位５位に入れなかったが，2019年には海南省が第５位であった．さらに，2021年の海南省モニタリング統計のデータによると，省全体のレジャー漁業総生産額は13.67億元で，通年の受入人数は延べ513.61万人であった[3]．

このように，ここ数年間の中国政府の公式データから見れば，海南省レジャ

ー漁業の着実な発展がはっきりと目に見え，その潜在的な発展可能性は軽視できない．新型コロナウイルス感染症やそれに伴う国際貿易の低迷の影響を受けて全国的に経済が落ち込むという背景の下，海南省のレジャー漁業は比較的安定した状態を維持しており，全国ランキングは徐々に上昇している．本章では，海洋レジャーの代表格の１つであり，海南島で盛んになっている海釣りを対象にその実践過程の特徴について述べる．また，海釣りだけでなく海南島が持つ多くの海洋文化がレジャー漁業発展に寄与し得ることも指摘しておきたい．

２．海南島の海釣り体験

現在，海南島でよく見られるレジャー漁業に関する活動は大きく分けて６つのタイプがある[4]が，その中でも海釣り体験が盛んになってきている．そのため，海釣りに関わるルール形成が急務となっている．

海南省は四方を海に囲まれ，釣り場が多い．島全体で130カ所余りの釣り場があり，釣りスポットは1000カ所を超える．その中には，国際ゲームフィッシュ協会（IGFA）の認定を受けた「世界第３の大きさの海釣り場（七洲列島～大洲島）」があり，生物多様性と生態系は比較的安定しており，国際レベルの海釣り競技会を誘致できるほどの条件を有している[5]．国際的な競技大会の開催に合わせて，審判員の育成も行われるようになっている．2021年８月29日，中国海釣りグランプリのメディア招待コンテストが海口市で開催された[6]．このメディア招待コンテストでは，海南島にある各レジャー漁業の拠点を巡る海釣りグランプリの島レースのスタートが発表され，海南島における海釣り推進の方向性が示された．海南省レジャー漁業協会は，同競技会の技術指導機関を務め，同協会の競技会・海釣り審判委員会からプロの審判執行チームを派遣し，競技会の審判を行った．この取り組みは，海南省初の専門化・規範化されたレジャー海釣り競技会の審判執行活動であると同時に，海南省レジャー漁業協会の競技会・海釣り審判委員会設立後の初めてのものでもある．

このようないわゆる「釣り玄人」を対象とした展開が進むが，そもそも中国では海釣りは「海上のゴルフ」と呼ばれる．それは，参入に一定のハードルがあることを意味し，海釣りの醍醐味を味わえるのは，一定程度の海釣りの経験を経た海釣り客だけだと言われている[7]．アメリカや日本などの釣り産業が成熟した国と異なり，中国には遊漁券制度や関連する資源保護措置が存在しない．そのため，過度の釣りを行う現象が幅広く存在している．また，従来であれば，資源管理制度に基づき，釣りを行うべきであるが，制度不在のため，漁業資源保全に関心のある釣り愛好家たちにとって，開放水域で釣りをする際にも多少の懸念を感じてしまい，釣りに対する積極性に影響が出てしまっている[8]．また，ルアーフィッシングに関しても，船に乗ってルアーフィッシングをする人が少ないとされている．ルアーを操る技術や経済面のハードルが高いことが原因の１つであるが，近海海域（沖）での釣りに対する管理のための法令の欠如が主な原因であると指摘されている[9]．

このような状況の中，海南省レジャー漁業協会は，海洋生態系と漁業資源の保全と海洋レジャー業界の健全な発展を目的として，2021年から会員制という方式を開始した[10]．会員証の取得の手続きは無料で，携帯電話のアプリやインターネットを通じて申請できる．また，各市・県にある同協会の事務所に申込資料を提出して直接手続きすることも可能である．しかし，現在の「会員証による釣り」は各市・県が確定した釣り場内で釣りを行う海釣り愛好家のみが対象で，釣り場以外の海域で釣りを行う観光客に対して会員証の取得を求めていない[11]．

海釣り関連の法令や政策の整備が急速に進められているものの，悠久の歴史を誇る海南省の漁業文化は，国内外の「釣り客」を引き付ける重要な要素となり得るものである．レジャー漁業に従事する企業は釣り船や海上の釣り堀での海釣りに加え，さらに海南島の漁業文化と結び付けて漁船漁業体験を打ち出し，観光客を誘致している．観光客は釣りのプロフェッショナルである漁師の指導の下で海に出て引き網で魚を捕る体験ができ，海釣りが終わった後には釣り上げた魚介類を漁師に渡して調理してもらったり，地元の特有の文化，例えば儋州市の民謡「儋州調声」や陵水県の水上生活漁民「陵水蛋家」などの漁業文化に触れたりすることもできる．

このような地元に融け込む参加型の観光商品は，多くの観光客を引き付けている．また，近年，海釣りに関わるレジャーの種類が豊富になり，「海釣り＋α」の商品が市場でますます人気となっている．例えば，海釣り＋海上スポーツ＋ BBQ ＋海辺の夜のキャンプファイヤーなどの多くの要素を融合した商品は，直接的に遊覧船・漁港・釣り・宿泊・飲食・交通・マリンツーリズム・島嶼経済などの産業の発展を牽引する役割を果たしている．

このように，海南島における海釣りに関する取り組みは少しずつ整備されている．その過程において，主導的な役割を果たしているのは海南省レジャー漁業協会という業界団体である．次節では，当該協会の具体的な動きについて見てみる．

3．業界団体の役割の発揮

前節の記述の通り，海南省における海釣り産業を主導しているのは，海南省レジャー漁業協会である[12]．海南省レジャー漁業協会は，2016年８月17日に海南省民政庁で正式に登記・設立され，レジャー漁業従事者が自主的に結成した地域的なレジャー漁業を専門とする非営利の社団法人である．協会の下には事務局・専門家委員会・海釣り研修管理センターが設けられ，現在の職員は10名（専任が７名）で，会員企業数は150社を超え，個人会員は3.7万人（海釣り）に達している[13]．また，海釣り分科会，保険・応急救助分科会，現代海洋牧場・海洋設備分科会などの分科会のほか，三亜事務所・瓊海事務所・三沙事務所が設立されている．近年，同協会はレジャー漁業の基礎調査研究・データ分析・政策理論研究・産業プロジェクト指導などの取り組みに関わる多くの活動を行っている．

海南省レジャー漁業協会は現在，海釣り審判員研修・管理業務の実施や海釣り競技会の実施推進に取り組んでいる．2020年８月17日，海南省第１回海釣り審判員研修会が海口市で開催され，各市・県から40名の受講生が研修・試験に参加し，第１期の海南省１級海釣り審判員が誕生した[14]．その中には，受講生として参加した10名の漁民も含まれている[15]．海釣り審判員研究会を開催することは，捕獲漁業を従事する漁民にレジャー漁業に携わる機会を提供する狙いがあったとされる[16]．また，同研修会では，今後における海南島での国際・国内釣り競技会の開催を視野に入れ，海南省海釣り審判員委員会の設立も同時に発表した．

2021年８月22日と23日，海南省レジャー漁業協会が主催し，同協会の海釣り研修管理センター・海南七洲海洋レジャー漁業有限公司・三亜海之燕文化有限責任公司・陽光保険集団海南支社が運営した「海南自由貿易港第１期釣りインストラクター訓練キャンプ」及び「第1回七洲海洋カップ最優秀釣りインストラクターコンテスト」のプレイベントが三亜市で開催された．釣りインストラクター研修は，海南省の漁民を対象とする産業転換を目指した主要な技能研修の1つであり，海南省レジャー漁業の良質な発展を推進する重要なものである．同イベントでは，漁民を対象に主に安全救助・釣り技能・釣り指導サービス・顧客対応マナーなどの内容に焦点を当てて，研修が実施された．

漁民を対象に漁民の「転産転業」を図る1つの方法として海南省における海釣りに関わる活動は，海南省レジャー漁業協会の主導の下で，展開してきたが，前述の海釣りに関するルールの作りに関しても，当協会が積極的に動いている．2021年10月18日，海南省レジャー漁業協会は海口市で「海南省レジャー漁業（海釣り）業界自主行動規範・準則（試行）」（以下，「海釣り行動規範準則」）の記者発表会を開催し，全国初の海釣りを専門的に対処する活動ルールを公布すると共に，海南省海釣り業界発展の規範化を図った[17]．「海釣り行動規範準則」は，海南省自由貿易港レジャー漁業専門家委員会の専門家メンバーが構成する草案作成チーム・関連職能部門・レジャー漁業に従事する企業・海釣り専門家との複数回にわたる検討会議での意見交換を通じ，1年余りの時間をかけて制定した[18]．

「海釣り行動規範準則」は計9章64条で構成され，海釣り業界による自主規制という観点から，海南省の釣り場・運営企業・レジャー漁船・レジャー漁業従業者・海釣り行為・安全生産・環境保護などの様々な行為・活動に対する安全面での規範化を行ったものである．なお，その附属文書「海南省でよく釣られる魚類と標準体長の提案」では，海南省の海域でよく釣られる魚類が紹介され，漁業資源管理の観点が取り入れられていることもあり，海釣り愛好家から好評を博している．

また，レジャー漁業の発展に伴い，ますます多くの人が海釣りを好むようになり，ガイドという職業が生まれた．これは，中国国内レジャー漁業の先進地域ですでに10年以上存在している．海釣りにおいて，ガイドの役割は，海釣り客がより良い経験を得るために助けを行うことである．魚の状況や釣り方を知らない海釣り客にとって，魚をうまく釣ることは非常に難しいので，海釣り客が満足感を得られるように，ガイドが海釣り客の正しい釣りを助ける必要がある．海南省レジャー漁業協会は，レジャー漁業従事者の職業認定制度を推進するため，2023年10月20日に同協会の海釣り専門委員会の委員らが海南省レジャー漁業研修サービスセンターで，「ガイドアングラーの行動規範とガイドライン」を発表した[19].

上記の通り，海南省レジャー漁業協会は，海南省のレジャー漁業の展開に主導的な役割を果たしている．レジャー漁業の実施をめぐるルール作りだけでなく，多くの漁民がレジャー漁業に関わる仕事に就職できるように，様々な研修を企画して，漁民の能力向上に努めている．具体的には，漁民及びそれらの後継者に対して，レジャー漁業に転業できるための技能訓練を提供し，研修に修了した漁業従事者がレジャー漁業に転業できるための職業資格証を発行し，新たな職に着けるように，再就職の斡旋もしている[20]．例えば，2022年11月６日に開始して12月10日に修了した海南省の初めての「漁民と後継者のための職業技能研修」[21]では，42名の卒業生が35日間の研修の中で，レジャー漁業をめぐる政策と理論，安全対策，レスキュー応急措置，経営に関わる販売やサービス提供などの基本コースを学び，それぞれの特性に基づき，遊覧船の運転，海釣りの技術，ガイドアングラーなどの専門コースも学習した．修了した42名の漁業従事者は，相次いで，新たな職に転業できたという．このように，海南省レジャー漁業協会は，レジャー漁業を運営している企業に対して，漁師からレジャー漁業に職業転換した漁民をレジャー漁船の船長や，釣りガイド，ライフガードとして雇用するように協力を求めたりしている．漁民の立場からみれば，協会の研修を受けた後に，はっきりとした再就職の先があると，大変な職業である漁師業を辞めて，安心して他の職種への転職ができる．海南省は，2025年までに漁民１万人を他の職種に転職させる目標を掲げている[22]ので，海南省レジャー漁業協会の活動が大きな役割を果たしている．

４．海南省におけるレジャー漁業発展の課題と展望

4.1　海南省におけるレジャー漁業発展の課題

海南省のレジャー漁業は全体的に端緒を得た段階にあると言える．「無許可の釣り」などのルール違反の活動は何度禁止してもなくなることはなく，安全上のリスクが多い．例えば，2022年１月に海南省の万寧市で，15名の乗船者を乗せた船が沈没事故を起こした[23]．事故原因は，定員オーバーの乗船であった．

その上，救命胴衣などが提供されていなかったことが判明した．同年７月に同じく海南省の万寧市で，12名の乗船客を乗せて海釣りに出かけた遊覧船が海上で爆発事故を起こした[24]．このケースでは，船を運転した人が無免許運転をしていた．そして，遊覧船で海釣りしてはならないルールを無視していた．このように，海釣りをする時の安全確保の問題は，海南省におけるレジャー漁業が発展する上での１つの課題となっている．2025年までには，全省においてレジャー漁業に従事する漁船の数を500隻にする目標[25]を設定している．

また，リーダーとなる企業や経営管理人材の不足も，専門性を有するレジャー漁業の発展を制約する要素となっている．例えば，三亜市で海釣り観光を展開する企業は約20社あるが，現場での従業者の大多数が伝統的捕獲漁業から産業転換した人たちであり，研修が十分でないため，海釣りの基礎知識や安全対策などの専門的な解説・指導を観光客に十分に提供できない[26]．関連する管理・経営・マーケティング・サービス提供などの分野の人材も深刻に不足しており，産業の今後の発展のための力が不足している[27]．このため，海南省レジャー漁業協会以外，レジャー漁船の運転，ガイドアングラー，安全操業などに関する研修を実施できる教育機関も必要となる[28]．

また，海釣りが含むレジャー漁業の商品開発において，ありきたりな低価値化・同質化の観光プロジェクトをいかに回避していくことも，レジャー漁業が発展する上での課題である．海南島は長い歴史の発展の中で，海洋資源を活用して豊かで繁栄した海洋文化を作り出してきた．そこには，宗教信仰・物語・伝説・海神崇拝といった各種文化要素や，地元の海況に対する現地住民の理解と運用の知恵も含まれている．これらはいずれも，オリジナリティのあるレジャー漁業の展開において存分に活用されるべきである．

4.2　海南省レジャー漁業の展望

ここ数十年間，伝統的な生態学的知識（Traditional Ecological Knowledge: TEK）と農村の発展を結びづける応用の考え方がある．伝統的な生態学的知識とは，人々による長期間にわたる自然現象に対する観察・実践における試行錯誤と継続的な経験の蓄積をベースに，それらの総括によって形成された独特な知識である[29]．伝統的な生態学的知識は，比較的低コストで生物多様性・生物の季節変動による変化の特徴・生物の生活史・食物網の状況などの情報の獲得を可能にする．そして，重要なこととして，そこには人と自然との間の多くの関係が包含されている．

より多くの漁民をレジャー漁業関連産業に転業させると同時に，海南島の漁民が持つ伝統的な生態学的知識をレジャー漁業の展開に応用できる余地がある．それによって，今後のレジャー漁業プロジェクトに使用される漁具や投入産出比率などについて，より正確な事前予測・評価が可能となり，利益の最大化を図ることが期待できる．例えば，１年のうち漁業生産に従事できる時間は非常に限られており，大多数の漁民の年間作業時間は基本的に160日から180日である．また，観光客の安全に対する考慮から，レジャー漁業作業の天気に対する要求が高い．そのため，気候的な原因から海南省の観光シーズンは特定の期間に集中しており，この期間が漁のシーズンと重なるかどうかも観光客の漁業体験に影響を及ぼす．

また，地元特有の漁業文化も，漁民の伝統的な知識の中に含まれている．各種漁具・漁法は，いずれも地元の特性に順応している．漁業発展のプロセスにおいて，海南島では非常に多くの特色のある活動（前述した「調声」と呼ばれる民謡，「哩哩美」と呼ばれる漁歌など）や祭日を形成してきた．例えば，旧暦２月２日の「龍擡頭」では，龍舞・獅子舞隊，腰鼓隊，調声隊，仙人や済公に扮した人たちが街を練り歩き，山車のパレードで祝い，福がもたらされるよう神龍に願い事をする．旧暦５月５日の端午節には，村民たちによるドラゴンボートレースが開催される．各村の中年男性・青年男性・女性がそれぞれチームを作り，村内でレースを開催したり，先祖代々の友好を築いてきた村同士が合同でレースを開催したりする．旧暦10月１日の寒衣節には，すべての家庭が媽祖廟に供え物をし，線香をあげ，爆竹をならす．村民全員は村の広場に集まり，昼間は宴席が設けられ，地元の伝統的な食材を大鍋で煮込み，親戚や友人を招待する．そして，夜は歌や踊りを楽しむ．また，無形文化遺産となっている漁業作業方式の体験（ウナギの延縄漁）や，地元特有の代表的漁獲物の捕獲と調理（エビ漁と小エビの塩漬け作り）などもある．これらは，いずれも地元の特有の漁業文化であり，レジャー漁業の発展に不可欠なブランド開発に貢献するオリジナリティのある要素である．

さらに，伝統的な生態学的知識の研究は，禁漁期・禁漁区・海洋保護区の設立に一定の根拠を提供することにもなる．漁民の知見を参考にし，保護区と漁業中心区域が重なることを避け，主な保護対象の主要な生息環境と所在区域を確定できる．反対に保護区に対する地元漁業コミュニティの認識が強化することで，保護区の管理が容易になり，レジャー漁業の持続可能な発展のために生態環境と漁業資源の保全を確実に実施できる．レジャー漁業の展開は自然が持つ本来良さに依拠するので，海南島特有の健全な沿岸生態系を失った時には，どれだけ多くの資本が進出し，どれだけ先進的な技術があったとしても「無い袖は振れない」ことになる．

5．おわりに

本章では，海南島におけるレジャー漁業の1つの業態である海釣りに関するルール設定や関連する取り組みを取り上げ，その実践過程において現地政府ではなく，業界団体である海南省レジャー漁業協会が主となり役割を果たしていることを指摘した．これが海南島における海釣り発展の特徴の1つである．その背景には，専門分野の案件にかかる管理ルールの設定に関して，地方政府から業界団体にその設定の権限を移譲する政策決定があったからである[30]．しかし現在，海南省レジャー漁業協会は海釣りの規範化には精力的に取り込んでいるが，漁業文化など様々な地域資源のレジャー漁業への展開は道半ばであると言える．

レジャー漁業の中身は本来非常に豊富なはずである．多くのメディアや大衆が注目している遊覧船での観光や海釣りだけでなく，上述した漁業文化の発信，体験なども含まれる．海南島には，気候や海といった自然要素だけでなく，様々な漁業文化を持っているので，レジャー漁業が発展する潜在的可能性を有している．レジャー漁業の発展をまさに「海老で鯛を釣る」ように展開するのであれば，伝統的な生態学的知識や漁業文化といった地元の要素を投資計画やブランド開発に組み入れることが求められる．そのような取り組みを進めることにより，漁業や漁民が主役とするレジャー漁業の実現が可能となるであろう．

謝辞

本稿の執筆にあたり，ヒアリング調査への対応，資料の提供などにおいて，海南島に所在する China Blue Sustainability Institute の韓寒理事長から多大なご協力をいただきました．記して，御礼申し上げます．

注

1 農業農村部漁業漁政管理局『中国休閑漁業発展報告（2018）』，2018年．
農業農村部漁業漁政管理局，全国水産技術普及センター，中国水産学会『中国休閑漁業発展監測報告（2019）』，2019年．『中国休閑漁業発展監測報告（2020）』，2020年．

2 農業農村部漁業漁政管理局，全国水産技術普及センター，中国水産学会『中国休閑漁業発展監測報告（2021）』，2021年．

3 中新網ウェブサイト「海南休閑漁業“突起”将打造７個休閑漁業特色小鎮」，2022年２月23日，http://www.hi.chinanews.com.cn/hnnew/2022-02-23/626960.html（閲覧日：2023年３月19日）．

4 ６つのタイプとは，都市部での遊覧船停泊用の埠頭の新設，淡水湖の沿岸で漁村生活体験，河口湿地地域における漁村の総合開発，伝統的漁港（漁村埠頭）をレジャー漁船の停泊ニーズに合わせた改造，漁業文化を融合した飲食チェーンブランドの構築，海洋牧場との融合で海上生簀を釣り堀として利用する海釣り，である．

5 「去釣魚　做一次深海獵人」『海南日報』，2020年４月29日．

6 「向海図強，中国海釣大賽海南島大奨賽引領中国海釣賽事新風向」，https://www.sohu.com/a/416142197_100204（閲覧日：2023年３月19日）．

7 「増進行業自律　規範海釣発展」『海南日報』，2021年10月19日．

8 「做強海南海釣　不能坐待志願者上釣」『海南日報』，2014年１月８日．

9 同上．

10 海南省休閑漁業協会『海南省休閑漁業（海釣）行業自律行為規範与準則（試行2022版）』，2021年10月．

11 同上，第40条，第57条．

12 海南省休閑漁業協会について，同協会ウェブサイトを参照されたい．http://www.hnrfa.cn/xhjj.

13 同上．

14 海南省休閑漁業協会ウェブサイト「我省首届海釣裁判培訓班開班　第一批40名海釣裁判持証上崗」，http://www.hnrfa.cn/newsinfo/1888052.html（閲覧日：2023年３月20日）．

15 同上．

16 海南省人民政府ウェブサイト「我省首届海釣裁判培訓班開班」，http://www.hnrfa.cn/newsinfo/1888052.html（閲覧日：2023年３月15日）．

17 「増進行業自律　規範海釣発展」『海南日報』，10月19日．

18 同上．

19 海南省レジャー漁業協会ウェブサイト「『導釣員行為規範与準則』正式出台」，http://

www.hnrfa.cn/newsinfo/4566020.html（閲覧日：2023年３月18日）.

[20] 「我省賦予休閑漁業行業組織更大自主権」『海南日報』，2022年12月23日.

[21] 同上.

[22] 海南省農業農村庁ウェブサイト「海南省休閑漁業政策解読新聞発布会実録」，2022年９月21日，https://agri.hainan.gov.cn/hnsnyt/jdhy/xwfbh/202210/t20221017_3285800.html（閲覧日：2023年３月20日）.

[23] 「万寧2.7沈船事故当事人回億事発経過」，https://new.qq.com/rain/a/20220210A06Z9G00（閲覧日：2023年３月21日）.

[24] 「海南一游艇起火沈没後続」，https://baijiahao.baidu.com/s?id=1740041629784852904&wfr=spider&for=pc（閲覧日：2023年３月22日）.

[25] 同22.

[26] 人民網ウェブサイト「来海南海釣　做一次深海獵人」，http://hi.people.com.cn/GB/399887/402566/402817/index.html（閲覧日：2023年３月22日）.

[27] 同上.

[28] 海南省レジャー漁業協会ウェブサイト「規範休閑垂釣行為　高質量発展休閑漁業」，http://www.hnrfa.cn/newsinfo/5147680.html?templateId=1133604（閲覧日：2023年３月22日）.

[29] Berkes, F., Colding, J. & Folke, C. (2000). *Rediscovery of Traditional Ecological Knowledge as Adaptive Management*. Ecological Applications 10, pp.1251-1262.

[30] 海南省人民政府弁公室「海南省休閑漁業管理弁法（試行）」の第８条，2022年９月.

第17章　中国民宿業の展開と漁家民宿「漁家楽」の可能性

李　欣

1．はじめに

中国においては，国民の生活水準の向上に伴い，心と体の自由を感じたい，精神的な解放感を味わいたい，あるいは何らかの満足感を得たいという人々のニーズが日増しに高まっている．都市の喧騒から遠く離れ，田舎に回帰して「郷愁」を追い求めたいという人々の思いはますます強くなっている．宿屋・農家・漁家・リゾート村・農村の別荘・モンゴル民族のゲル・水上家屋・洞穴式住居・木造家屋などを利用した，自然の息吹と地域の特色にあふれる民宿はそれらニーズに応えながら，長い歴史を有する農村の大きな変化に立ち会い，地域文化の伝承を担ってきた．

本章では，中国における民宿業の展開を端緒とし，とりわけ漁村において展開している「漁家楽」という民宿の一形態に着目して，その実態と課題を明らかにしてみたい．

2．中国における民宿業の展開と課題

2.1　民宿誕生の背景と発展の歴史

民宿は中国における新たな宿泊の業態といえる．民宿は，中国語の漢字でも「民宿」と書き，日本語の「民宿（Minshuku）」に由来する．地元の民家など使用されていない資源を活用したもので，客室が４室以下，建築面積は800m^{2}以下で，経営者が自ら観光客に対応して地元の自然・文化・生産・生活方式の体験を提供する小型宿泊施設のことを指す[1]．民宿の種類については，大半の都市で住民の家屋が主流である．各都市の特徴としては，蘇州市では宿屋が民宿の45％を占め，上海市では約28％が一戸建ての別荘で，北京市では各種類の民宿が均等に見られるほか，四合院タイプの民宿が５％を占めている．民宿の

表1 中国の民宿市場の発展の概況

年代	発展の概況
1980年代	・台湾地域で民宿の普及が開始
	・主に空き部屋を民宿として活用
	・その後，6000軒余りの民宿を有する大産業に発展
1998年	・国家観光局が「中国都市・農村旅行」イベントを実施
	・農家楽・漁家楽の発展に伴い，農村部に民宿が誕生
2007年	・浙江省桐郷市烏鎮に民宿が立ち並ぶ「西柵」がオープン
	・雲南省麗江市・大理市でも古民家を活用した民宿を開設
	・古い町並みを活用したレジャー・リゾートが急速に発展
2008年	・政府が北京五輪中に観光客の宿泊を受け入れる一般家庭を募集．これが中国で最初に誕生した都市部の民宿の代表的事例
2011年以降	・短期賃貸オンラインプラットフォームへの政策支援が強化
	・途家や螞蟻短租等のオンライン民宿予約プラットフォームが誕生
2017年	・民宿のオーナー総数に占める上位10都市の割合が48.9%になる
	・民宿の総数に占める上位10都市の割合が47.6%になる

資料：易観分析（2018）より作成．

種類は宿泊体験に大きな影響を及ぼすが，都市部では民家やマンションを利用したものが中心となっている[2]．

宿泊方式は一般的なホテルや旅館のような「食べて，寝て，荷物をまとめて出発する」というモデルではなく「農村に回帰して気持ちを解き放つ」という路線を歩んでいる．革新・高度化を続ける観光業の流れに乗って，全国各地で発展している．2018年11月，国家文化観光部は「農村の民宿を発展させることは，文化・観光消費を促進する重要な手段である」と明示した．

中国の民宿市場の発展は，以下に掲げるいくつかの段階を経てきた（表1参照）．中国の民宿の業態としては，1990年後半頃に農村部に民宿が生まれ，2008年の北京オリンピックを契機に都市部でも民宿が開業するようになった．政策支援の強化を追い風として都市部の民宿は急速に発展し，農村部の民宿を抜いて業界の主流となった[3]．

2.2 民宿業をめぐる政策の動向

市場の拡大に支えられて民宿業は急速に伸びてきたが，その背後にある政策的な支援も大きな要因である．近年，中国では①高品質化・高級化への進化，②農村地域の重点支援，③産業間連携の追求，という３つの目標を掲げて，表２のような４つの支援策を打ち出している．すなわち，民宿発展の支持と奨励策，業界標準向上策，農村民宿の重点支援と都市民宿の監督強化，産業融合への奨励などである．

民宿発展の支持と奨励策（表２参照）では，2018年10月に国務院が「消費体制・メカニズムの整備・促進実施プラン」政策を打ち出し，観光サービス消費分野の市場参入制度を整備し，賃貸マンション・民宿等の短期賃貸サービスの発展を奨励することを決定した．また，2021年４月に国務院が観光用民宿の市場参入条件の適度な緩和を奨励し，消費のポテンシャルを引き出すことと観光用民宿の業界標準の実施を推進することを決定している．

業界標準の向上策では，2017年から2021年にかけて，国家観光局（当時）や文化・観光部が民宿の定義・評価原則・基本要求・安全管理・等級等に関する指導意見を出した．

農村民宿の重点支援と都市民宿の監督強化では，国家市場監督管理総局や文化・観光部や農業農村部が，そして各都市が（例えば，北京市住宅都市農村建設委員会，厦門市人民代表大会常務委員会，重慶市住宅都市農村建設委員会など）が，それぞれ，農村民宿サービス品質規範，農村観光の常態的コロナ対策と市場回復加速の統括的かつ確実な実施関連業務に関する通知，全国農村産業発展計画（2020年―2025年），短期賃貸住宅の規範的管理に関する通知などにより民宿の支援と監督を行うこととした．

産業融合への奨励では，2022年２月に，国務院が「2022年農村振興重点活動の全面的推進の確実な実施に関する意見」を打ち出し，農村の第１次・第２次・第３次産業融合型発展を推進すること，農産物加工・農村レジャー観光・農村ｅコマース等の産業を重点的に発展させること，農村レジャー観光の高度化計画を実施すること，及び農民が経営する，または経営に参画する農村民宿と農家楽特色村を支持することが挙げられる．

表２　中国の民宿業に関する主な政策の展開

方向性	年／月	公布機関	政策名称	主な内容
民宿発展の支持と奨励	2018/10	国務院	消費体制・メカニズムの整備・促進実施プラン	・観光サービス消費分野の市場参入メカニズムを整備する. ・賃貸マンション・民宿等の短期賃貸サービスの発展を奨励する.
	2021/4	国務院	六つの安定・六つの確保に奉仕し「放管服」改革に関する業務のさらなる確実な実施に関する意見	・観光用民宿の市場参入条件の適度な緩和を奨励し，消費のポテンシャルを引き出す. ・観光用民宿の業界標準の実施を推進する.
業界標準向上	2017/8	国家観光局（当時）	観光用民宿の基本要求と評価	・民宿の定義・評価原則・基本要求・安全管理・等級分け等に関する指導意見を出した. ・観光用民宿に関する国内初の業界標準として，民宿業界を規範的発展の段階に導いた.
	2019/7	文化・観光部	観光用民宿の基本要求と評価	・旧版よりも文化と観光の融合が具体的に表現された. ・撤退メカニズムを整備した. ・評定を金と銀の２等級から，３つ星・４つ星・５つ星の３等級へ細分化した.
	2021/2	文化・観光部	「観光用民宿の基本要求と評価」の第１回修正表	・「飲食サービスを提供する際に飲食物の浪費防止措置を制定し厳格に実行しなければならない」との条項を追加した. ・等級を３つ星・４つ星・５つ星から，丙クラス・乙クラス・甲クラスへ変更した.
農村民宿の重点支援と都市民宿の監督強化	2020/9	国家市場監督管理総局	農村民宿サービス品質規範	・農村民宿の用語と定義，基本要求，施設・設備，安全管理，環境衛生，サービス要求を規定した.
	2021/1	文化・観光部	文化観光業務の新局面開設推進の好スタートを切る，2021年全国文化観光庁局長会議活動報告要旨	・農村民宿の健全な発展を推進すべく，全国農村観光重点村と農村観光良質コースを設定.

方向性	年／月	公布機関	政策名称	主な内容
農村民宿の重点支援と都市民宿の監督強化	2020/7	文化・観光部	農村観光の常態的コロナ対策と市場回復加速の統括的かつ確実な実施関連業務に関する通知	・農村観光の農村での宿泊・生活へのシフトを促進する． ・農村民宿の品質を向上する． ・農村グルメ・夜の観光・深みのある体験・テーマ研修等の商品を開発する．
	2020/7	農業農村部	全国農村産業発展計画（2020年―2025年）	・農村でウェルネスツーリズム関連商品等を発展させる． ・都市の農業・生態資源を活用して郊外で田園ツーリズムを発展させ，都市住民の消費需要を満たす．
	2021/2	北京市住宅都市農村建設委員会	短期賃貸住宅の規範的管理に関する通知	・民宿経営者は６つの許可証を提出する必要がある． ・首都機能核心区内での短期賃貸住宅の経営を禁止する．
	2019/10	厦門市人民代表大会常務委員会	厦門経済特区観光条例	・住宅敷地内と商業総合施設の住宅エリア内での民宿経営活動を禁止する．
	2019/11	重慶市住宅都市農村建設委員会	重慶市不動産管理条例（改正草案）	
産業融合の奨励	2022/2	国務院	2022年農村振興重点活動の全面的推進の確実な実施に関する意見	・農村の第１次・第２次・第３次産業融合型発展を推進する． ・農産物加工・農村レジャー観光・農村ｅコマース等の産業を重点的に発展させる． ・農村レジャー観光の高度化計画を実施する． ・農民が経営する，または経営に参画する農村民宿と農家楽特色村を支持する．

資料：中領智庫（2022）より作成．

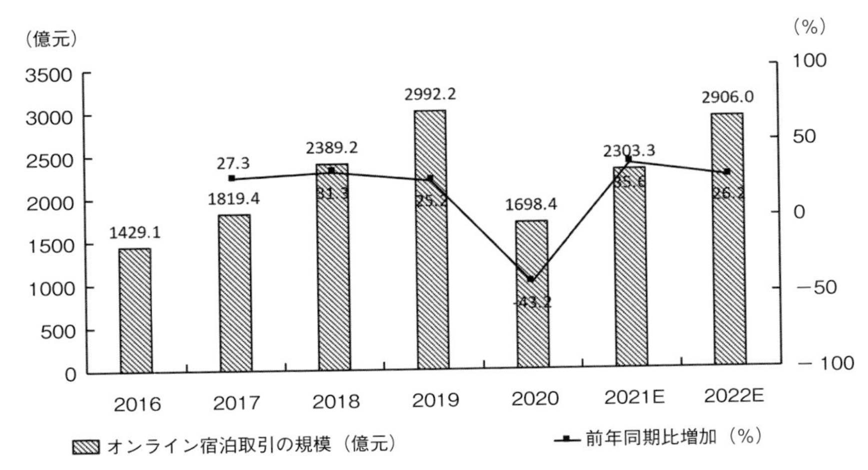

図 1 中国のオンライン宿泊取引の規模

資料:艾瑞諮詢(iResearch)(2021)より作成.
※年の横のEは予測であることを表す.

3. 都市部と漁村における民宿業の現状

3.1 民宿業をめぐる動向

2016年から2019年にかけて民宿市場の規模は急速に拡大したが,2019年以降は調整期に入り規模はやや縮小した(図1).また,2017年から国内の観光客数と観光収入は増加の一途をたどっていたものの,2020年はコロナ禍の影響で減少に転じた.しかし,コロナ禍の収束後は活発な観光市場に牽引され,民宿業は引き続き拡大する見通しである.現在,民宿業界は新規参入の余地がある段階で民宿のオーナー数・軒数は年々増えており,業界の競争は今後激化することが見込まれる.なお,経営的には既に二極分化の傾向が現れ始めており,業界のトッププレーヤーが大半の利益を生み出している.例えば,業界全体の平均客室稼働率が35.9%であるのに対し,上位20%の民宿は同62%に達する.また,業界全体の客室1室当たりの収益が99.8元であるのに対し,上位20%の民宿は同219.2元となっている[4].

さらに,とりわけ,都市部の民宿市場は成熟しつつあり,レッドオーシャンの状態にある.軒数を見ると,トップ2の成都市と広州市では民宿の数が1万軒を超えており，民宿業は大都市や人気の観光都市に集中している．つまり，現状は旅行先としての都市の集客力が民宿の発展に大きな影響力を有していることが分かる．また，都市部の民宿はミドル・ローエンドが中心である．価格分布を見ると，単価が400元以下の民宿が全体の約70％を占めている．都市の特色と消費レベルによって価格分布も大きく異なるが，400元以下のリーズナブルな民宿が市場の主流となってきた[5]．

しかし，2019年から2021年にかけてミドル・ローエンドの割合は減少し，ミドル・ハイエンドの民宿（500元以上）の割合がやや増加するなど，業界の中心はミドル・ハイエンドにシフトしつつある[6]．ミドル・ローエンド市場は飽和状態にあり，既存の民宿同士で競争する段階に入っているといえよう．また，このカテゴリーではコストパフォーマンスをめぐる競争が展開されており，値上げの余地は限られている．すなわち，業界を見通してみると，今後の成長の機会はミドル・ハイエンドにあるといえよう．将来的には，県や農村地域（漁村を含む）の民宿にも波及するものと考えられる[7]．

さらに，新型コロナウイルス感染症の影響で旅行制限を受けていた消費者たちは，春のピクニック，夏の島（漁村）巡り，秋の登山，冬のスキーや温泉など，今まで以上に季節ならではの自然を楽しみたいと考えている．艾瑞諮詢（iResearch）のデータによると，2020年に季節特有の旅行に出かけた，あるいは今後１年以内に季節特有の旅行に出かける予定と答えた一般観光ユーザーの割合は，いずれも６割を超えている[8]．2020年は，昆明市・成都市・重慶市・大理市・麗江市・シーサンパンナ・九寨溝等の西部の都市や自然景観が，消費者から最も高い人気を博した国内旅行先であった．艾瑞諮詢（iResearch）によると，今後１年間は，コロナ禍の影響で旅行を抑制していた消費者がこれまで以上に自然との触れ合いを求めることにより，海口市や三亜市等の島（漁村）を目的地とする観光意欲が高まることが予測されており，民宿需要の高まりもあわせて生じるであろう．

3.2　漁村民宿の課題

都市部の民宿業の現状を見てから，以下は漁村における民宿業の現状を見てみる．その中で，とりわけ漁村民宿業がかかえている課題について指摘する．

3.2.1　多様なサービスの不足

現在，中国の大多数の漁村の民宿は，単一的なサービスしか提供していない．具体的には，大半の民宿の経営者は地元の特色ある海鮮料理を利用客に直接提供するだけで，魚介類の捕獲・処理・調理といった海鮮料理を作る過程に参加する機会を提供していない．これでは，利用客は「顧客」という役を演じているだけにすぎず，家庭的な雰囲気を感じることはできないと指摘されている[9]．つまり，民宿の経営者は利用客が地元の生活に入り込み，島の漁師の生活を体験できる機会を提供しておらず，特色ある民宿を作り出せていない．さらに，現在のサービスは同質化しており，海鮮料理や室内の陳列品等，民宿の経営者はすべての利用客に同じようなサービスを提供している．しかし，各利用客の状況は異なるため，必要なサービスの特色・範囲・ニーズも異なっている．一律のサービスでは，個々のニーズに対応できず，個性的で質の高い民宿の誕生を阻害する大きな要因となっている[10]．

3.2.2　特色ある文化の活用の不足

個性的で質の高い多様なサービスの中には，地域の文化を活かしたサービスも含まれる．むしろ文化的特色は，民宿のコアコンピタンスといえる．なぜなら，各地域の文化は他では得られない体験を提供するからである．しかし，例えば，浙江省舟山市の東沙古鎮の民宿では，文化的価値を顧客の獲得にうまくつなげる経営が出来ていない[11]．東沙古鎮は文化資源が豊富で，特色ある建築物，昔ながらの民家，昔の雰囲気を残す商店，漁業作業場，塩の山，倉庫等を有している．しかし，民宿の経営者は発展の過程において，他にはない文化的特徴を活用することなく，普通の現代的な民家で観光客を受け入れ，提供するサービスも宿泊と食事だけに限られ，文化体験を提供する内容はほとんど見られない．現在，中国の漁家民宿ではこのような同質化の現象が生じている．

3.2.3　経営者と利用客の交流不足

ただ，中国の民宿の経営者は，一般に屋内設備の整備，ソフト面とハード面の条件向上，家屋の外観スタイルの調整，室内の装飾等に注力しており，その中では文化的な要素も活用されている．しかし，利用客とのコミュニケーションや交流が足りないという問題が存在している．さらに，能動的サービスの不足もある．民宿のスタッフや経営者が利用客に提供するサービスの大半は，依頼を受けての受動的対応にとどまっている．利用客からよく出される依頼は，周囲の観光地や便利な交通手段等の紹介であるが十分に応えられていない．民宿には旅館やホテルのような豪華施設はない一方で，地元の風情や経営者の熱意等，日常生活では味わえない体験を利用客に提供することは可能であろう[12]．民宿の経営者は，能動的に利用客と交流し，地元の歴史，代々伝わる民話，島での生活の様子，自身の人生観等を語り，地元の風土人情を感じてもらえるように努めることでサービスを向上できる可能性がある．

3.2.4　産業集積の未形成

上述した東沙古鎮の場合，民宿の軒数は少なく分散的に立地しているため，集積効果が得られずトータル的なブランド効果を生み出すのが難しい状況にある．また，東沙古鎮の民宿は発展のバランスが取れていない．中には観光地に宿泊を組み合わせただけで，特色や個性に欠ける粗放的な経営の民宿も存在している．一方，都市部のイノベーション人材がミドル・ハイエンドの顧客層を対象に農村で開発した質の高い民宿もある．このような不均衡な発展状況も民宿全体の発展を阻害している．産業集積については，一朝一夕にはいかないことが自明であるが，地域としてのビジョンの共有に基づくブランド効果の発揮は余地があるといえよう．

4．「漁家楽」の展開と課題

4.1　「漁家楽」を中心とした漁村民宿業の展開

ここで，漁家民宿の展開に立ち帰り，その重要な基盤となった漁家楽について見てみよう．中国の漁村民宿の大多数は，漁家楽を基盤として形成された．漁家楽とは，農村における「農家楽」の発展・成熟の過程で派生して生まれた漁村・漁家をベースに，漁村の民俗文化・漁家の生産生活資源・海洋資源を活用し，漁村の家庭が観光客にレジャー体験サービスを提供する経営方式である．「漁家民宿」や「海島民宿」とも呼ばれ[13]，農村観光の視点から研究されることが多い[14]．

漁家楽の発祥の地について，山東省の日照市，煙台市蓬莱区，青島市城陽区，栄成市河口村の４カ所であると考えられており，これらの地域では，いずれも1990年代後半に漁家楽が発展し始めたとされる[15]．2017年10月に開催された中国共産党第19回全国代表大会でも「農村・農業・農民問題は，国家経済と国民生活にかかわる根本的な問題である」ことが強調され，農村振興戦略を実施することが示された[16]ことからも，漁村観光において，漁家楽の発展が重要な意義を有しているといえよう．

漁家楽は，漁村が観光を展開する具体的な形式であると同時に，レジャー漁業を発展させる総合的プラットフォームでもある．漁獲量に対する行政の規制が強化される中で，ここ数年は政府の支援が強化されたこともあり，漁家楽に関連するインフラが急速に改善された．また，漁業関係者も観光への投資を継続的に増やしたため，漁家楽は産業として新たな飛躍を遂げた．さらに，一貫型サービスの提供・ネットワークの整備・地域連携が進んだことも，漁家楽の発展をさらに強力に推進した[17]．

4.2　漁家楽の事例

漁家楽としての発展事例について見てみたい．近年，レジャー・リゾート型の観光と海洋観光が盛んになり，可能性を有することは先述したが，その中で「漁師の家に宿泊し，漁師の家庭料理を味わい，漁師の仕事を体験し，漁師の楽しみを感じる」ことに主眼を置いた漁家楽が，海沿いの地域を訪れる多くの観光客の最大の目的となっている．とはいえ，これも先述したように，漁村民宿をめぐっては様々な課題が残されており，観光客に十分なサービスを提供できているとは言えない．一方，日照市・煙台市蓬莱区・栄成市等の山東省の海沿いの都市は相次いで漁家楽を開始し，観光メニューの中身を充実させて観光地としての魅力を強化するとともに，社会主義新農村建設を推進・促進する上で極めて大きな役割を果たしている．現在，日照市・青島市城陽区・煙台市蓬莱区・栄成市河口村における漁家楽の主な発展モデルには以下の３種類がある[18-19]．

１つ目は飲食型である．例えば，日照市の漁家楽である「高原漁家」と「日盛情漁家」，煙台市蓬莱区の「好漁嫂酒家」などは，食事をとる場所が少ないという観光客の悩みを解決することが発展の主な契機となった．そのため，リーズナブルな価格・美味・快適・堅苦しくないといった飲食消費に対する観光客のニーズを満たすことを経営戦略とし，素材の味をそのまま活かした漁家・農家の家庭料理を主なセールスポイントとしている．

2つ目は旅館型である．観光地・観光スポットの近くという地理的優位性を活かしつつ，リーズナブルな価格で飲食・宿泊・遊覧・買物に関するサービスを提供している．このようなタイプは，観光インフラ建設の遅れや観光客への対応能力不足等の欠点を効果的にカバーしながら，都市住民のレジャー・リゾート観光における消費需要を満たしている．これは，漁家楽で最もよく見られる形態である．

3つ目はレジャー・リゾート型である．主に海沿いの自然資源と優れた生態環境を活用し，自然のままの山や水，真心のこもった対応を訴求ポイントとして，観光客が自ら体験に参画できる内容を主な特色としている．具体的には，船での海上観光，漁網を用いた漁の体験，潮干狩り，海辺での釣り，砂浜でのキャンプファイヤー等の活動がある．例えば，日照市秦楼街道北苗家村の漁家楽民俗村では，伝統的な飲食・宿泊等のサービスを提供するほか，太公島での潮干狩りを主なセールスポイントとしている．毎年開催される「太公島潮干狩り祭り」にはレジャー・リゾートで訪れる多くの観光客が参加するなど，大規模化と総合的な発展を実現した漁家楽の成功事例となっている．

4.3 漁家楽の課題

このように，漁家楽は自然や文化へのニーズに漁村が応えながら発展していくための有効な民宿の形態の1つであり，漁村民宿の発展を支えてきている存在と捉えられる．ただし，漁家楽をめぐっては課題も残されている．

漁家楽の多くは，漁師が自分で家屋を改装し，家族が宿泊客に対応する形をとっている．自由な自己管理の下で実施されている観光文化産業で，正規の監督管理手続きや専門的な経営モデルが現状では不足しているといえる．そのため，十分なマーケティング展開ができておらず，専門的なサービススキルに課題があったり，宣伝が不足したりしている．

また，漁家楽は，少ない投資で大きなリターンを得られると評価されている．そのため，海辺に住む漁業従事者たちは地理的優位性を活かし，様々な漁家楽をこぞって立ち上げている．そのような中，競争で優位に立つために価格競争を繰り広げ，地元観光産業の健全な発展に深刻な影響を及ぼしている一面もある．漁家楽は中国の民宿業界において一定の規模と影響力を構築したものの，各経営主体における課題が残るほか，各家庭が個別に経営していることから，統一的な指導や業界に欠けることとなり，漁家楽の発展と全国的ブランドの構築といった段階には未だ到達していない[20]．

5．おわりに

本章では，中国における民宿業の展開を整理しつつ，その発展の一部を支えた漁家楽という新たな漁村民宿の可能性や課題について検討してきた．

まず，中国の民宿業界については以下の諸点が指摘できよう．中国の民宿業は発展を続けているが，さらに急速かつ効率的な発展を遂げるためには政府・社会等からの強力な支援が必要である．そして，民宿周辺の自然・人文・観光資源を合理的に活用し，観光客を誘致できる観光商品を開発する必要がある．また，政府・業界・社会の３者が協力して民宿の宣伝・普及を進めるとともに，様々な研修を通じて民宿経営者の総合的能力とスタッフのサービス能力を向上していかなければならない．さらに，インフラやサービス施設を整備し，利用客が家庭の温もり・日常から解き放たれた感覚・人々の思いやりを体験できるようにする必要がある[21]．

それら課題に対応できる可能性を持つ形態として，本章では漁家楽に注目した．漁家楽は，漁村観光の発展を図る際の重要な手段であり，漁村の漁業・農業資源を効果的に動員するための業態である．これは，農村社会・経済の持続可能な発展に資するものである．中国において，漁家楽は観光業が盛んな多くの地域がレジャー観光を発展させる際に活用する主な業態の１つであり，漁家楽の姿は，漁村観光の発展の姿を端的に表している．

注：

1　文化・観光部「旅游民宿基本要求与評価（LB/T 065—2019）」，2019年７月19日．

2　艾瑞諮詢『中国在線旅游平台用戸洞察研究報告』，2021年６月21日，https://www.iresearch.com.cn/Detail/report?id=3801&isfree=0（閲覧日：2023年３月13日）．

3　易観分析「中国在線民宿市場四維分析」，2018年９月29日，https://www.analysys.cn/article/detail/20018919（閲覧日：2023年３月13日）．

4　中領智庫「2022年民宿行業研究報告—行業現状分析」，2022年２月21日，https://

mp.weixin.qq.com/s/Cnys21rOTwNXVFxbBHI-xg（閲覧日：2023年３月13日）.

[5] 同上.

[6] 同上.

[7] 同上.

[8] 前掲２.

[9] 王萍「奉新澡溪民宿旅游発展策略研究」, 江西財経大学（博士論文）, 2016年.

[10] 王明泰「試談対民宿設計的幾点思考」『大衆文芸』, No. 19, p. 68, 2015年.

[11] 陶亜婷「休閑漁業発展背景下舟山海島民宿研究」, 浙江海洋大学（博士論文）, 2019年.

[12] 王顕成「我国郷村旅游中民宿発展状况与対策研究」『楽山師範学院学報』, Vol. 24, No. 6, pp. 69-72, 2009年.

[13] 畢紅偉「基于問巻調査的栄成市漁家民宿経営現状与優化対策」, 曲阜師範大学（博士論文）, pp. 10-11, 2020年.

[14] 張群「山東乳山南泓南村“漁家楽”民俗旅游調査」, 浙江師範大学（博士論文）, pp. 2-5, 2014年.

[15] 王騰飛・馬仁鋒・呉丹丹「中国漁家楽研究進展」『四川旅游学院学報』, No. 6, pp. 57-61, 2016年.

[16] 郭煥成・韓非「中国郷村旅游発展総述」『地理科学進展』, Vol. 29, No. 12, pp. 1597-1605, 2010年.

[17] 王輝・董皓平・路暁彤・王琦「海島漁家楽発展機理研究―以長海県楊家村為例」『大連民族大学学報』, Vol. 24, No. 6, pp. 490-497, 2022年.

[18] 王依欣「山東省日照市整合“漁家楽”産業初探」『中国漁業経済』, Vol. 26, No. 5, pp. 91-95, 2008年.

[19] 林文彬「関于加快発展乳山市“漁家楽”民俗旅游的調研報告」『中国郷鎮企業』, No. 5, pp. 54-57, 2013年.

[20] 呉飛「“漁家楽”旅游文化産業発展中存在的問題及対策―以蓬莱市為例」『当代経済』, No. 35, pp. 68-69, 2016年.

[21] 前掲13.

終　章　日中における海のレジャー的利用の特徴と課題

中原　尚知・原田　幸子

1．はじめに

本書では，人と海との関わりが多様化してきている中で，特にレジャー的に利用に焦点を当てて，日中両国における海のレジャー的利用の実態を把握しつつ，その振興策の展開および利用に伴って生起する諸問題を解決するためのフォーマル・インフォーマルな調整や管理の実践的経験を分析してきた．これらの分析を通じて，海のレジャー的利用の大きな可能性，そして日中における異同が浮かび上がってきた．また，その対象事例や分析視角は，海のレジャー的利用のあり方と同様に多種多様なものとなった．そこで，本章では，各章の内容を簡単に振り返ると共に，本書から得られた示唆について，若干の整理を試みたい．

2．日本における海のレジャー的利用と管理をめぐって

まず，第１章から第９章より構成される「第Ⅰ部　日本における海のレジャー的利用と管理」の分析結果を要約する．

第１章「日本人の余暇生活と海のレジャー的利用の展開」では，海のレジャー的利用の実践について検討する前提として，日本における海洋レジャーの動態とニーズの展開特質，そして本書で焦点を当てていくこととなる，漁業側からのレジャー事業への取り組み実態を捉えようとした．日本においては長らく経済が低迷を続ける一方，余暇時間は増加しており，豊かな生活のあり方が国民的なテーマとなっていた．その中で，海洋を活用した余暇活動には大きな期待があるといえよう．本章は海洋レジャーの概念と形態について整理され，また，各種の海洋レジャー活動への参加実態とニーズの変化，そして，海洋レジャー機会の提供主体としての漁業セクターの動向について検討している．日本

における海洋レジャー活動をめぐっては，余暇活動への国内外における意欲を基盤に，より成長する可能性がある一方で，その意欲に対して十分に応えられていないことが指摘され，漁業地域を含む海洋レジャー機会の提供主体においては，多様なレジャーニーズへの対応が課題とされた．

第２章「海のレジャー的利用とコンフリクトの調整」では，親水性レジャーの増加や多様化により，水面の利用者間でトラブルやコンフリクト（対立）が起こっていることから，親水性レジャーが利用する地域資源の特徴や利用制度を整理し，伊豆のダイビング利用および徳島県吉野川のラフティング利用を事例として取り上げ，水面をめぐる利用調整のあり方を検討している．親水性レジャーが利用する地域資源の多くが共有資源であり，適切に利用・管理しなければ資源の劣化や枯渇，利用者間のトラブルを引き起こす．実際に，水面のダイビング利用をめぐっては漁業者とダイバーの間で裁判になることもあった．本章では，事例分析からコンフリクト解決のための条件として，漁業側によるレジャーへの参入や利用者によるルール作りが重要であることを指摘している．だが，独自につくられたルールの法的拘束力や組織化が難しいレジャーへのルールの周知や遵守が今後の課題であることも付け加えている．親水性レジャーに対する国民のニーズは大きく，レジャー的利用は地域経済にも好影響をもたらす．つまり，国民のニーズに応え，地域資源の持続的な利用を果たしつつ，円滑な水面利用を達成することが日本各地で求められており，これを実現するために共通のシステムを構築することが理想ではあるが，地域の事情はそれぞれ異なるため，現段階では事例分析を積み上げながら上記の課題にアプローチしていくことが重要であると指摘した．

第３章「遊漁船業の展開と利用調整」では，日本の主要な海洋レジャーである遊漁および遊漁船業に焦点を当て，その展開と利用調整を論じている．遊漁は漁業との関係の中で時代とともに枠組みが変遷し，1980年代以前は遊漁と漁業は区別され，漁業の障害になる場合は排除される場合もあり，遊漁と漁業は両者の調整を図るものであった．しかし，1990年代になると遊漁者が急増するとともに，遊漁船業を生業とする漁協の組合員も増え，親水活動が豊かな暮らしをもたらすものと見なされるようになったことで，漁業と遊漁の調和的な海面利用が進められた．2000年代に入ると，都市漁村交流を通じた漁村活性化という役割が加わり，2021年には水産基本計画に海業の概念が導入されたことにより，遊漁や遊漁船業は漁家の兼業手段というだけでなく，漁村産業の新たな姿を構築する要素として位置づけられるようになった．政府が定めた枠組みが時代ごとに変化する一方で，漁業者や海洋レクリエーション関係者の実際の利用調整を，家島坊勢の遊漁裁判および明石市のタコ釣りのルール化，田尻漁協の地域資源の利用という事例で紹介している．政策的な枠組みのなかで遊漁の位置づけは変化しているものの，地域によっては摩擦回避の調整が行われていたり，調和が目指されていたり，海業の実現が進められていたりする．地域の事情によって遊漁の位置づけは異なるが，遊漁を地域資源として捉え，漁村活性化の手段や海業の構成要素として活用するという選択肢や道筋を考慮に入れておくことが必要であると指摘した．

第４章「沿岸域におけるプレジャーボート・マリーナの利用と管理」では，沿岸域におけるプレジャーボート・マリーナの利用・管理問題を取り上げている．プレジャーボートは1990年代末まで増え続けていたが，係留施設の不足により，1996年の時点で６割近くが港湾や漁港，河川などに許可を得ずに係留しており，放置艇が大きな問題となっていた．漁業者が優先的に利用してきたエリアにプレジャーボートが進出してきたことで漁業者とプレジャーボートの競合問題が顕在化するようになった．こうした背景により，自治体は関連法規や条例を整備するとともに適切な規制措置を講じていった．また，漁業側も漁業的慣習をベースにした独自ルールに基づいた対応や，行政と連携しながら秩序回復を図ったり，水産庁等の事業を活用してフィッシャリーナを建設したりするなど，プレジャーボートと漁業をめぐるトラブルは徐々に解消していった．ただし，公的制度を利活用するフィッシャリーナ事業や漁港におけるプレジャーボート管理の委託業務はどのような地域でも適用できるわけではないとし，本章では，独自であらゆる知恵を駆使した高知県香南市ボートマリーナを好例として取り上げている．本事例では，漁業が衰退する中で漁港にマリーナ機能を取り込んで海洋レジャーとの共存を図り，漁協の経営基盤が強化されていることが明らかとなった．本章も第３章と同様に，漁業と海洋レジャーの対立から調整，共存へと転換し，地域の活性化を目指すことが重要であると締めくくっている．

第５章「海洋文化を活用した海洋レジャーの展開と管理―帆掛けサバニを事例として―」では，沖縄地方の伝統的な木造船のサバニに注目し，豊かな伝統と文化に彩られているサバニのレジャー的利用と現代的な意義について論じている．サバニは琉球地方で古くから漁労や移動に利用されてきた小舟であるが，動力化や素材の変化，船大工の廃業など時代の変化によって途絶えかけていた．しかし，2000年に九州・沖縄サミットを記念して開催されたサバニ帆漕レースをきっかけに復活し，2019年時点で20回継続して開催されているスポーツイベントとなった．そこで本章ではサバニの歴史的展開や帆漕レース以降のサバニの活用と展開を整理するとともに，その現代的な意義をアンケート調査から明らかにしている．アンケート調査の結果，サバニは伝統的な海洋文化財として，地域づくりに重要な資源となっているとともに，サバニが活用されることによって造船技術や操船技術が継承されていることから，伝統文化の保全にも貢献していることがわかった．また，レース開始後にメディアへの露出が増えたことにより，サバニが広く知られ，高校や中学校の教育や体験漁業のツーリズムにも活用されている．伝統的な価値にとどまらず，サバニという地域資源に多様な価値が見出されていることを本章は示している．

第6章「小規模漁業者による海業への取り組みと共同体バイアビリティ―静岡県伊豆半島「稲取漁港稲荷丸漁船観光クルーズ」の挑戦―」では，厳しい環境に置かれている小規模漁業に焦点を当て，静岡県伊豆半島の稲取地域において取り組まれている漁船観光クルーズを取りあげ，漁家による海業の実態を把握するとともに漁村共同体バイアビリティについて検証している．稲取地域は特産としてキンメダイが知られ，「稲取キンメ」としてブランド化されている．しかしながら，キンメダイの漁獲量は減少が続き，漁家経営に大きな影響を与えていることから，2020年から漁船観光クルーズに取り組む漁家が登場した．クルージングに加えて，大漁祈願体験や地元漁師からの一品差し入れなどのサービスが展開されている．規模は大きくはないが，漁家経営に貢献するだけでなく，漁業の魅力発信ややりがいの醸成などの波及効果がある．また，地元のホテル・旅館が漁船観光クルーズをプラン化しており，他産業との連携も積極的に行っている．本章では，海業の実施主体は，漁業サイドを中心とする地域の人々であることが重要であるとし，海・沿岸域資源の管理者，地域資源管理者としての正当性の確保や多様な連携の推進が必須となると指摘している．また，漁村共同体バイアビリティの視点を持ちながら，それぞれの地域の実情に合った海業のあり方を模索していくことが必要であるとも述べている．

第7章「渚泊の政策的展開とビジネスモデル―ブルーパーク阿納を事例として―」では，漁村地域の滞在型旅行である渚泊について論じている．近年，農山漁村において伝統的な生活体験や交流を楽しみ，農家や古民家を活用した宿泊施設などを利用してもらうことで農山漁村地域の振興を図ることを目的とした農泊や渚泊が重要な政策課題として推進されている．本章では，福井県で教育旅行を受け入れているブルーパーク阿納の事例を取り上げ，そのビジネスモデルを紹介している．これまで漁家民宿事業は漁家経営の補完的な位置づけであったが，近年は地域振興の手段としても取り組まれ，ビジネスとしての渚泊の成功が至上命題となっている．ブルーパーク阿納は小規模な集落の取り組みながら，顧客満足度の向上やニーズの把握，適切なターゲット層へのPR，必要な設備整備等により成果をあげている．しかし，小規模なビジネスであるがゆえに，労働力の確保が課題として挙げられ，持続可能なビジネスとして成立させるためには，今後不足が予想される労働力や設備，資金，情報等をどのように調達するか，専門人材や民間企業との連携も検討していく必要があると指摘している．

第8章「魚食レストランの政策的展開と課題―静岡県初島と沼津市を事例として―」では，魚食レストランの展開と題して，魚食レストランの動向と政策的対応を整理し，特徴的な事例を取り上げ，魚食レストランの地域における位置づけと課題を検討している．地域の食文化は，旅行の重要な目的であり，優位性の高いコンテンツである．その中で魚食レストランも増加傾向で推移しており，6次産業化や海業の推進という政策的対応も加わって，今後も魚食レストラン事業は推し進められていくと考えられる．魚食レストランは既に多くの地域で成功事例を生み出しているが，本章では漁業者個人が兼業で魚食レストランを営んでいる静岡県初島の事例と6次産業化アドバイザーの支援を得て開業した漁協自営の静岡県沼津市「いけすや」の事例を紹介している．かつて初島は漁業を主要な産業としていたが，現在は兼業漁家のみで兼業種類としては魚食レストランが最も多い．島で観光客に食を提供するのは宿泊施設以外では漁業者が経営する魚食レストランのみで，魚食レストランが漁業者の生業の主流となっていると述べている．また，「いけすや」は出荷量日本一の養殖アジを使った活アジを提供しており，6次産業化アドバイザーや行政との連携・協力の下，地域外から地域に外貨を呼び込める人気店となっている．魚食レストランの運営に関しては資源管理やコスト等，課題も多くあるが，地域の特性や経営主体の特性に応じた魚食レストランの展開に期待を寄せている．

第９章「海洋レジャーをめぐる調整と環境管理―沖縄県座間味村の取り組みを事例として―」では，沖縄県座間味村の美しい海を舞台としたダイビングの利用調整と環境管理の展開を論じ，地域資源の持続的な観光利用のあり方を示している．座間味村では，漁業の衰退を補完するかのようにダイビング利用が盛んになり，島内の漁業者がダイビング事業や宿泊業を営むようになった．そのため，当初は漁業とダイビング事業の海面利用に問題はなかったが，ダイビングが流行するにつれて，沖縄本島の業者が大型の乗合船で座間味村周辺海域のダイビングスポットに来るようになり，座間味の海は利用圧力が高まり，環境が劣化していった．そうしたことから，座間味村では美しいサンゴを守るために，ダイビングスポットの休息を決め，漁業も決められた区域では禁漁とするなど，島が一体となって海域環境の保全に取り組んだ．島外の業者にも地道に利用規制を求め，観光公害を克服していった．また，座間味村では環境を守るための財源として，入島税（美ら島税）を導入し，村道の管理や観光施設の清掃などの費用に利用している．座間味村では，観光による外部からのダイビング利用を整序し，地域に利益が循環する仕組みを作り上げており，筆者らは当該地域において展開される環境管理への対応は日本において一つの到達点を示していると評価している．

３．中国における海のレジャー的利用と管理をめぐって

次に，第10章から第17章より構成される「第Ⅱ部　中国における海のレジャー的利用と管理」の分析結果を要約する．

第10章「中国経済の構造転換と海のレジャー的利用の展開」では，中国経済の発展と構造転換の構図を整理し，そこに海のレジャー的利用の展開を位置づけた．中国の急速な経済発展は周知のとおりであり，格差問題等を抱えつつも，産業構造としては第３次産業の割合を増加させ，特に都市部において可処分所得の増加もみられる．その中で中国においても余暇活動への注目が集まり，海洋レジャーも活発になっていた．一方，漁業は1949年以降，５つの段階を経ているとされ，現在は安定成長期にあり，その過程では沿海漁業者の退出を伴う

「転産転業」が推進された．レジャー漁業が自生的に登場し始めたのは1980年代であり，1996年の中国政府による振興政策の強化によってより盛んなものとなってきていた．さらに本章では，レジャー漁業の定義と特徴を明らかにしながら，中国においては現代漁業の１つの支柱となっていること，そして豊かな余暇時間のために国民が選択できるレジャーとなり，漁村振興や漁民の所得向上の有効な手段としての重要性が高まっており，今後の発展が期待されていた．

第11章「中国レジャー漁業研究の展開とレジャー漁業を取り巻く環境」では，中国におけるレジャー漁業研究の展開が明らかにされた．その研究は1990年代に開始され，発展モデルに関する研究，地域事例の研究，構造転換・高度化に関わる研究という３分野で展開されていた．さらに中国のレジャー漁業の展開についても整理され，その優位性と課題が明らかにされた．その上で求められるのが，第１に法体系の整備と改革の推進，第２にレジャー漁業の認知度向上を図る，そして第３に実践への取り組みを強化することであると指摘されていた．そして，そのような取り組みに基づくレジャー漁業の発展に求められるのが，レジャー漁業研究の活発化であるとされていた．とくにレジャー漁業の本質的特徴を捉える必要があるものの，現在の当該研究はその段階までいたっておらず，理論構築が必要と指摘されていた．

第12章「上海市レジャー漁業の現状と金山嘴漁村の構造転換問題」では，国際的な大都市である上海市において，上海最古かつ唯一残された漁村である金山嘴漁村を事例に，当該地域の産業構造の変化とレジャー漁業の展開を明らかにしている．金山嘴漁村は，上海市中心部から約70km の位置にあり，高速鉄道の整備やコロナ禍の余暇の過ごし方の変化なども後押しして，上海市民や観光客が多く訪れ，レジャーを楽しむ地域となった．当地域は，かつては漁業が盛んな地域であったが，漁場の縮小や漁業資源の悪化，海洋環境汚染，沿岸域の工業化等によって漁業は衰退していった．一方で，水産物や漁村景観，祭りなどの文化を観光と結びつける動きが活発化し，観光施設や民宿，レストランなどが次々と開設されていった．上海という大都市を背後に持つ地理的優位性もあって，小さな漁村であった金山嘴漁村は現代的な漁村へと変貌を遂げ，いまではレジャー漁業のモデルケースとなっている．

第13章「浙江省におけるレジャー漁業への転換とマネジメント」では，中国におけるレジャー漁業先進地域のひとつである浙江省に分析の焦点を当て，中国において志向される「高品質発展」の視点から検証がおこなわれた．浙江省でのレジャー漁業への取り組みの開始は1990年代に遡る．浙江省は中国内でも生産力の高い地域であったが，資源の減少等に見舞われたことをうけ，政府の支援を背景にレジャー漁業への転換を図った．国や地方政府による政策的支援や資源の持続的利用や安全確保に関わる管理，そして拡大・多様化を進める市場とあいまって，漁村地域において，その有する資源を活用したレジャー産業への転換がおこなわれており，とりあげられた3つの事例からもその構図がうかがえた．一方で，コロナ禍以前からその発展に陰りが見え始めていたことも指摘されており，体系的なレジャー漁業や産業としての発展計画が課題とされた．

第14章「山東省におけるレジャー漁業発展の現状と特色」では，レジャー漁業の生産額で中国トップ地域として，また漁業や養殖業でも沿海部におけるトップクラスに位置する山東省におけるレジャー漁業の特徴が明らかにされた．さらに，山東省では各地域において観光への取り組みも盛んとのことであった．その中で，持続的な漁業や水産物を中心に据えた観光業への取り組みが注目され，省による強力な支援を受けながら発展してきた．とくに事例として取り上げられたのが，魚礁や養殖施設といった設備をベースに，大規模な観光施設が整備され，多種多様な観光サービスの提供を可能とする形態であった．それは釣りやダイビング等のレクリエーション機会を提供すると共に，環境に配慮した漁業であることの周知や，文化の伝承にも寄与しており，各地域を中国における有数の観光地のひとつにしていた．従来の漁業や漁村を活用したレジャー漁業以外の道として，中国における発展が期待されていた．

第15章「海南島におけるレジャー漁業政策の展開過程」では，中国における小規模漁業を中心とする地域がいかにしてレジャー漁業に構造転換を図っていたかについて，海南島を事例として，中央政府と省政府の主導によるその展開過程が整理された．海南島はその各種資源を活用した「観光立省」を目指している一方，中国において最も小規模・零細な漁業者が多いという特徴を有し，漁業経営の悪化が問題視されていた．海南島でのレジャー漁業は2010年の省政府の政策で本格的に展開し始めたといえる．これらの取り組みは必ずしも定着しなかったが，省政府は引き続き様々な施策を展開し続けた．2018年には国としてのレジャー漁業推進策が打ち出され，海南省もその中にモデル地域として位置づけられたこともあり，漁業からの構造転換が強調された．レジャー漁業の推進と管理が追求され，その中ではレジャー漁船として承認される船舶と海南島に展開する船舶のサイズが異なるなどの課題もあったが，現状に即した形に修正されていることも指摘された．

第16章「海南島レジャー漁業の実践と発展のポテンシャル」では，海釣りという海洋レジャーを通じて，海南島におけるレジャー漁業取り組みを垣間見ることができた．海南島はレジャー漁業の展開としては後発の部類に属するが，徐々に発展を見せている．そのなかの1つに海釣りへの取り組みがあった．海南島には多くの釣りスポットがあり，釣りの国際大会も開催されている．一方，釣りをめぐる様々なルール作りが欠如していた．そこで，海南島では海南省レジャー漁業協会が中心となって，海釣り会員制の導入や，釣り大会の開催，それに伴う審判員制度の確立が行われた．また，審判員や釣りインストラクター，ガイドの育成も行われていた．その審判員やインストラクター，ガイドには優先的に漁業者が起用され，海釣り機会を提供する企業の従業員にも元漁業者が採用されている．海南島においては，海釣りの発展に漁業および漁業者を位置づけ，海釣りに適した環境を活用しながら，漁業からレジャー漁業への転換を促すような展開が確認された．また，これらの活動をリードしているのは，現地政府ではなく，業界団体である海南省レジャー漁業協会であることは特筆すべき点である．海南島のレジャー漁業の展開をめぐる管理やルール作りは当該協会に一任しているが，現在，当該協会が海釣りの発展に関わる業務に集中しているため，海洋文化など，その他の多くのレジャー漁業に利用できる現地資源がそれほど利用されていないことが指摘された．そのため，漁業従事者が自らレジャー漁業に参画し，海南島のレジャー漁業の発展を促進していくことが期待される．

第17章「中国民宿業の展開と漁家民宿「漁家楽」の可能性」では，民宿業に着目して，中国での発展動向とそれに寄与した「漁家楽」という民宿の形態について議論された．民宿は中国でも民宿と呼ばれ，それは日本語に由来するとのことであるが，地域住民が自らの家屋や別荘を用いて展開しており，日本の民宿よりもさらに多様なものであることがうかがえた．それは1980年代以降を契機とし，都市部および農漁村においても発展を続けている．その背景にあるのは，都市住民を中心とした観光・レジャーニーズの高まりと多様化であり，漁業資源や文化資源を有する漁村においてもそれに応える形で，さらに国および地方の政府によるバックアップもあって，様々な課題を抱えながらも発展してきていた．また，本章ではその発展のひとつとして「漁家楽」(筆者注：魚食を楽しめる漁家レストランや漁家民宿がコンセプトであるが，外部資本からの参入が盛んで経営形態は多様にある）という民宿の形態があることが指摘された．自然と文化を融合させた総合的な観光サービスの提供を支えるプラットフォームとなり得るものであり，今後の発展に期待が持たれていた．

4．日中における海のレジャー的利用の可能性と課題

本書を振り返ると，改めて海のレジャー的利用そのものの多様性と共に，その管理や振興方策においても，経済的に成熟を見せつつも長い不況を経験している日本と，経済発展の階段を駆け上がり未だ成長を続ける中国との状況の相違，あるいは水産資源，地域資源や制度，そもそもの法的基盤や体制の相違に基づいた様々なあり方が確認されよう．ただ，日中ともに漁村の地域資源を最大限に活用して，海のレジャー的利用を促進し，漁村振興に貢献していく必要があるという認識は共通している．またその背景としても共通しているのが，漁業資源の枯渇や小規模漁業者の漁家経営が不安定であることであった．

その展開特質としては，日本では各漁業集落や漁家等による独自の取り組みが海のレジャー的利用を牽引していることが一般的に確認された．一方，中国では政策や計画が作られ，トップダウンでレジャー漁業の振興が図られていた．また，中国では都市沿岸でも多くのレジャー漁業が展開されているため，人口規模を鑑みると，取り組みが成功した場合の経済効果が非常に大きいといえる．日本の場合は，漁業者が個別で取り組んでいる場合もあれば，地域でまとまって取り組んでいることもあるが，いずれにしても地域における散発的かつ小規模な取り組みということが特徴であり，それを海業関連の施策がバックアップする展開になってきているといえよう．

一方，レジャーの管理については，日本においては，レジャーをめぐる主体間関係，とりわけ漁業者とレジャー業者・利用者とのコンフリクトが課題となっていた．その背景には，漁業が沿岸域の先発的利用者として古くから漁業操業を行い，沿岸域の利用秩序も漁業を中心に形作られてきたことが挙げられる．

本書では，共存に向けて利用調整が進み，漁業側もレジャーに参入することで，減少した漁業収入を補い，多様な収入源を確保し，持続的な経営を目指していることが確認された．中国の事例においては，利用者間のコンフリクトというよりも，転産転業政策による漁業者の積極的なレジャー参入が奨励されており，漁業からレジャーへという動きが進んでいることが強調されていた．ただし，この動きが進む中で，多様な主体間での利用調整や相乗効果を生んでいくための仕組みづくりが求められることとなろう．とはいえ，中国側におけるレジャーと漁業側との利用調整の実態に関する分析は今後の課題として残された．

このように，日中両国での海のレジャー的利用には，その発展の時期や展開のメカニズム，そして直面する課題における相違がありつつも，現段階における期待や可能性の大きさは共通していた．ただ，同様の課題も抱えていた．日本では運営する漁業者の高齢化が進み，規模も小さいことから，情報の発信や共有が不十分で，地域の経験やノウハウ，成功体験，課題を他地域や全体の政策に十分に活かせていないことが指摘され，中国では，急速な展開の中，レジャー機会の同質化やノウハウ不足が指摘されていた．

中国のトップダウン的展開にせよ，日本の個別地域での展開にせよ，お互いの経験から学べることは多い．海のポテンシャルを十分に引き出し，海洋レジャーの機会を適切に提供していくために，今後も両国での共同研究が続けられ，さらには海洋レジャーの発展に向けた協調が進んでいくことが望まれる．

索　引

執筆者紹介

（編著者）

婁　小波 (Xiaobo Lou)

東京水産大学水産学部卒業，京都大学大学院農学研究科修了．日本フードシステム学会，日本沿岸域学会，国際漁業学会の理事・学会誌編集委員長，農林水産省水産政策審議会特別委員，文部科学省科学技術審議会海洋開発分会特別委員，徳島県や石川県の水産振興協議会会長等を歴任．現在，東京海洋大学副学長・教授，国際漁業学会会長．農学博士．

中原　尚知 (Naotomo Nakahara)

鹿児島大学水産学部卒業，鹿児島大学大学院農学研究科修了．現在，東京海洋大学学術研究院教授．博士（水産学）．

原田　幸子 (Sachiko Harada)

近畿大学農学部卒業，東京海洋大学大学院海洋科学技術研究科修了．現在，東京海洋大学学術研究院准教授．博士（海洋科学）．

高　翔 (Xiang Gao)

関西大学商学部卒業，大阪大学大学院国際公共政策研究科修了．現在，笹川平和財団海洋政策研究所主任研究員．博士（国際公共政策）．

（執筆順）

日高　健（Takeshi Hidaka）
九州大学農学部卒業，神戸大学大学院経営学研究科修了．福岡県水産林務部勤務を経て，現在，近畿大学産業理工学部長・教授．博士（水産学）．

竹ノ内　徳人（Naruhito Takenouchi）
鹿児島大学水産学部卒業，鹿児島大学大学院連合農学研究科修了．財団法人石川県産業創出支援機構雇用研究員を経て，2004年に愛媛大学農学部准教授として着任．現在，愛媛大学南予水産研究センター教授．博士（水産学）．

千足　耕一（Koichi Chiashi）
筑波大学体育専門学群卒業，筑波大学大学院体育研究科修了．東邦大学医学部にて博士（医学）取得．筑波大学体育センター準研究員（文部技官），十文字学園女子短期大学助教授，鹿屋体育大学准教授を経て，現在，東京海洋大学教授．日本野外教育学会理事，日本海洋人間学会理事，海に学ぶ体験活動協議会理事，ヤマハ発動機スポーツ振興財団理事などを兼任．

蓬郷　尚代（Hisayo Tomago）
日本女子体育大学体育学部卒業，日本女子体育大学大学院スポーツ科学研究科修了，東京海洋大学大学院海洋科学技術研究科修了．日本海洋人間学会理事，日本野外教育学会理事．中央大学法学部准教授，博士（海洋科学）．

李　銀姫（Yinji Li）
大連海洋大学卒業．東京海洋大学大学院海洋科学技術研究科修了．海洋政策研究財団研究員，東海大学海洋学部専任講師を経て，現在，東海大学海洋学部准教授．TBTI Japan 研究ネットワークコーディネーター，V2V グローバルパートナシップ日本研究チーム代表，国際一本釣り財団（IPNLF）理事など兼務，博士（海洋科学）．

浪川　珠乃（Tamano Namikawa）
横浜国立大学工学部建設学科卒業．東京海洋大学大学院海洋科学技術研究科修了．一般財団法人漁港漁場漁村総合研究所（執筆当時）を経て，現在，東京海洋大学学術研究院教授．博士（海洋科学）．

蘭　亦青（Yiqing Lan）
大連海洋大学卒業．現在，東京海洋大学大学院海洋科学技術研究科博士後期課程在学中．

包　特力根白乙（Teligenbaiyi Bao）

内蒙古民族師範学院（現内蒙古民族大学）数学部卒業，鹿児島大学大学院連合農学研究科修了．内蒙古哲盟教育学院助手，哲盟阿拉騰文都蘇雑誌編集部編集者，内蒙古民族大学講師，遼寧省大連海洋大学教授など歴任．現在，大連海洋大学名誉教授，水産学博士．

余　丹陽（Danyang Yu）

北京外国語大学卒業．現在，上海海洋大学日本語学部講師．東京海洋大学大学院海洋科学技術研究科博士後期課程在学中．

寧　波（Bo Ning）

上海水産学院（現上海海洋大学）卒業．上海海洋大学学術ジャーナル編集部主任，経済管理学院共産党委員会副書記，博物館館長を歴任．現在，上海海洋大学档案館館長，副研究員，海洋文化研究センター副主任．中国水産学会漁業歴史と文化分会副主任兼任．

李　欣（Xin Li）

大連海洋大学経済管理学院卒業，東京海洋大学海洋科学技術研究科修了．現在，上海海洋大学経済管理学院准教授．博士（海洋科学）．

趙　奇蕾（Qilei Zhao）

上海海洋大学卒業．現在，厦門大学助理研究員，近海海洋環境科学国家重点ラボ優れたポスドク研究員．博士（漁業資源）．

殷　文偉（Wenwei Yin）

上海海事大学卒業．現在，浙江海洋大学教授，浙江海洋大学浙江舟山群島新区研究センター常務副主任．博士（管理科学とエンジニアリング）．

江　春嬉（Chunxi Jiang）

山東大学海洋資源と環境学部卒業．現在，中国科学院海洋研究所博士後期課程在学中．

楊　紅生（Hongsheng Yang）

中国海洋大学卒業．中国科学院海洋研究所・煙台海岸帯研究所常務副所長を経て，現在，中国科学院海洋牧場工程ラボ主任・研究員．博士（水産養殖）．

海のレジャー的利用と管理　**日本と中国の実践**

2024年３月31日　第１版第１刷発行

編　著　婁小波・中原尚知・原田幸子・高翔
発行者　原田邦彦
発行所　東海教育研究所
〒160-0022 東京都新宿区新宿1-9-5 新宿御苑さくらビル
TEL：03-6380-0490　FAX：03-6380-0499
URL：http://www.tokaiedu.co.jp/bosei/
印刷所　港北メディアサービス株式会社
製本所　誠製本株式会社

ISBN978-4-924523-43-2